Report of International Science and Technology Development

国际科学技术发展报告 2011

中华人民共和国科学技术部

科学技术文献出版社
Scientific and Technical Documents Publishing House
北　京

(京) 新登字130号

内 容 简 介

本书以2010年的资料为基础，以科技政策为主线，主要发达国家和发展中国家为对象，反映世界科技发展的最新动向。

本书分四部分。第一部分主要对2010年的国际科学技术发展动向进行综述，重点是世界科技发展的最新趋势、各国科技与创新政策的新动向、全球科技投入和人才流动的最新趋势。第二部分主要选择一些重点科技领域的国际发展状况进行较深入的综合介绍，具体包括气候变化、能源、电动汽车、生命科学和生物技术、信息技术、航空航天。第三部分分别介绍了美国、加拿大、巴西、智利、德国、法国、英国、俄罗斯、西班牙、瑞典、丹麦、比利时、瑞士、芬兰、爱尔兰、意大利、奥地利、波兰、保加利亚、欧盟、日本、韩国、印度、以色列、新加坡、南非、埃及、澳大利亚等国家和地区的科技发展概况及开展国际科技合作的情况。第四部分提供了一些最新的科技统计数据和科技资料。

本书可供各级行政和科技部门、发展规划部门、科技政策和管理研究部门（机构）以及高校及研发机构的有关人士阅读参考。

科学技术文献出版社是国家科学技术部系统惟一一家中央级综合性科技出版机构，我们所有的努力都是为了使您增长知识和才干。

《国际科学技术发展报告·2011》
编辑委员会

主　编　曹健林

副主编　靳晓明

编　委　贺德方　续超前　赵志耘　陈　明
　　　　　张　旭　王　凌

《国际科学技术发展报告·2011》
课题组成员

程如烟　黄军英　盖红波　乌云其其格
黄宁燕　刘润生　王　勇　傅俊英
徐　峰　吴善略　刘　琳　石超英
侯国清　文玲艺　靳慧慧　裴　阳

序 言

2010年世界进入“后金融危机”时代，在各国经济缓慢复苏的道路上，科技创新继续发挥引领和推动作用。许多国家都将科技创新置于国家发展战略的核心，继续加大对科学、技术和创新的支持力度。

美国的《美国复苏和再投资法》和《美国创新战略》，强调加强对创新基础要素的投资和创新环境的营造。2010年美国重点领域的创新已初见成效，清洁能源技术和清洁能源产业发展继续呈现上升势头，先进汽车技术和高铁发展提速，宽带进一步普及。2010年欧盟推出的《欧洲2020战略》强调知识创造和创新是未来经济增长的推动力，战略还提出了“创新联盟”等七大旗舰计划。欧盟将集中力量支持环境、纳米、生物、信息等领域关键技术，建立“欧洲创新伙伴关系”新机制，改革创新体系。日本2010年6月公布的未来十年经济增长战略突出以科技创新促进经济发展，提出要对环境、能源、医疗和健康等领域给予重点支持。韩国为应对经济挑战而提出了《新增长动力规划及发展战略》，确定了六大领域22个新增长动力产业。印度于2010年8月成立了国家创新委员会，并开始规划“2010—2020年创新十年路线图”。

随着新的科技革命和科技创新的深化，世界科技竞争格局也在发生调整和变化。一些发展中国家已经率先从经济危机中复苏，发展中国家对全球经济增长的贡献接近一半。世界科技创新中心在一定程度上呈现出从西向东移动的态势，新兴经济体科技实力显著提升，科学论文和发明专利数量迅速增加。新兴经济体在某些技术领域也已具备了相当的优势，例如印度的太阳能光伏技术、巴西和墨西哥的水能/海洋能技术等。但是，在全球科技版图上，美国、欧盟和日本等传统科技强国（地区）仍然占据着重要位置，它们雄厚的科技实力和卓越的创新绩效备受世界瞩目。

后金融危机时代，是全球化进程继续深化的时代，也是国际科技合作进一步扩大的时代。加强国际科技合作，共同应对全球性挑战已经成为世界各国的共识。2010年，科技外交理论在学术界引起广泛热议，许多国家在推进科技外交、扩大国际科技合作上迈出了更大的步伐。国际科技合作活动的范围进一步扩大，层次进一步提高，形式也日趋多样化。

经济危机往往催化重大科技突破和创新，从而推动经济结构的重大调整，为经济增长提供新的动力。当前，一些新兴技术、新兴产业正在孕育发展，并且已经显示出巨大的增长潜力和发展前景。2010年9月，温家宝总理主持召开国务院常务会议，审议并原则通过了《国务院关于加快培育和发展战略性新兴产业的决定》。国务院的这项重大决策将加快培育和发展战略性新兴产业确立为我国新时期经济社会发展的重大战略任务，并明确提出通过深化国际合作，尽快掌握关键核心技术，提升我国自主发展能力与核心竞争力；把握经济全球化的新特点，深度开展国际合作与交流，积极探索合作新模式，在更高层次上参与国际合作。中国要利用科技创新推进产业结构升级和经济发展方式转变，推动经济社会的可持续发展，提升国际竞争力，必须放眼世界，深入洞察世界科技发展的新态势，借鉴别国经验，并积极主动地参与科技革命的进程。

“十一五”期间，中国的科技投入和产出都有跨越式增长，在一些科技前沿领域取得了世人瞩目的成绩。但是我们不能忘记，作为发展中国家和科技追赶者，中国与科技发达国家仍存在较大差距。要做到知己知彼，找出我们的努力方向，进一步扩大和深化科技对外开放，提高科研国际化水平，充分利用全球科技资源，抢占技术制高点，培育新的经济增长点，推动我国经济社会走上更多依靠科技创新驱动的发展道路。

科学技术部副部长 

前言

当前，科学技术作为经济增长的重要动力已经成为世界各国的普遍共识。全球金融危机给世界各国经济发展提出了新的挑战。在严峻的经济形势下，世界各国政府调整科技创新战略与政策，力求通过科技创新培育新的经济增长点，为经济增长和就业岗位创造提供新动力。在经济和科技日益全球化的今天，世界科技发展对于我国产生的重要影响不容忽视。全面了解世界各国科技发展战略和政策的最新动向，及时掌握国际科技前沿的发展态势，可以为我国科技决策提供重要参考。

为此，自20世纪80年代开始，科学技术部国际合作司与中国科学技术信息研究所共同组成专题研究组，对当年世界各国科技发展的最新趋势和动向进行系统调研，并结合驻外使领馆科技处（组）的调研报告，形成年度《国际科学技术发展报告》。与历年报告类似，《国际科学技术发展报告·2011》强调政策性、战略性和趋势性，力求客观、真实、全面地反映2010年世界科技发展的概况。

《国际科学技术发展报告·2011》共分四部分。第一部分主要对2010年的国际科学技术发展动向进行综述，尤其是世界科技发展的最新趋势、各国科技与创新政策的新动向、全球科技投入和人才的最新走向。第二部分主要选择一些重点科技领域的国际发展状况进行较深入的综合介绍，这些重点领域具体包括气候变化、能源、电动汽车、生命科学和生物技术、信息技术、航空航天。第三部分分别介绍了美国、加拿大、巴西、智利、德国、法国、英国、俄罗斯、西班牙、瑞典、丹麦、比利时、瑞士、芬兰、爱尔兰、意大利、奥地利、波兰、保加利亚、欧盟、日本、韩国、印度、以色列、新加坡、南非、埃及、澳大利亚等国家和地区的科技发展概况。第四部分提供了最新的科技统计数据。

在撰写本书的过程中，我们参阅了大量的政府机构、国际组织及知名研究机构的公开报告，也引用了国内外许多期刊的资料。由于涉及资料很多，报告中未及一一列出被引用文献的名称和作用，谨表歉意。

由于涉及的国家较多，覆盖的领域较广，因而本书难免有疏漏之处，敬请读者批评指正。

“国际科学技术发展报告”课题组

目 录

第一部分 国际科学技术发展动向综述

后危机时代全球科技竞争更加激烈 …… 3
一、美欧科研基础实力依然雄厚 …… 4
二、日本企业创新绩效上升显著 …… 6
三、新兴国家在危机中显现科技实力 …… 8
四、后危机时代的科技竞争愈加激烈 …… 10
各国科技创新政策趋向于绿色 …… 13
一、将科技创新置于长期发展战略的核心 …… 13
二、绿色科技居各国科技创新议程的首位 …… 18
三、生命科学、信息通信技术、纳米技术热度一如既往 …… 25
四、加强创新主体的竞争力及其主体之间的合作 …… 33
科技外交与国际科技合作不断扩大 …… 39
一、科技外交理论探讨继续升温 …… 39
二、国际科技合作进一步扩大 …… 41
三、国际科技合作形式日趋多样化 …… 43
后危机时代各国力保科技投入 …… 46
一、各国研发投入概况 …… 46
二、金融危机以来各国政府科技投入新趋势 …… 47
三、金融危机给企业研发投资带来负面影响 …… 49
四、各国积极出台提高企业研发投资的举措 …… 52

各国高度重视科技人才队伍建设 …… 55
一、加强人才培养与使用是各国人才战略与政策的重点 …… 55
二、人才流失仍然是许多国家关注的焦点 …… 60
三、人才争夺更加积极和开放 …… 63

第二部分 国际科技热点追踪与分析

全球气候变化应对劈波前进 …… 69
一、极端气候“搅动”全球 …… 69
二、气候变暖原因遭质疑 …… 71
三、坎昆会议差强人意 …… 74
四、主要国家和国际组织应对气候变化的新举措 …… 76
清洁能源发展持续升温 …… 84
一、主要国家纷纷致力于向清洁能源转型 …… 84
二、全球清洁能源领域的竞争与合作同步加深 …… 86
三、全球清洁能源发展热点纷呈 …… 89
四、全球清洁能源转型之路依然漫长 …… 94
世界各国争夺电动汽车制高点 …… 97
一、电动汽车的发展现状 …… 97
二、制定国家战略，设立电动汽车发展目标 …… 98
三、加大电动汽车的研发，实现关键技术的突破 …… 100
四、制定电动汽车标准，规范电动汽车的发展 …… 103
五、通过充电站建设、补贴以及税收减免来推广和普及电动汽车 …… 104
生命科学研究继续向前 …… 106
一、生命科学研发投入快速增长 …… 106
二、合成生物学取得突破性进展 …… 110
三、基因组学、蛋白质组学和代谢组学研究方兴未艾 …… 111
四、超级细菌令人堪忧 …… 113
五、流感诊疗大有进步 …… 114
六、生物安全问题引人瞩目 …… 116
信息通信技术在全球经济复苏中扮演重要角色 …… 118
一、2010年全球ICT产业持续复苏 …… 118
二、主要国家和地区大力促进ICT研发 …… 120
三、物联网技术研发与产业示范同时推进 …… 123
四、绿色ICT持续成为热点 …… 126

五、宽带建设健康发展…………………………………………………………… 128
世界航天领域发展前景广阔 ……………………………………………………… 131
一、各国纷纷推出新航天政策和计划…………………………………………… 131
二、国际空间站建设进入最后阶段……………………………………………… 134
三、空间科学探测有喜有忧……………………………………………………… 136
四、卫星领域全面发展…………………………………………………………… 138
五、航天经济前景良好…………………………………………………………… 140

第三部分　主要国家和地区科技发展概况

美国 …………………………………………………………………………… 145
一、科技发展概况………………………………………………………………… 145
二、出台一系列科技计划及战略措施…………………………………………… 148
三、开展以新能源为重点的国际科技合作……………………………………… 153
加拿大 ………………………………………………………………………… 156
一、加大科技投入………………………………………………………………… 156
二、深入实施以刺激经济为核心的新科技计划和战略………………………… 157
三、进一步加快发展科技优势领域……………………………………………… 158
四、不断深化国际科技合作……………………………………………………… 159
巴西 …………………………………………………………………………… 161
一、科技发展概况………………………………………………………………… 161
二、重要科技计划和科技政策…………………………………………………… 162
三、重点领域发展及国际合作…………………………………………………… 163
智利 …………………………………………………………………………… 166
一、大力扶持科学技术研究……………………………………………………… 166
二、制定 2010 至 2020 年度创新与竞争力议程 ……………………………… 167
三、确定科技创新人才培养思路………………………………………………… 168
四、扩大国际交流与合作………………………………………………………… 169
德国 …………………………………………………………………………… 171
一、研发投入持续增长…………………………………………………………… 171
二、创新环境不断优化…………………………………………………………… 172
三、出台多项促进科技发展的国家计划………………………………………… 173
四、重要领域最新进展…………………………………………………………… 174
五、国际科技合作与交流………………………………………………………… 178
法国 …………………………………………………………………………… 180

一、继续加大科研创新投入力度…… 180
二、研究与创新体系出现革命性变革…… 180
三、法国主要研究与创新政策及计划…… 183
四、对外科技交流与合作…… 185
英国…… 187
一、科技发展概况…… 187
二、2010 年联合政府的重要科技举措…… 188
三、国际科技合作政策与战略…… 192
俄罗斯…… 194
一、2010 年政府科技投入…… 194
二、国家重大科技政策措施…… 195
三、科技发展成果…… 199
西班牙…… 201
一、出台《科学、技术与创新法》…… 201
二、启动《国家创新战略》…… 202
三、实施《国家科研、开发和创新计划(2008—2011)》…… 202
四、推进国际合作和人才流动…… 203
瑞典…… 205
一、研发经费投入…… 205
二、科技政策的主要动向…… 205
三、国际合作…… 208
丹 麦…… 209
一、科技投入持续增长…… 209
二、科技政策…… 209
三、国际科技合作…… 210
比利时…… 212
一、实施“绿色马歇尔计划”…… 212
二、出台生态税,促进经济和社会的可持续发展…… 213
三、积极参加欧盟第七框架计划…… 214
瑞士…… 215
一、科技发展概况…… 215
二、科技规划、重要政策和措施…… 216
三、国际科技合作深入发展…… 218
芬兰…… 220
一、研发投入…… 220

二、重大科技政策与战略…… 221
三、国际科技合作…… 223
爱尔兰…… 225
一、积极研究制定创新政策…… 225
二、更加重视知识和技术的商业化…… 226
三、进一步明确科技创新的支持重点…… 227
意大利…… 229
一、与科技有关的规划和计划…… 229
二、重点领域发展情况…… 230
三、国际合作…… 233
奥地利…… 234
一、研发经费有所增长…… 234
二、科技发展的重点领域及措施…… 234
三、积极参与欧盟科研框架计划…… 237
波兰…… 239
一、波兰科技体制改革…… 239
二、促进创新的计划…… 240
保加利亚…… 243
一、科技投入大大减少…… 243
二、修订《促进科学研究法》…… 244
欧盟…… 247
一、研发投入…… 247
二、“欧盟2020战略”凸显科技与创新引领未来的作用…… 248
三、建设“创新联盟”成为欧盟未来十年的战略目标…… 250
四、继续在能源与气候变化领域发挥领导作用…… 252
五、积极开展国际科技合作…… 254
日本…… 255
一、科技发展概况…… 255
二、重大科技战略和措施…… 256
三、科技外交依托科技国际战略提升国际竞争力…… 259
韩国…… 260
一、科技发展概况…… 260
二、出台新产业技术重点发展计划…… 262
三、科技发展重要动向…… 262
印度…… 264

一、科技投入与产出……264
二、创新环境建设稳步推进……265
三、科技产业引领经济快速发展……266
以色列……269
一、科技发展概况……269
二、与科技有关的新政策和法律法规……270
三、国际科技合作……271
新加坡……273
一、研发投入……273
二、重要科技发展决策……274
三、国际科技合作……276
南非……277
一、科学技术拨款和研发投入持续增长……277
二、重大科技政策及科技举措……278
三、国际科技合作……280
埃及……282
一、科研体系和科技投入概况……282
二、科技发展新战略……282
三、科技发展优先领域……283
四、埃及在推动非洲科技发展方面的举措……285
澳大利亚……286
一、重大科技政策与战略……286
二、重点科技计划的进展……288
三、主要领域的科技成就……289
四、加强多方面国际科技合作……289

第四部分　附录

科技统计表……293
表 1 –1　2009—2010 年世界主要国家或地区的全球竞争力排名……293
表 1 –2　2009—2011 年世界主要国家或地区的全球竞争力排名……295
表 2　2009 年世界主要国家或地区的 GDP……296
表 3　2008 年世界主要国家或地区研发支出总额……298
表 4　2008 年世界主要国家或地区研发支出总额占 GDP 的比例……300
表 5　2008 年世界主要国家或地区人均研发支出……302

表 6　2008 年世界主要国家或地区企业研发支出 …… 304
表 7　2008 年世界主要国家或地区企业研发支出占 GDP 的比例 …… 306
表 8　2008 年世界主要国家或地区研发人员数量 …… 308
表 9　2008 年世界主要国家或地区企业研发人员数量 …… 310
表 10　1950—2009 年世界各国（地区）诺贝尔奖获奖人次 …… 312
表 11　2008 年世界主要国家或地区专利申请量 …… 313
表 12　2008 年世界主要国家或地区的专利授予统计 …… 315
表 13　2009 年世界主要国家或地区论文统计 …… 317
表 14　2009 年美国联邦政府研发支出统计 …… 318
表 15 –1　2001—2009 年加拿大联邦政府科技与研发支出统计 …… 318
表 15 –2　2006—2009 年加拿大联邦政府研发人员统计 …… 318
表 16 –1　2009 年欧盟 27 国研发支出统计 …… 319
表 16 –2　2008 年欧盟 27 国研发人员统计 …… 320
表 17 –1　2006—2008 年德国研发支出统计 …… 321
表 17 –2　2006—2008 年德国公共和私营非营利机构研发支出统计 …… 321
表 17 –3　2006—2008 年德国研发人员统计 …… 321
表 18 –1　2000 年、2005 年、2008 年和 2009 年法国研发支出统计 …… 321
表 18 –2　2004—2007 年法国科技活动人员（不含国防部门）情况 …… 322
表 19　2008 年英国研发支出统计 …… 322
表 20　2009 年瑞典研发支出统计 …… 322
表 21　2010 年意大利中央部门研发经费预算 …… 322
表 22　2009 年和 2010 年丹麦公共研发经费统计 …… 323
表 23 –1　2007—2009 年挪威研发支出统计 …… 323
表 23 –2　2007—2009 年挪威研发人员统计 …… 323
表 24　2009 年西班牙研发情况统计 …… 323
表 25　2008 年瑞士研发经费统计 …… 324
表 26　2009 年芬兰研发情况统计 …… 324
表 27 –1　2008 年波兰研发支出统计 …… 324
表 27 –2　2008 年波兰研发人员统计 …… 325
表 28　2008 年俄罗斯研发支出统计 …… 325
表 29　2009 年乌克兰研发支出统计 …… 325
表 30 –1　2009 年白俄罗斯研发支出统计 …… 325
表 30 –2　2009 年白俄罗斯研发人员统计 …… 325
表 31　2008 年斯洛文尼亚研发支出统计 …… 325
表 32 –1　2009 年日本研发支出统计 …… 326

表32－2 2009日本研发人员统计 …… 326
表33－1 2004—2009年度澳大利亚企业研发支出统计 …… 327
表33－2 2004—2009年度澳大利亚企业研发人员统计 …… 327
表34 2009年以色列中央政府的民用研发支出统计 …… 327
表35 中国2009年研发支出统计 …… 328
表36－1 2009年新加坡研发支出统计 …… 328
表36－2 2009年新加坡研发人员统计 …… 328
表37 2009年韩国研发支出统计 …… 328
表38 2008/2009年度南非研发支出统计 …… 329
美国《科学》杂志评选出2010年世界十大科学进展 …… 330
美国《科学》杂志预测2011年科研热点 …… 332
美国《时代》周刊盘点2010年世界十大科学发现 …… 334
中国《科技日报》评选出2010年国内、国际十大科技新闻 …… 337
2010年诺贝尔科学奖 …… 341

第一部分

国际科学技术发展动向综述

本部分主要介绍近几年尤其是2010年世界科技发展的最新趋势、各国科技发展与创新政策的新动向、全球科技投入和人才的最新走向。

后危机时代全球科技竞争更加激烈

从 2007 年底开始逐渐弥漫全球的经济危机，使得世界各国尤其是发达国家的经济增长受到了严峻挑战。一些国家在严重的财政赤字的压力面前，不得不提出减少政府研发投入预算。全球金融危机也使企业的创新活动受到严重影响。面对收入下降、现金流减少、贷款难以获得以及经济前景不确定性增加等诸多因素，很多企业被迫调整其创新战略。从总体上看，全球研发投入的实际增长速度放缓了。所有这些都直接或间接地影响到了全球的科技产出和创新绩效。

1995—2008 年间，世界专利申请量稳步增长。但经济危机发生后之后，世界专利申请量的增长放缓甚至下滑。在 2008 年全球金融危机初期，世界专利申请量为 191 万件，增长速度尽管比 2007 年降低了，但仍增长了 2. 6%。占全球专利申请总量的 80% 的八大专利局的可获数据表明，2009 年的专利申请量下滑了 2. 7%。欧洲专利局收到的专利申请量下降了 7. 9%，日本专利局收到的专利申请量下降了 10. 8%。2009 年“专利合作条约”（PCT）专利申请总量比 2008 年减少了 4. 5%，而且这是 PCT 体系建立以来的首次下降。专利授权量的增长速度也放缓了，从 2006 年的峰值 19. 5% 降至 2008 年的 0. 6%。2008 年授权的专利数量约 77. 76 万件，其中包括 42. 5 万件居民专利和 35. 26 万件非居民专利。

但是，科学技术和创新对于经济增长的强大推动作用仍然为世界主要国家所倚重。很多国家，例如韩国、中国等新兴经济体以及美国、德国、奥地利等发达国家，在经济困顿中继续加大了对科学技术和创新的投入力度，加大对公共研究和科技人力资源的支持，这些将支撑着各国经济走出困境，并逐步走上新的可持续增长和繁荣之路。

在此次经济危机中，世界各国也在不断变革和调整科技和创新政策，寻找新的经济增长动力。在这一过程中，一些新技术已显示出巨大的增长潜力和发展前景。技术朝着更绿色、更智能的方向发展。清洁能源、医疗保健、信息技术、新媒体等领域成为世界创新的热点领域和经济增长的新引擎。在日本和德国，清洁能源和环境技术相关企业获得了政府的大力支持。而美国更多地把政府的科技投资用于支持大学和国家实验室。美国政府的经济刺激计划对清洁能源技术给予了大量投资，联邦政府在风电及其他可再生能源项目方面的投入达数十亿美元。

在开发更绿色、更智能的新技术方面，一些国家已经取得了显著的进展，并引领着世界新一轮科技创新热潮。据研究，日本、美国和德国在清洁能源技术方面的发明专利处于世界领先地位。这 3 个国家占了该领域世界专利授权量的 60%。发展中国家的专利授权量较少，而且主要集中在中国、印度和巴西等几个新兴经济体国家，但是发展中国家未来的增长潜力巨大。中国清洁技术专利数量已居世界第 4 位。日本是世界能效最高的国家，目前在清洁技术创新方面遥遥领先。日本可以说是世界微电网技术、"零排放"建筑技术、核能技术等领域的垄断者。德国在太阳能电池、热电等领域居世界领先地位。而美国处于绝对领先地位的一个清洁技术领域是碳捕获与封存技术。据伦敦一个智库的研究，美国占了全世界碳捕获与封存技术专利的近 70%。

近年来，能源相关技术的 PCT 专利申请量也表现出大幅增长，燃料电池、太阳能、风能以及地热能这 4 项能源相关的技术领域的 PCT 专利申请量增长尤为明显，2000 年只有 584 件，2009 年达到了 3 424 件。其中，太阳能相关的 PCT 专利申请占全部增长的 60% 左右。在太阳能和燃料电池领域，日本申请的 PCT 专利最多，在风能领域，美国占了 PCT 专利申请的最大份额。

一、美欧科研基础实力依然雄厚

发达国家在后危机时代的科技发展和创新中仍然占主导地位。美国作为科技和创新大国，长期以来一直是世界科技的主导者，在全球享有不可动摇的领先地位。今天，由于欧盟作为一个整体以及新兴经济体科技实力的增强，美国科技在全球的相对地位受到侵蚀。特别是欧盟 27 国作为一个整体，科研实力已经开始赶上和超越美国。

30 年前，汤森路透集团 Web of Science 收录的科学论文中有近 40% 是美国论文。现在，该数据库收录的有美国作者的论文的比例已经显著下降。2009 年美国占世界科学论文总量的比例为 28.5%。同期，美国工程学论文占世界同类论文的比例几乎下降了一半，从 1981 年的 38% 下降到 2009 年的 21%。尽管如此，美国的科学论文产出仍然稳居世界第一。而且美国的高等教育机构饮誉世界，美国科学论文的影响力也很高。以被引率来衡量，美国科学论文的平均影响高于其他国家和地区。过去 30 年美国论文的被引率一直比世界平均水平高 40% 左右。自 2000 年以来，美国有 1.8% 的论文属于高被引论文，在全世界首屈一指（有关机构在统计时将被引用次数属于世界前 1% 的论文列为高被引论文）。对美国而言，相对影响最大的领域是微生物学、生物化学和临床医学。美国目前在这些研究领域的论文占世界论文总量的比例相当高。这与美国联邦基础和应用研究资助长期以来一直向生物科学倾斜不无关系。近 20 年，美国联邦政府将对该领域的资助占联邦民用研发预算的比例从 40% 提高到了 50% 。

从专利产出来看，美国的整体优势也十分明显。美国 2008 年的专利申请量位居世界第一，为 45.6 万件，与 2007 年持平。不过，经济危机对美国专利产出的影响已经明显显现。2009 年，美国居民的 PCT 专利申请量下降了 10.8% 。美国企业的创新表现也有显著下降，这从电气和电子工程师协会的代表出版物《频谱》杂志 2010 年 3 月刊登的专利实力记分牌情况可见一斑。2007 年，在该专利记分牌 319 家机构中，有美国企业 202 家，占比为 63% ，到 2009 年美国在 323 家企业中占了 173 家，占比下降到 54% 。同期欧洲企业占比基本保持稳定，从 2007 年的 15% 小幅上升到 2009 年的 16% 。显然，全球性的经济衰退严重影响了美国的创新。在上一版基于 2007 年以前的数据发布的专利记分牌中，美国专利的增长趋势可以说是不可阻挡。2007 年实用新型专利申请数量达到 45.6 万件，比 1997 年增长了 1 倍多，比 2004 年增长了 10 万件。但自那以后，由于各类企业预算的削减，专利数量的增长趋于停滞。美国很多企业的专利排名严重下滑。例如施乐公司在电子专利记分牌中的排名从 2007 年的第 3 位骤然下降到 2009 年的第 15 位。美国在线公司在计算机软件专利记分牌中的排名从 2007 年的第 4 位下降到 2009 年的第 15 位。当然，美国公司的专利表现并非都不尽人意。IBM 在计算机系统领域的排名仍然高居榜首。微软在计算机软件领域也继续稳坐世界头把交椅。思科在电信和通信设备领域处于领先地位，并与摩托罗拉和高通公司占据了前 4 名中的 3 个席位。另外，还有一些美国企业在专利方面的表现取得很大进步。例如，甲骨文公司在计算机软件领域的排名从 2007 年的第 7 位跃升至 2009 年的第 2 位，仅望微软之项背。美国强生公司也从瑞士罗氏公司手中夺取了生物技术和制药领域的领先地位。

美国的创新环境和创新文化比其他国家优越得多。美国鼓励创新的政策迭出，风险资本市场活跃，人们的创业精神高涨。美国的产学研合作历史悠久，卓有成效。这些都是美国保持科技实力的法宝。因此，美国被誉为创新的“摇篮”。根据世界经济论坛的《全球竞争力报告 2010—2011》，美国大学与产业界的研发合作在全世界排名第一。美国科研机构的水平、创新能力、政府采购对先进技术产品的支持在全世界均名列前茅。这些因素决定了美国在创新方面居世界领先地位。世界经济论坛评选出的“2011 年技术先锋”企业有半数以上来自美国。另外，根据《欧洲创新记分牌 2009》的分析结果，2005 年以来，美国的创新绩效一直远超欧盟 27 国。美国在创新的促进因素、企业活动和产出方面的表现明显领先。

有实力和美国一争高下的另一个科技巨头是欧盟。并且欧盟素以赶超美国为主要目标。欧盟2010年出台了打造“创新联盟”的战略构想。从近年的科技表现看，欧盟27国作为一个整体其科技实力显著提升，在一些领域已经开始赶上或超越美国。如今，欧盟27国研究论文数量占世界论文总量的比例已经达到36%，超过了美国20世纪90年代中期的水平。在一些领域，欧盟的科学论文产出尤其突出。例如，在材料科学领域，欧盟作为一个整体占世界论文产出的比例一直高于美国，2001年达到占世界的38%之多，到2009年占世界的比例为30%，相当于美国所占比例的两倍。在工程学领域，欧盟27国的论文总量于1997年超过了美国，到2009年占该领域世界论文总量的33%。欧洲论文在引用影响方面的表现也有所上升，甚至开始超越美国。英国、法国等国论文的引用影响都已超过了世界平均水平。英国科学论文的影响现在接近美国的总体水平。在一些领域，包括农业科学、生态和环境科学、分子生物学和遗传学以及药理学等领域，英国论文的平均影响甚至已超过了美国。从高被引论文占本国论文的比例来看，英国、德国、法国、意大利等国高被引论文占比分别为1.8%、1.4%、1.2%和1.1%，已经达到或接近美国的水平（1.8%）。

欧洲的专利活动相当活跃。根据世界知识产权组织2010年6月发布的数据，以专利的来源国计算，在2008年专利申请量和专利授权量居前20位的国家中，欧洲占据了一半以上的席位。德国、法国、英国、瑞士、荷兰等5国均进入专利申请量前10名。德国是专利活动最活跃的国家之一，其专利申请量位居世界第五，授权量位居世界第四。在日本、美国以及英国等多数国家专利申请量下滑的情况下，德国、法国和瑞典的专利申请量却分别比上一年度增长了2.5%、2.5%和3.0%。2008年意大利和瑞士的专利授权量上一年度相比分别增长了15.4%和14.2%，是发达国家中增长最为迅猛的，这种增长速度除了飞速发展的新兴经济体中国和俄罗斯以外是没有国家可以匹敌的。

根据《欧洲创新记分牌2009》，欧盟27国的创新绩效近年增长很快，年均增长速度为3.17%。欧盟27国创新绩效的增长速度接近美国（1.63%）的两倍和日本（1.16%）的3倍，这使得欧盟27国的创新绩效与美国、日本的差距呈现缩小趋势。欧盟27国在理工科毕业生、私人信贷、商标、中高和高技术制造业的就业以及知识密集型服务出口方面的领先地位日益显著。

二、日本企业创新绩效上升显著

日本的创新绩效，特别是企业的创新呈现显著上升趋势。2009年，在发达国家居民 PCT 专利普遍下降的情况下，日本居民的 PCT 专利上升了 3.6%。相比之下，美国居民的 PCT 专利申请量下降了 10.8%，德国下降了 11.3%，加拿大下降了 11.8%，瑞典下降了 13.4%。日本的专利生产效率在发达国家中也是最高的。2008 年，日本每 10 亿美元 GDP 的居民专利申请量为 82.2 件，仅次于韩国（102.6 件），居世界第 2 位。从每百万美元研发支出的居民专利申请量来看，韩国为 3.3 件，日本为 2.4 件，日本同样位居世界第二，远远超过了美国及欧洲国家。

日本的创新十分倚重于企业。日本产业界投资和执行的研发均超过日本总研发的 70%。日本丰田汽车公司最近两年连续成为全球企业研发投资的首强，2009 年研发投资超过 60 亿英镑。在英国商业、创新和技能部列出的全球 25 强研发企业中，日本占了 6 家（美国 9 家、欧洲 9 家）。2010 年，日本企业在全球的创新表现极为突出。根据电气和电子工程师协会代表出版物《频谱》杂志 2010 年 3 月刊登的专利实力记分牌，日本企业的表现比往年显著上升。此次的专利实力记分牌是根据 2009 年的专利数据分析得出的。在该记分牌中所统计的 323 家主要机构中，有 65 家来自日本，占了 20%。这一比例远远高于 2007 年，当时在 319 家公司中只有 45 家日本公司，仅占 14%。特别明显的是，日本企业在电子业的表现越来越突出。在位于电子专利记分牌前 10 位的企业中，日本企业占了 7 家（2007 年日本在前 10 名中占据 5 个席位）。汽车业的情况与电子业完全相同。日本的电子工业和汽车工业世界闻名，因此电子和汽车专利有如此好的表现也许不足为奇。而日本在其他行业也已经显示出技术优势。2009 年日本在化学专利记分牌的前 20 个机构中占据了 12 个席位，明显高于 2007 年的 7 个席位。同时，在半导体设备制造记分牌中，日本占据了前 3 名中的两个席位。其中日本的东京电子在半导体设备制造专利中的排名从 2007 年的第 4 名一跃而成为 2009 年的第 1 名。日本企业在 2009 年专利实力排名中的上升主要是美国企业地位下降所致。

与企业卓越的创新表现相比，日本的科研产出相对薄弱。近 10 年以来，日本占世界年度科学论文总量的比例迅速下降，从 2000 年的 9.45% 下降到 2009 年的 6.75%。2005—2009 年，在被汤森路透数据库收录的日本论文中，物理学论文最多，约为 54 800 篇，占该领域世界论文总数的 11% 以上。而在 2000—2004 年，日本材料科学领域论文的占比是所有领域中最高的，达 14.25%。日本在生命科学的两个学科表现也不凡——日本的药理学和毒理学以及生物学和生物化学占世界论文的比例在日本所有领域中分别排第二和第四。

日本论文的引用影响大致相当于世界平均水平，且保持相对稳定。2000 年以来，日本的高被引论文仅占其论文总数的 0.7%。不过，日本在个别领域的引用影响还是很高的。这表明日本在一些领域具备一定的优势。例如，1996 年以来，日本材料科学论文的影响一直高于世界平均水平。地球科学、动物和植物学也是具有明显优势的领域。免疫学、空间科学近几年的影响上升，成为优势领域。2000—2009 年间，这些领域的高被引论文在世界的占比超过了该领域论文在世界论文总量中的占比。同期，这些领域的论文的相对影响也呈上升趋势。物理学是日本在世界高被引论文中占比最高的一个领域——占 11.2%。

另外，与美国和欧洲相比，日本的创业环境对于新企业和企业家来说不太有利。根据最新出版的全球创业监测报告，日本创业指数的得分在发达国家中是最低的。

三、新兴国家在危机中显现科技实力

正当西方发达国家努力走出衰退的阴影时，巴西、中国、印度、印尼和南非等新兴经济体却继续增长，尽管增速也有快慢之别。金融危机突显了新兴国家经济在应对危机中的弹性，以及在走向复苏的过程中表现出的活力和动力。随着这些新兴经济体国家在全球经济新秩序中的地位日益重要，它们在科技领域将具有国家目标的技术政策与积极和成功的学术研究结合起来，使得它们在世界科技竞争中的地位也有显著提高。新兴经济体企业在价值链中的位置也在向高端移动。这些新兴经济体一度只是加工活动外包的仓库而已，而目前却正在朝着自主加工工艺开发、产品开发、设计和应用研究迈进。

新兴经济体整体科技实力明显提升，在很大程度上带动了全球科技继续上升。根据 2010 年世界知识产权组织发布的数据，中国等新兴经济体专利申请量的增长为世界专利总量的持续增长做出了很大贡献。例如，美国居民 2008 年的专利申请量比 2007 年减少了 4.1%，而中国居民的专利申请量却增加了 26.7%。以专利来源国计，中国的专利申请量已经跻身于世界前列，仅次于日本和美国，位居世界第三。2008 年世界各主要国家专利申请量普遍下降的情况下，中国却逆势上升，可以说是一枝独秀。金砖四国中的俄罗斯专利申请量也有小幅增长，增长率为 1.5%。从专利授权量来看，2008 年中国专利与上一年相比增长率高达 46.1%，增长率世界第一。俄罗斯的专利授权量也增长了 20.3% 之多。2009 年，中国 PCT 专利上升了 29.1%，韩国上升了 1.9%。新兴经济体的专利申请效率位居世界前列。以每单位 GDP 的居民专利申请量和单位研发支出的居民专利申请量来衡量，韩国均高居世界首位，中国均列世界第 3 位。2008 年，韩国每 10 亿美元 GDP 的居民专利申请量为 102.6 件，中国为 26.6 件。韩国每百万美元研发支出的居民专利申请量为 3.3 件，中国为 2.0 件。相比之下，美国尽管专利总量很高，但由于其经济规模和研发支出很大，其每 10 亿美元 GDP 的居民专利申请量为 17.8 件（居世界第 5 位），每百万美元研发支出的居民专利申请量为 0.7 件

（居世界第12位）。

从一定意义上讲，专利活动中心表现出从西方国家向亚洲新兴国家转移的趋势。中国和韩国所拥有的有效专利出现两位数增长，分别为24%和10.1%。在大学和教育培训机构的专利排名中，以往无一例外的都是美国的大学，但在2010年的最新排名当中，韩国的一所大学——浦项科技大学首次进入前20名。这说明新兴国家个别大学在专利方面的表现已经能够与美国的一些顶尖大学相媲美。新兴国家在一些特定技术领域已经具备一定的优势，例如，印度的太阳能光伏技术专利已经跻身于世界前5名，巴西和墨西哥在水能/海洋能专利方面占据了世界第一和第二把交椅。

新兴经济体科学论文数量迅速增加，使得成熟经济体占世界论文的比例呈现下降趋势。中国科技论文数量的增长速度最快，从1981年的1745篇增长到了2009年的127 075篇，占世界的比例从0.4%增至10.9%。目前中国已成为仅次于美国的世界第二大科技论文产出国。在最近5年汤森路透收录的世界科学论文中，中国发表的各领域论文总数为41.5万篇，占世界总量的8.4%；印度为14.4万篇，占世界的2.9%；巴西为10.2万篇，占世界的2.1%；俄罗斯为12.7万篇，为2.6%。在2002年到2008年间，非洲在汤森路透收录的科学论文中所占比重增长了25%，达到占世界总数的2.0%。这其中又以南非的增长最为明显。

在一些学科领域，新兴经济体已经具备一定的优势。中国的优势领域是物质科学，特别是材料科学、化学和物理学这三大主题学科。在材料科学领域，20世纪90年代中期亚洲的产出超过了美国，而中国一国的材料科学论文在2004年就超过了美国，到2009年，中国材料科学论文已经占到世界的23%（在1981年的时候，这一比例只有0.3%）。而美国的材料科学论文占世界的比例（31%）在1994年达到峰值，到2009年下降到15%，是30年来的最低点。中国化学论文所占比例从1981年的0.3%增长到2009年的20%，并于2007年超过了美国。中国的生命科学领域增长潜力巨大。热带医学是印度和巴西的传统重点领域。印度在化学、农业科学等很多领域也具有显著优势。巴西在临床医学以及物理学、生物学和化学等领域表现突出。俄罗斯的传统强项是物质科学，特别是在物理学和空间科学领域具有优势。近年俄罗斯论文数量增长最快的领域是神经科学和行为科学领域，从子领域的分析看，俄罗斯的重点领域是物质科学，有3个学科——核物理学、粒子和场、跨学科物理学表现尤其突出。俄罗斯在石油工程及地球化学和地球物理方面也有强劲的表现。非洲在生物学方面具有一定优势。

新兴经济体作为制造中心的地位多年来已经成为共识。2010年，美国竞争力委员会与著名咨询公司德勤联合发表《全球制造业竞争力指数》报告，对世界各国的制造业竞争力进行了比较研究。报告指出，目前中国制造业的竞争力居全球之首，印度紧随其后，韩国第三，巴西第五。发达国家中只有美国进入前5名（第四），日本列第6名。报告认为，美国制造业的竞争力还会继续下降。到2015年，中国、印度和韩国将保持竞争力，继续名列榜单前三甲，而巴西将超过美国跃居第4位，美国从目前的第4位降到第5位，墨西哥将取代日本占据第6位，日本则下降到第7位。巴西、墨西哥、波兰、泰国等作为新兴制造中心重要性将不断提升。俄罗斯制造业的竞争力5年后有望大幅提升，从目前的世界第20位提升到第14位。报告认为，人才驱动的创新是全球制造业的首要推动力。亚洲巨擘（中国、印度和韩国）以及其他竞争力有望提升的国家（如巴西、俄罗斯和波兰）已经培养了大量人才，包括熟练工人、科学家、研究人员、工程师和教师等。影响制造业竞争力的第2个重要因素是劳动力和原材料的成本，第3个因素是能源成本和政策。

新兴经济体的总体创新绩效不及美国、日本，与欧盟27国的总体水平也有很大差距。但是，从1995—2005年的趋势看，新兴经济体，特别是巴西、印度和中国的创新绩效相对于欧盟27国的差距不断缩小。巴西和印度在信息通信技术开支和知识密集型服务出口方面的表现超过了欧盟27国。中国在信息通信技术开支和高技术出口方面的表现优于欧盟27国。俄罗斯在高等教育和研究人员数量两项指标方面的表现优于欧盟27国。

不过，新兴国家创新能力的不断增强已是不争的事实。根据世界经济论坛2010年9月最新发布的全球竞争力报告，韩国（第18位）、中国（第21位）、巴西（第29位）、印尼（第30位）等国的创新能力均已跻身于世界前30名之列。印度（第33位）和俄罗斯（第38位）的创新能力也都已属于世界上游。

四、后危机时代的科技竞争愈加激烈

新兴经济体科技实力的迅速提升已经成为全球科学版图的重要特征。联合国教科文组织的2010年科学报告认为，过去美日欧三足鼎立的科技格局已经被新的三巨头取而代之，亚洲已经成为可与美国和欧洲分庭抗礼的重要的科技中心。全球科学论文产出目前由美国、欧洲和亚洲三者共同主导。该报告还预言，鉴于亚洲人口众多，预计将来会成为最主要的科学发达地区。世界知识产权组织的《2010年世界知识产权指标》则指出全球性经济危机使大部分国家和地区的知识产权申请都出现增长放缓甚至下降，创新活动正在向一些中等收入国家转移，尤其是东亚国家和印度。

新兴国家科技和经济的崛起引起了西方发达国家的普遍关注，其中也有“威胁论”的因素。美国国家科学院2005年就曾发表报告《站在风暴之上》，分析了美国国际竞争力面临的威胁。5 年之后，即 2010 年 9 月，美国国家科学院再度审视了美国面临的国际竞争局面，指出与 5 年前相比，美国面临的风暴不仅没有减弱，反而迅速增强，接近 5 级飓风（最强的飓风）。中国和印度被认为是“风暴”的重要来源。据调查，10 家研发预算最多的全球性企业中有 8 家都在中国、印度或中印两国建立了研发机构。有 77% 拟建新研发机构的全球性企业表示将在中国或印度建立研发中心。美国总统奥巴马 2010 年 12 月 6 日在北卡罗来纳州一所社区大学发表的一次关于经济的演讲，称美国人正迎来新的“卫星时刻”。前苏联 1957 年发射了世界上第一颗人造卫星，正是这颗卫星的发射给美国敲响了警钟，促使美国对创新和教育投资，最终美国不仅超越了前苏联，还发展了新技术、新产业，带来了就业的增长。而今，美国又面临这样的“卫星时刻”，而给美国敲响警钟的是中国等新兴国家。这些新兴国家融入全球经济，导致全球面临的竞争将更加激烈。因此奥巴马总统呼吁，美国必须像当年那样加强对基础设施、科研创新和教育的投资，否则美国在未来的竞争中有落后的危险。

英国《金融时报》2010 年 1 月 25 日发表了《中国科研发展引领世界》的专题报道，指出中国过去 30 年来的科学研究强劲增长，增速超过世界上任何一个国家，并且其增长势头丝毫没有减缓的迹象。英国皇家学会科学政策中心主任詹姆斯·威尔斯顿表示：“中国一枝独秀，其科研发展远超过四五年前人们估计的水平。”《日本时报》2010 年 12 月 27 日的报道称，中国已经成功研发出世界上运行速度最快的计算机，这给美国军事和日本商业领域带来前所未有的“威胁”。报道呼吁日本认真对待中国的挑战，否则将导致日本丧失在许多行业的主导地位。

事实上，新兴国家在一些方面确实已具有特殊的吸引力。例如，据调查，中国和印度是跨国公司建立新研发中心的首选目的地。因为中国、印度等国家重视数学和科学，也重视对工人的培训和教育。中国的高铁建设成绩显著，中国超级计算机的研制已居世界领先地位。从科技论文的影响力来看，韩国、中国和印度的科技论文的引用影响在过去 10 年已经有所上升。但是，新兴经济体的科研实力仍然很低。亚太国家作为一个整体目前论文的相对引用影响仍然低于世界平均水平 20% 。一些国家论文数量多而质量低的问题仍然很突出。从专利情况看，世界专利仍然多数由发达国家所有。高收入经济体的专利申请占全部专利申请的份额为 74. 1% ，比其 GDP 所占份额（58. 7% ）高 15. 4% 。在高收入经济体中，居民申请量占 57. 4% ，而低收入经济体中居民申请量仅占 1/5。从有效专利的持有者来看，日本和美国仍然是主要的有效专利持有国，拥有全球 47. 5% 的有效专利。新兴经济体当中，科技发展在国内的分布也不均衡。例如，对研发的投资仍然集中在特定国家中相对较少的地区。在巴西，40% 的研发总支出用在圣保罗地区。而在南非的豪登省，这一比例高达 51% 。

有媒体称，未来10年是金砖四国的10年，也有专家认为未来属于范围更广的新兴经济体。有人预言了巴西的飞跃、中国超越美国、印度超越日本、俄罗斯超越英国等前景。也有专家认为，尽管新兴经济体在科技方面的成就斐然，但欧美日等发达国家对自身竞争力的担忧是杞人忧天，大可不必的。不管这些预言是否会实现，也不论上述观点是否正确，有一点是可以肯定的，那就是未来的世界科技竞争必然是更加激烈的，科技发展的多元化、多极化趋势也会更加明显。

各国科技创新政策趋向于绿色

2008 年的金融危机使各国遭受重创，同时也使各国政府认识到，要实现本国经济的可持续发展，解决面临的重大挑战，必须依靠科学技术和创新。在当今的“后危机时代”，各国都把环境、气候变化和能源等问题置于科学与创新议程的首位，同时高度重视信息技术、生物技术、新材料等，通过各种方式促进创新，努力抢占未来新的制高点，以谋求掌握发展和转型的主动权和主导权。

一、将科技创新置于长期发展战略的核心

当前，全球正在逐渐走出经济衰退，在此过程中，各国均高度重视科技和创新，把其作为促进经济可持续增长、增加就业、提升人民生活水平的核心要素。

1. 美国依靠科技创新重振经济

为应对全球金融危机，提振美国经济，奥巴马政府出台了《复苏法》，高度重视创新对于促进美国经济复苏的作用。2010 年 8 月，美国公布了《复苏法：通过创新转变美国经济》的报告，报告指出，在恢复法案总计 7 870 亿美元的投资中，1 000 亿美元投入创新。这些投入不但转变了美国的经济，创造了新的就业，同时加速了美国科技的重大进步，确保了美国经济在 21 世纪的竞争力。

2010 年 12 月，美国总统科技政策办公室发布了美国 2012 年的重点科技发展领域：一是促进经济可持续发展和就业的科技领域，包括支持先进制造业的研发，支持与建立 21 世纪生物经济基础相关的研究，对“国家纳米技术计划”和“网络与信息技术研发计划”的特定领域予以支持；二是应对重大疾病、提高人类健康水平、降低医疗保健成本的科技领域，优先支持能够快速提高生命科学发现的潜在技术的研究，特别是影像技术、生物信息技术和高通量生物技术的研

究，以及能够缩短新流行病疫苗开发时间的研究；三是减少能源进口依赖和温室气体排放、开创清洁能源未来的科技领域，重点支持清洁能源技术，特别是太阳能、下一代生物质能、可持续发展的绿色建筑和建筑改造技术的研发，优先支持先进汽车技术的研发；四是理解、适应和减缓全球气候变化影响的科学研究；五是应对涉及食品和生物燃料的陆地、江湖、海洋以及基于可持续发展及生物多样性的生态系统服务的竞争性需求的研究；六是开发保护军队、人民和国家利益的技术；七是应对新的挑战，加强六大交叉领域，包括科学、技术、工程与数学教育和适应社会不同阶层、年龄、程度的先进学习技术，研究型大学、实验室的研究活力与创造性，对基础研究的持续支持，稳固、完善的信息通信、交通和能源基础设施，加强研究人员、私营机构、大学和其他研究机构之间的合作，符合美国外交政策、全球健康、能源、气候变化和全球发展目标的国际合作，空间能力，促进研究、产业和创新的经济与政策环境。

2. 日本第四期科技基本计划草案注重民生

2010 年年初，日本开始制定第四期科学技术基本计划（2011—2015 年），2 月，日本公布了计划草案，征求专家和社会的意见和建议。12 月，日本政府综合科学技术会议向日本首相菅直人提交了第四期科学技术计划草案，建议用 25 万亿日元来实施即将开始的“第四期科学技术基本计划”。草案建议 2011 年至 2015 年期间，政府每年用于研发的经费 5 万亿日元，保证占 GDP 的 1% 。草案明确指出要把关于民生的“环境和能源”以及“医疗、护理和健康”作为成长型支柱产业予以推进，同时把基础研究、培养能够承担未来科研的人才等作为重点。此外，草案还涉及一些国立研究机构的改革。为改变政府和民间研究项目重叠造成的浪费，加强研究部门间的协调与合作，相关企业和大学将组成科学技术革新战略协会。

此外，日本新政府的经济政策也把科技创新作为重点，其 2010 年 6 月公布的未来 10 年经济增长战略着力突出的战略取向就是科技创新，将通过推动环境和能源、医疗和健康等重点领域的发展，实现内外需共同支撑的经济增长。

3. 欧盟《欧洲 2020 战略》重视创新

2010 年 3 月，欧盟委员会出台《欧洲 2020 战略》，确定了欧盟未来十年的发展重点和具体目标。这是继“里斯本战略”之后欧盟第 2 个十年经济发展规划，其提出的 3 项重点任务是：实现以发展知识经济为主的智能增长，实现以发展绿色经济为主的可持续增长，实现以提高就业和消除贫困为主的包容性增长。同时，“欧洲 2020 战略”提出七大配套旗舰计划，即“创新型联盟”、“流动的青年”、“欧洲数字化议程”、“能效欧洲”、“全球化时代的工业政策”、“新技能和就业议程”和“欧洲消除贫困平台”。“欧洲2020战略”非常重视创新，不仅把建设“创新型联盟”作为七大配套旗舰计划之首，而且其他六大计划均与创新相关。

2010年10月，欧盟正式公布了“创新型联盟”计划。该计划以10年内把欧盟建设成为“创新型联盟”为目标，要求欧盟把创新作为首要和压倒一切的政策目标，确定了加强研发投入、提高资金使用效益、实现教育现代化、4年内建成统一的欧洲研究区、简化科研计划管理、促进成果产业化、实现欧盟单一专利、启动“欧洲创新伙伴”行动、推动社会创新、加强国际合作等10项工作重点，并提出部署相关配套措施，开展欧盟层面的科研与创新绩效监测工作，确保“创新型联盟”各项目标得以实现。

在资金投入方面，欧盟表示2011年研发投入要增加到64亿欧元，比2010年的57亿欧元增加12%，比2009年的49亿欧元增加30%。这将是欧盟有史以来最大规模的年度研发投资计划。从投入领域分布看，其中12亿欧元将投入信息通信技术，帮助欧盟实现“欧洲数字议程”的目标；13亿欧元将用于欧洲研究理事会，用来支持基础研究；6亿欧元用于健康研究；2亿欧元用于环境研究。鼓励中小企业开展研发也成为欧盟研发的优先支持目标。8亿欧元将用于中小企业研发，尤其是在生物技术、环保和纳米技术方面，欧盟明确要求中小企业获得的研发投入不得低于35%。

4. 英国在缩减政府预算中力保核心科学经费

当前，英国深陷财政危机，2011年各部门预算大幅削减（平均削减幅度达到19%以上），在此背景下，英国政府仍将把科学经费维持在原来的46亿英镑的水平。这意味着英国的核心科研经费在很大程度上得到了保证，彰显了英国政府依靠科技支撑经济增长的决心。2010年12月，英国商业、创新与技能部（BIS）公布了未来4年科研经费支持主要领域和方向：先进制造、卫生医疗、数字经济、低碳经济、能源与资源的高效利用、空间技术和产业基础、大型科学仪器、计量学研究，等等。

2010年10月，英国政府发布了总投资额为2 000亿英镑的《国家基础设施规划》，重点是低碳经济、数字通信、高速交通系统和科学基础研究等方面的基础设施建设。这一规划的重点大多与科技有关，比如在低碳经济方面投入10亿英镑，实施碳捕捉与储存商业化项目；投入5.3亿英镑建设数字通信网络，计划在2015年建成全欧洲最好的高速宽带网；投入300亿英镑建设高速铁路网等交通基础设施；投入数十亿英镑支持科学技术领域的基础研究，这显示出英国政府以科技进步推动经济长期发展的思路。

5. 德国《高技术战略 2020》突出五大需求领域

近年来，德国政府一直大力推进德国的科技创新，德国工业与商会议会 2009 年夏的创新报告显示，至 2008 年底，德国的创新氛围有了积极转变，约有 30% 的企业将其创新成果归功于国家优化后的科研与创新政策。

2010 年 7 月，德国通过了联邦教研部提出的《思路·创新·增长——德国高技术战略 2020》。该战略是德国政府 2006 年 8 月出台的“德国高技术战略”的继续发展，新战略重点关注气候与能源、健康与营养、交通、安全和通信五大需求领域，并从应对各个需求领域的最重要挑战着眼确定“未来项目”。新战略也明确了各领域的行动计划。

在气候与能源领域，德国将实施“联邦政府第六能源研究计划”（面向 2020 年的能源研究计划）、“可持续发展研究框架计划”、“生物经济框架计划”，着力保持核能技术领域的竞争力，提升煤化学技术，在非洲设立气候变化和土地管理研究和服务中心、进行气候系统研究和对地观测。在该领域，战略确定的未来项目包括“二氧化碳中性、高能效和适应气候变化的城市”、“能源供应的智能化改造”、“作为石油替代品的可再生原料”、“节能的互联网应用”。

在健康与营养领域，德国将实施新的健康研究计划，进行个性化医学研究，加强对常见疾病的研究，促进预防、营养和老龄化的研究，把医学基因组学和医学系统生物学作为新的战略课题，保持和增强德国在医疗技术及相关服务业的市场主导地位，制定系统资助医疗技术发展的行动计划。战略确定的未来项目包括“个性化医疗治愈疾病”、“有针对性的饮食改善健康”和“老年人自主生活”。

在交通领域，德国将实施“第三个交通研究计划”，加强电动汽车的开发，制定未来电动交通的整体方案，实施国家航空研究计划和国家海洋技术总体计划，支持明显降噪轨道货运研发项目。战略确定的未来项目包括“德国 2020 年百万电动汽车”。

在安全领域，德国将实施“联邦政府民用安全研究计划 2011”，加强民用安全研究，开发保护现代民主社会的解决方案，形成特色鲜明的技术能力，开发防范危害与保护重要基础设施的民用安全解决方案，把德国打造成民用安全解决方案的主导市场。战略确定的未来项目包括“更有效保护通信网”。

在通信领域，德国将实施“联邦政府 2010 年信息通信技术战略”，召开信息技术峰会，继续执行信息技术安全研究计划，资助云计算，推进智能电网和智能实体的研发，加强电子身份识别的支持，制定嵌入式系统国家路线图，加强通信基础设施建设，增强卫星光通信能力，选择一些技术将其发展成为世界标准。战略确定的未来项目包括“能源供应的智能化改造”、“节能的互联网应用”和“打造获取与感知知识的数字化世界”，“更有效保护通信网”。

6. 芬兰规划未来5年研究和创新重点

芬兰全球领先的国际竞争力得益于其创新能力。2010年12月，芬兰研究和创新理事会发布了《2011—1015研究和创新政策指南》，提出了未来5年的发展重点：提高大学和科研院所的科研水平，鼓励其与公司进行合作，改进将知识转化为现实解决方案的能力；推出研发税收激励计划鼓励企业进行创新；利用公共采购和其他能够对需求施加影响的政策工具推动领先市场的出现；加强研究和创新活动的国际化，开放国家计划和资金，采用国际化的评估方式对国家技术局和芬兰科学院等进行评估；改革对高等教育院校及科研院所的指导和资助方式，以提高教育、研究、国际化、研究成果和专业化的应用等方面的质量。在资助方面，指南指出要增加对公共研究和创新的资助，以便更好地实现芬兰的在2010年代将研发经费维持在国内生产总值的4%、公共投资应占GDP的1.2%的目标。

7. 韩国倚重创新为增长创造新动力

2009年1月，韩国政府推出了《新增长动力规划及发展战略》，提出了三大重点领域的17个产业作为重点发展的新增长动力。2010年4月，韩国知识经济部对重点领域和增长动力产业进行了调整，确定六大领域22个新增长动力产业。

（1）能源、环境产业领域。该领域的新增长动力产业为清洁煤炭能源、海洋生物燃料、太阳能电池、二氧化碳回收和资源化、燃料电池发电系统和核电站。在该领域，韩国在未来5年将投入3万亿韩元，重点支持太阳光、风力、发光二极管照明、电力信息技术、氢燃料电池、清洁燃料、煤热电合发、碳捕集和储存、能源储存等九大战略技术领域的发展，使绿色能源技术水平在2012年达到发达国家水平，2030年达到世界顶尖水平。

（2）运输产业领域。该领域的新增长动力产业为绿色汽车、船舶和海洋系统。在该领域，韩国将大力支持关键技术、评估和实验技术、零部件和材料国产化的研发工作，支持开发绿色汽车及与信息技术融合的关键零部件，进行插电式混合动力汽车及燃料电池车试验等。

（3）新信息技术领域。该领域的新增长动力包括半导体、显示器、下一代无线通信、发光二极管照明和无线电频率识别与泛在传感网。在该领域，韩国将重点开发下一代内存的源头技术并推动其成为国际标准，开发基于各系统平台的半导体设计技术，以提高系统芯片的国际竞争力，开发新概念的设备和材料等。

（4）产业融合领域。该领域的新增长动力包括机器人、新材料与纳米融合、与信息技术融合的系统、广播与通信融合的媒体。

（5）生物产业领域。该领域的新增长动力包括生物制药及医疗设备。韩国将把纳米技术和信息技术用于生物医药和复合医疗设备的开发中，以增强韩国生物技术的国际竞争力。

（6）知识服务业领域。该领域的新增长动力为软件、设计、健康以及文化等。

其他国家也将科技创新作为后危机时代的战略重点予以推进，如法国 2009 年出台了未来 4 年间的《国家研究与创新战略》，提出要加大税收信贷优惠力度，激励私营部门投资研究；加强主要创新主体之间的合作和协调；通过竞争力集群计划推进公共研究转化为创新；支持中小企业提升竞争力。战略提出的优先领域包括：健康、食品和生物技术，环境、应急和生态技术，信息通信技术和纳米技术。《丹麦 2020》提出，要加大对研究和创新的公共投资，加强重大研究，发展世界一流的大学，改进国家创新系统的协调，关注绿色技术和创新，加强大学的国际化程度。意大利《国家研究计划》（2010—2012 年）提出的主要措施包括：促进知识驱动的研究，加强企业部门的参与并加强其与公共部门的合作，支持研究的国际化，加强卓越中心、大型项目和研究基础设施的建设。

尽管各国均高度重视科技创新，但其重点却因发展阶段和本国情况的不同而不同。在科技发达、企业创新能力比较强的国家，如韩国、日本和美国等，政府高度重视基础研究，以便为未来的创新奠定基础；而那些创新能力相对落后的国家，政策的重点是加强产业和学术界之间的联系，把科技创新政策作为其国家经济发展战略的一部分。

二、绿色科技居各国科技创新议程的首位

随着全球资源能源环境压力的增大，未来以低能耗、低污染、低排放为特征的低碳经济必将占据重要地位。有关研究表明，目前，以新能源技术和可再生能源发展为特征的第四次产业革命正在改变人类经济活动和社会发展的各个方面。美国皮尤慈善信托基金会认为，当前，清洁能源经济已略现端倪，为全球经济和环境发展带来重大机遇。发展清洁能源可以创造新企业和新就业岗位，降低对外国能源的依赖，增强国家安全，减缓全球变暖。当前，各国政府均高度重视绿色能源技术的开发。

（一）绿色能源研发备受各国重视

1. 美国要为新能源开发投入巨资

美国政府把绿色能源作为引领未来经济增长的最重要领域，大力倡导向清洁能源经济转型，力图在清洁能源技术市场重新获得主导地位。美国《复苏法》

提出，未来10年内要在新能源开发上投入1 500亿美元，当前，这些投资已经产生了一些效果，推进了美国可再生能源的进步。先进能源研究计划局（APRA－E）是美国为支持能源创新而仿照国防高级研究计划局专门设置的能源部下属新机构，该机构第一次项目资助公告于2009年初发布，总额1.5亿美元，遴选出37个致力于革命性创新的能源项目；2009年12月发布了总额1亿美元的第二次资助公告，重点支持生物燃料、碳捕集和汽车电池3个领域。2010年3月，先进能源研究计划局发布了总额1亿美元的第三次资助机会公告，重点支持3个领域：电网级的间变电能静态储存技术；用于智能电网的电力电子和电力快捷传输技术；通过创新性热元件改进制冷技术等提高建筑能效的技术。2010年2月，美国能源部长详细说明了2011财年对能源部284亿美元预算的分配重点，包括投资先进的能源科学、研究与创新，提高能源效率，控制温室气体排放等。其目标主要是：1）通过开发新的方法来生产和使用清洁和可再生能源，确保美国成为新能源经济的全球领导者；2）保持有效的核威慑，同时努力争取在4年内确保世界各地的核材料安全；3）运用跨学科的科学方法解决美国的能源问题和国家优先问题，包括创新和变革能源部国家实验室的研究；4）扩大太阳能、风能、地热等清洁能源、可再生能源的利用，同时支持政府关于智能、强大、安全电网的发展目标；5）通过利用贷款担保权的扩大，促进可再生能源和核能领域的创新。2010年11月，美国总统科技顾问委员会发表报告，建议美国政府加快能源技术创新步伐，具体建议包括由总统行政办公室牵头开展跨机构能源评估，绘制全面的能源发展路线图，加大投资力度，将能源技术研发、示范和部署的投资增加到每年160亿美元，加强能源技术创新的国际合作。

2. 欧盟要保持清洁能源技术领先地位

欧盟目前引领着全球清洁能源技术发展，相关产业化技术位居世界前列。为了进一步加强欧盟在全球低碳经济发展中的主导作用，欧盟委员会2010年2月成立能源和气候行动两个总司，以加强欧盟在能源与气候变化领域的管理工作。3月，欧洲议会通过决议，要求欧盟增加对低碳能源技术的投入，其中包括：在现行欧盟第七框架计划（FP7）和竞争力与创新框架计划（CIP）对低碳技术资助的基础上，欧盟预算还应该每年拿出20亿欧元发展低碳技术；应当从欧盟碳排放交易机体（ETS）新设的工厂排放配额保留机制（NER）中的3亿个排放配额中拿出相当部分用于发展碳捕捉和封存技术和可再生能源；加强国际合作，特别是与新兴国家和发展中国家在低碳技术开发和应用方面的合作，等等。11月，欧盟委员会发布欧盟新的能源战略——《能源2020》，提出要采取措施“确保欧盟国家在能源技术与创新中的全球领先地位”，为此，要实施三项重要任务：1）加快实施“战略能源技术（SET）计划”，尤其是欧洲能源研究联盟（EERA）

联合计划和欧洲六大产业（风能、太阳能、生物质能、智能电网、核裂变以及碳捕集与储存技术）计划；2）启动4项新的大项目。一是智能电网；二是重建欧洲在电力储存方面的领先地位，具体包括水电装机容量、压缩空气储存、电池储存以及其他创新性的储存技术如氢储存技术；三是实施90亿欧元的欧洲产业生物能计划，确保第二代生物燃料的生产；四是2011年初启动“智能城市”创新合作计划。3）确保欧盟的长期技术竞争力。为此，欧盟委员会提出了一项10亿欧元的计划，支持前沿技术研究，以便在低碳能源方面取得突破，同时，欧盟还将通过热核聚变试验堆（ITER）计划、有效治理来维持欧盟的领先地位，此外，欧盟委员会还将制订一项能源材料研究计划，以便欧盟能源部门在稀土资源减少的情况下继续保有竞争力。当前，欧盟已经利用欧盟碳排放交易体系（ETS）中的3亿个排放配额建立了NER 300基金来支持低碳能源技术的研发。按照目前的排放配额的市场价格，这项基金大约价值45亿欧元。

3. 英国直指低碳技术

英国政府高度重视低碳技术的研发，在大幅削减财政预算的背景下（2011—2014年政府削减830亿英镑），英国将投资约30亿英镑发展低碳环保技术，旨在成为全球清洁技术的开拓者。具体投资重点包括：向碳捕集与储存技术（CCS）投资10亿英镑，创建世界上第一个商业性的CCS；拨款10亿英镑筹建绿色投资银行，为低碳技术融资；为可再生能源供热刺激措施拨款8.6亿英镑；向近海风力发电项目拨款近2亿英镑。

4. 韩国能源研发年投入首破万亿韩元

2010年12月，韩国政府表示2011年将投入1.0208万亿韩元的预算实施能源领域的研发项目。这标志着能源领域的研发预算首次突破1万亿韩元。知识经济部计划2011年上半年制定第2次15大绿色能源战略路线图及减排技术路线图，并拟定有关开发能源产业增长动力和减排技术的战略，下半年制定“第二次能源技术开发基本计划”。

其他国家也高度重视绿色低碳能源的开发，德国2010年9月发布的《能源规划纲要》报告，提出了德国到2050年的温室气体减排、可再生能源、能源效率的目标，并表示2011年德国联邦政府将发布面向2020年的《能源研究计划》，重点领域将包括可再生能源、能源效率、能源储存与输送网络技术、可再生能源与能源供应系统集成技术和能源技术集成研究等。意大利2010年颁布《国家可再生能源行动计划》，制定了2020年意大利可再生能源占全国能源总消费量17%的目标，并表示要重视发电设备技术的开发等。日本经济产业省2010年推出了“低碳型创造就业产业补助金”制度，对本国低碳企业给予补助，以避免日本具有优势的低碳产业到国外投资建厂。这一制度实施以来，日本经产省已经向 42 家企业补贴了 297 亿日元，并带动这些企业进行设备投资 1 400 亿日元。

（二）可再生能源成为各国能源研发的布局重点

目前，各国多将清洁能源研发的重点放在风能、太阳能、生物质能、核能、碳捕集与储存技术等上面。

1. 风能一马当先

作为一种可再生的清洁能源，风能以其蕴量巨大、分布广泛、没有污染等优势，受到世界各国越来越多的重视。风电技术已比较成熟，风电装机容量迅速增加，全球风电容量已居可再生能源首位。据欧洲风能协会（EWEA）的统计数据，截至 2009 年底，全球风电累计装机容量达到 15 789 万千瓦，新增装机容量为 3 747 万千瓦。当前，各国高度重视风能利用方面的创新，并取得了较好的效果，在美国《复苏法》的支持下，马萨诸塞州的 FloDesign 公司利用先进航天技术新开发出了风轮机，大大降低了风电成本（发电成本仅为常规风轮机的一半）和噪音；美国 30 个州的 100 多个风能项目得到了政府 30 多亿美元的“直接支付替代税收减免”的资金，使全美风电总容量达 530 万千瓦。法国提出要投入 150 亿至 200 亿欧元在法国沿海建设 600 台风力发电机，到 2020 年海洋风电总量要达到 600 万千瓦，相当于 6 台核电机组的发电量。西班牙的风力发电世界领先，西班牙风能协会预测，到 2010 年底，西班牙的风电总容量将达到 2 015 万千瓦。到 2020 年，西班牙希望通过技术不断改进达到 3 000 万千瓦电力供应来自近海风力发电的目标。

2. 太阳能发电蓄势待发

太阳能以其储量的“无限性”、存在的普遍性、开发利用的清洁性以及逐渐显露出的经济性等优势，受到世界各国的热捧。当前，世界各国均把太阳能利用的相关技术作为重点支持对象。美国《复苏法》动用资金大力支持太阳能技术创新，1366 技术公司和森普鲁斯公司等正在发展新的思路，使太阳能电池比今天的薄膜电池便宜得多。美国还通过贷款担保资助公司发展太阳能，例如，能源部在 2010 年 2 月宣布向美国 BrightSource 能源公司提供 13.7 亿美元贷款担保，采用该公司专有的太阳光反射技术“heliostats”，在美国加州的莫扎维沙漠建设集热式太阳能发电系统“Ivanpah”。7 月，能源部提供 18.5 亿美元贷款担保，资助阿本戈亚太阳能公司（Abengoa Solar）和盛产太阳能公司（Abound Solar）兴建太阳能发电厂和制造光伏发电面板。意大利经济发展部 2 月宣布，将在未来 3

年内投入7 700万欧元用于优化意大利小型光伏电站（装机总量100千瓦至1 000千瓦）与中压配电网的衔接。印度政府6月出台了对先进太阳能项目的财政支持政策指南，规定对光伏发电及太阳热能新上项目予以30%的资金支持以及/或5%的低息贷款。

3. 生物质能利用另辟蹊径

尽管生物燃料对经济和环境带来的利益和风险并存，世界各国尤其是主要发达国家仍然十分重视生物质能的开发和利用，而第二代生物燃料备受青睐。美国总统奥巴马2010年2月提出3项措施来推动生物燃料的生产，第1项是环保局（EPA）确定一项条例，以实现国会制定的2022年前生产360亿加仑可再生生物燃料的长远目标。第2项是农业部提出关于“生物质作物补助计划”（BCAP）的条例，提供资助以增加生物质向生物能的转化。第3项是总统生物燃料机构间工作组发布了《发展美国的燃料》报告，推出了促进可持续性生物燃料产业发展及商业化战略。《欧洲战略能源技术计划》（SET Plan）把生物质能作为优先领域之一，目标是到2020年生物质能占欧洲能源构成的14%，未来10年欧盟对生物质能的投资将达到90亿欧元。出于对第一代生物燃料来源于谷类作物、油料作物等从而会引发对粮食安全问题的担忧，当前，很多国家把重点转向了第二代生物燃料（来源于农业剩余物或者专门的“能源作物”如草和速生木种）和第三代生物燃料（来源于藻类）的开发。例如，美国政府2010年发布了《美国藻类生物燃料技术路线图》。法国生物燃料公司（Sofiproteol）与法国石油研究院等继2008年实施生物乙醇计划之后又联合实施“第2代生物燃料研发计划（BioT-FUEL）”，将在未来7年内投入1.127亿欧元实施多项产业引导项目。英国有各种不同的运行和拟建中的生物质生物燃料厂，生物燃料有潜力为2020年的可再生能源做出重大贡献。

4. 核能发展继往开来

核能虽然不是可再生能源，但却是目前广为应用的成熟的低碳技术，未来可以为低碳减排做出更大贡献。2010年6月，国际能源机构和经合组织联合发表了《核能技术路线图》，指出到2050年，核电容量将达到12亿千瓦，占全球总发电量的24%左右。从近期和中期来看，阻碍核能发展的因素主要与政策、产业和财政有关，而与重大技术进步关系不大。不过，从长远来看，必须在反应堆和燃料循环技术方面取得持续进步，为此各国政府要支持新一代核能技术的研发和示范，提高核能技术的经济性、防扩散性、安全性和可靠性。2010年6月，美国能源部公布了核能研发和部署路线图，提出了核能研发的4项主要目标：提高现有核反应堆的可靠性、安全性并延长其寿命；降低新反应堆的成本；开发可持续的核燃料循环方式；降低核扩散和安全风险。为实现上述目标，能源部将开展许多领域的研发，如结构材料、核燃料、反应堆系统、仪表和控制、能量转换系统、过程热交换系统、分离过程、核废料储存方式、风险评估方法、计算模型与模拟等。英国政府科学办公室提出要在未来 10 年振兴核电，使之成为进一步实现低碳的电力来源。

5. 碳捕集与储存技术脱颖而出

碳捕集与储存（CCS）可使煤得到清洁的利用，被视为未来重要的碳减排技术。国际能源机构研究表明，到 2050 年将温室气体浓度限制在 450ppm 的所有减排技术中，仅 CCS 就需贡献 20% 。当前，全球大多数 CCS 项目还在规划研究阶段，而对 CCS 项目的示范与规划正在不断升温。2010 年 2 月，美国总统奥巴马宣布了一项总统备忘录，组建一个碳捕集与储存跨机构任务小组，制定全面协调的联邦战略以加速清洁煤技术的开发和部署，奥巴马要求到 2016 年建设并运行 5～10个商业示范项目。8 月，美国重启了停滞两年的近零排放燃煤电厂示范项目“未来发电”计划（FutureGen 2.0）。美国政府计划 10 年内投资 10 亿美元，年碳捕集量至少达到 100 万吨。欧盟希望在 2015 年前建成 12 个 CCS 示范项目，欧洲议会 2010 年提出了对 CCS 技术研发补贴 100 亿欧元的计划。德国莱茵（RWE）集团、意大利国家电力公司（Enel）、英国石油公司、英荷壳牌石油公司等企业都宣布了 CCS 技术研发计划，期待 2011 年中期进入商业化运作。加拿大联邦政府 2010 财年预算案披露，未来 5 年内要在清洁能源技术包括碳捕获与储存技术的研发与示范方面资助 10 亿加元。到目前为止，加拿大联邦政府已经公布了超过 8 亿加元的碳捕获与储存项目。

此外，地热、潮汐能等可再生能源也受到了很多国家的重视，如英国海上有巨大的波浪能资源，因此非常重视波浪能和潮汐能发电的技术，当前已经成为波浪能和潮汐能发电技术的领先国。冰岛、澳大利亚、美国、日本等地热资源丰富，很重视地热能源技术的开发。

（三）智能电网成为各国先进能源基础设施建设的重点

智能电网，又称电网“高速公路”，是充分利用信息技术的输配电网络，输配电公司与电力最终用户能实现实施双向通信，能确保可再生能源得以有效利用，因而成为许多发达国家争相研发和建设的热点。日本野村证券金融研究所的有关统计数据表明，日美欧研究智能电网的投资到 2030 年累计将达 12 510 亿美元，其中用于蓄电池的开发费用约占 60% 。

早在 2003 年，美国政府就已提出建设智能电网的设想。金融危机爆发后，美国更是将智能电网作为振兴国内经济的重大战略予以加速推进，大力加强智能电网核心技术研发。2009 年，美国《复苏法》提出要投资 45 亿美元推动智能电网的现代化，其中包括相关技术的研发、商业化和示范。2010 年，美国出台了《2010—2014 年智能电网研发跨年度项目规划》（MYPP），确定的技术领域研发项目主要集中在传感技术、电网通信整合和安全技术、先进零部件和附属系统、先进控制方法和先进系统布局技术、决策和运行支持等方面，建模领域研发项目主要集中在准确建立电网、从发电到输电、再从输电到配电的整个过程中，其运行情况、配电成本、智能电网资产以及电网运行所产生的各种影响的模型构建等方面。此外，美国还全面推进智能电网示范项目、智能电网投资补贴项目的实施，加快智能电网的推广和应用。

2010 年 4 月，日本经济产业省决定实施未来智能电网及社会基础系统项目示范，有 4 个城市在 20 个申请城市中脱颖而出，今后 5 年将在政府 1 000 亿日元的支持下，展开各种形式的试验示范，参与家庭达 5 000 户。此外，日本的大公司也正在进行智能电网的实证实验项目。2009 年 10 月，东芝公司成立了智能电网内部主管部门，专门从事智能电网技术研究与推广。2010 年 1 月，东芝公司与冲绳电力公司签署了 30 亿～40 亿日元的智能电网供货合同，于 2010 年秋季在冲绳县宫古岛实施迄今为止日本国内最大规模的智能电网实证实验项目。项目将新建 0.4 万千瓦太阳能发电系统，研究太阳能发电系统连入现有供电系统的智能入网技术，并进行实证实验。

欧盟正在建设泛欧的超级电网，整合各国的智能电网。2010 年 1 月，旨在整合北欧各种现有再生能源设施的北海地区大型电网计划取得重要进展，目前有 9 个国家正式同意参与这项合作计划。这个“超级电网”将通过海底电缆来整合英国多风海岸的风力发电场、丹麦及比利时的潮汐发电、挪威的峡湾水力发电潜能和德国大规模的太阳能设施。4 月，欧洲“智能电网技术论坛”发布了《欧洲未来电网战略部署文件》，协调欧洲各国智能电网的发展规划。

欧盟成员国也高度重视智能电网的建设。2009 年 12 月，英国政府启动了一项新的“英国智能电网示范基金”，金额达 600 万英镑，目的是加快智能电网在英国的发展。英国煤气电力市场办公室从 2010 年 4 月起 5 年内共动用 5 亿英镑进行较大规模的试验。这笔创新性网络技术投资将成为英国智能电网技术发展的一种催化剂。目前，英国正在制定《2050 年智能电网路线图》，预计不久将公布这个文件。

值得关注的是，在发展智能电网的过程中，各国高度重视相关标准的建设，以便占领未来竞争的制高点。美国智能电网标准体系的建议由国家标准与技术研究院（NIST）来进行协调，相关的资金支持力度达到 1 500 万美元。2009 年 11 月，NIST 成立了智能电网互操作委员会（SGIP），作为一个公共与私营部门的联合体，成立两个多月已经有500个组织加入。2010年1月，NIST正式发布《NIST智能电网互操作性标准框架和路线图》。《2010—2014年智能电网研发跨年度项目规划》中也涉及了有关标准制定和评价体系建立的研究内容。美国能源部考虑到标准制定对于电力和通信网络互联、电网整合、电网协同、统一测试和推广运行等各环节的重要性，配合NIST实施了一项研究项目，内容是关于制定发展维护电网互联、整合、协作和符合网络安全并且能够在电力配送方面进行统一检测的国家和国际标准。欧洲各国采用的电力标准各不相同，欧盟希望借智能电网建设的契机，统一各国标准，把整个欧洲的电网连成一片，形成国际标准。在智能电网标准的制定过程中，日本采取支持公司成立联盟的方式来进行。在日本经济产业省的组织下，东芝电器公司、东京电力公司、丰田汽车公司等286家企事业单位2010年4月成立"智能社区联盟"，该联盟的主要任务之一是，制定智能电网的国际通用标准和技术开发日程表，研究以"智能电网"为基础的"智能建筑"等。此外，日本为了搭美国的便车，把本国擅长的蓄电池控制系统、输配电装置等技术变成国际标准，因而积极寻求与美国合作进行智能电网试验。目前，最重要的合作有两项，一是日美两国在冲绳县和美国夏威夷合作试验智能电网；二是日本新能源产业技术综合开发机构和东芝、日立、清水建设等日本30家大型公司与美国新墨西哥州合作，将于2011年秋天在美国对智能电网进行实证实验。

三、生命科学、信息通信技术、纳米技术热度一如既往

除了清洁能源领域之外，世界主要国家继续重视生命科学、信息技术、纳米技术的研发，成果斐然。

（一）生命科学直面国计民生

近年来，功能基因组、蛋白质组、干细胞、系统生物学、生物芯片、转基因生物育种、动植物生物反应器等领域已取得重大突破。专家普遍认为，生命科学和生物技术将成为21世纪新科技革命和产业革命的一个重要方向，为人类面临的粮食安全、能源安全、环境污染、人类健康等重大挑战提供解决方案。当前，世界各国高度重视生命科学和生物技术的发展。

美国政府长期高度重视生命科学的研发工作，健康领域的研发占了联邦民用研发预算的一半以上。国家卫生研究院（NIH）2011财年预算申请为322.39亿

美元，比2010财年增加了10亿美元，增幅为3.2%。战略重点项目有：罕见或易忽略疾病治疗（TRND）、临床和转化科学（CTSA）、基础行为科学和社会科学机遇网络（OppNET）、艾滋病研究、癌症和自闭症研究等。美国还利用税收抵扣措施促进生物医学的研究，2010年5月，美国财政部提出要对进行治疗性药物发现项目的中小企业给予税收抵扣，税收抵扣相当于符合条件生物医药研究项目研发成本的50%，每个公司最大税收抵扣额度可达500万美元，而财政部提供的税收抵扣总额为10亿美元。

英国号称拥有仅次于美国的世界领先的生命科学产业（包括制药、医学生物技术等部门），2008年创造的价值超过100亿英镑。为进一步统筹协调英国的生命科学研究，英国政府2010年任命阿斯利康英国公司总裁布林斯米德（Chris Brinsmead）为政府生命科学商业顾问，支持政府各部门之间协调政策制定，与主要合作伙伴进行合作，并为英国政府提供发展生命产业的建议。英国生物技术和生命科学研究理事会（BBSRC）是英国生命科学和生物技术研究的主要管理机构，其支持方向代表着英国政府的重点发展领域。2010年1月，BBSRC发布《生命科学的时代》战略，提出了未来5年的关键重点领域：食品安全、生物能源和工业生物技术、支撑健康的基础生命科学。此外，该战略还提出要加强知识交流、创新和技能，加强国内国际合作。3月，英国时任首相布朗审查了英国医学研究创新中心（UKCMRI）的研究计划，并宣布为该项目提供2.5亿英镑政府资金资助。UKCMRI项目将于2011年初开始，并于2014年底或2015年初竣工，将成为世界最大的生物医学研究中心之一，为健康和疾病研究中具有挑战性的生物学问题寻找新的解决方法。

2010年11月，德国联邦教研部发布了《生物经济2030：国家研究战略》，提出了德国2030年的目标：将德国发展成为基于生物技术的可再生资源产品、可再生能源以及相关工艺服务的国际研究创新中心，并在保障粮食安全、应对气候变化、保护资源环境等方面发挥国际领导作用。战略提出了6个重点领域：全球粮食供应安全、可持续农业生产、食品安全、可再生资源工业化应用、生物质能源开发、跨学科国际合作研究与社会领域研究创新。

生物技术是法国确定的优先领域之一。然而，与其他国家相比，法国在生物技术上的投入却远远低于其他国家。为弥补这一不足，法国2009年12月批准的价值350亿欧元经济刺激计划——大贷款项目（Grand Emprunt）中把55亿欧元投入生命科学、生物技术、清洁能源科技和学术研究。而且，在法国生物技术协议建议下，法国政府正积极考虑动用3%～5%的人寿保险资金，用于支持健康生物技术领域的创新型中小企业发展。为加强生命科学领域的科技创新，2009年4月，法国国家科研中心（CNRS）、国家健康与医学研究院（Inserm）、巴斯德研究所等法国8家大型机构联合成立了法国国家生命科学与健康联盟

(Aviesan)，旨在通过新型组织和管理形式，加强不同科研机构对话与协调，优化和集中生命健康科研领域布局，强化法国的生命科学研究国际战略定位，提升法国在生命科学产业领域的国际竞争力，而这些目标将由多家机构共建的 10 个具有新型组织形式的主题研究所共同实现。Aviesan 定位于解决目前生命科学与健康领域面临的一系列科技、健康、社会和经济挑战，其中包括：协调生命科学与健康研究方面的战略分析、科学规划和实施，加速基础研究向临床应用的转化，推动生物学和医学加快吸收数学、物理、化学、信息技术等学科的研究成果，确保基础研究设施满足主题研究项目需求，通过产学研合作提升生命科学知识在临床、经济和社会等方面的价值，等等。2010 年 6 月，Aviesan 正式发布下属 10 大主题研究所各自的研究主题和发展战略，明确各自的科技医疗挑战以及相应的科研发展方向。

生物医药为新加坡经济做出了重要贡献，新加坡生物医药产值从 2000 年的 63 亿新元攀升到 2009 年的 210 亿新元，占工业总产值的比重从 2000 年的 4% 上升到 2009 年的 10% 。2010 年 9 月，新加坡政府称，未来 4 年内将投入 37 亿新元进行生物医药研究，占研究创新预算的 1/4。规划中部分生物医学预算将用于组建生物医学科学产业合作办公室（IPO），支持公私合作研究项目，辅助企业从研究机构和医学中心网络获得专家资源。

澳大利亚国家卫生与医学研究理事会（NHMRC）负责澳大利亚的卫生和医学研究工作，是澳大利亚最大的医学研究资助和管理部门。2010 年 5 月，NHMRC 发布了《2010—2012 年战略规划》，确定了推动未来卫生和医学研究的十大重点任务：自我完善的医药卫生系统、土著居民的健康和福利、老龄化和健康、慢性疾病、精神健康、基因组医学和前沿技术、突发性传染病、替代性治疗方案、全球卫生和气候变化对健康的影响。

进入 21 世纪后，韩国全力发展生物技术。当前，韩国在发酵技术、干细胞技术、体细胞克隆牛、艾滋病 DNA 疫苗开发、抗除草剂作物等领域均达到世界先进水平。2010 年，韩国政府宣布有条件解禁利用人类卵子进行干细胞研究。韩国国家生物伦理学委员会已决定允许首尔的一家医院从事人体干细胞研究。在韩国政府的大力支持下，韩国的干细胞研究取得了重要成果，其研发的干细胞分化技术在英国召开的世界干细胞论坛上被认为最具高效的理想技术，成为国际标准，今后世界各国对干细胞、逆分化干细胞进行神经细胞分化研究时，都要与韩国分化技术进行比较和分析。

（二）信息通信技术前程广阔

信息技术是网络社会、智能社会发展的关键推动力，在推动经济增长、节能减排、创造就业、便利人们生活方面发挥着日益重要的作用。学术界和产业界普遍认为，信息技术仍然是未来一段时间内科技革命和产业革命的主导力量和主攻方向，传统信息技术产业对国民经济和社会发展的深刻影响至少还能持续10年，新兴信息技术对未来经济社会的影响不可估量。在信息技术的竞争力方面，世界经济论坛公布的《2009—2010年全球信息技术报告》指出，排名前10位的国家主要为北欧国家（瑞典、丹麦、瑞士、芬兰、荷兰和挪威），美国、加拿大分列第五和第七，新加坡和中国香港分列第二和第八。

全球金融危机爆发后，很多国家把信息通信技术的发展确定为实现经济复苏的重要手段，把信息通信技术的研发提升至国家战略高度。在信息通信技术的研发中，移动通信技术、下一代互联网（高速宽带网）、网络安全技术、卫生信息技术等成为各国研发的重点。

奥巴马政府高度重视信息技术的发展，2010年，相关的措施继续推进。在高速宽带上，美国政府继续推进全国宽带基础设施建设，改进移动宽带的接入，最大限度地推进技术创新，支持建立全国无线宽带公共安全网络。3月，美国联邦通讯委员会发布了“国家宽带计划”，该计划设定了以下目标：至少有1亿美国人安装价格可接受的宽带，实际下载速度不低于100兆/秒，实际上传速度不低于50兆/秒；美国应引领全球的移动通讯创新，提供速度最快、覆盖最广的与其它国家连接的无线网络；每个美国人都应获得低价位、高质量宽带服务以及使用这种服务的途径和技能；每个美国社区都应具备提供低价位、速度不低于1吉/秒的宽带服务；等等。在网络安全方面，美国众议院2010年2月形成并通过了《加强网络安全法案》，提出要采取以下措施：增加联邦政府在网络安全领域的研发投入，促进网络安全技术的商品化和市场化，壮大高素质的网络安全队伍，加强网络安全教育，提高全社会对网络安全的认识。美国政府还高度重视信息技术在医疗领域的应用，提出要加大医疗信息技术的开发和推广。2010年4月2日，美国卫生部宣布为其部分顶尖大学、社区大学和重要的研究中心拨款1.44亿美元，以推进医疗信息技术的推广和有效利用，包括培养超过5万名医疗信息技术专家。战略性医疗信息技术高级研究计划（SHARP）获得6 000万美元的资助，用于解决在当前和未来医疗信息技术应用和推广过程中所面临的挑战。4月6日，卫生部宣布拨款2.67亿美元，资助28家非赢利机构兴建新的医疗信息技术区域推广中心（RECs）。作为美国支持信息技术研发的最重要计划，网络与信息技术研发（NITRD）2010年发布了战略计划，确定了以下三大基础支柱领域的能力建设：在人机交互领域，包括创建泛在数字世界，促进未来的计算发展，发展可满足多样化需求的社会－技术网络基础设施，创建智慧地球，开发精密的复合软件系统，解决信息标准和信息管理等问题，开发社会智能系统；在提高可信度领域，包括打造更可靠的数字世界，确保互联网络、系统、软件及其所存储信息的可信度，以及与电网、建筑、飞行器、地面交通等复杂生命和重大安全物理结构高度集成的网络系统的可信度，从政策、教育及技术层面采取措施确保网络安全，开发高度安全可信的系统，确保数字信息在创建、传输、存储与检索过程中的安全，维持安全和隐私与其他价值的平衡；培养具备网络技能的人才。

为了加强日本信息通信技术的国际竞争力和推行信息通信技术国际标准化战略，日本总务省2010年3月发布通告，决定以“地球变暖对策信息通信技术创新推进事业（PREDICT）”为主题，公开征集从2010年度起执行的研究开发课题。其确定的重点领域包括：网络基础建设，移动网络，信息通信技术新发展范例，网络移动平台，网络安全，信息通信技术基础设施构建与空间遥控，信息通信技术移动平台与通用设施，信息通信技术的高度创新、技术分析与市场流通，利用信息通信技术的超级交流，超临场感交流。

《欧洲2020战略》提出的“智慧型增长”这项重点任务意味着要充分利用信息技术，信息技术是欧洲智慧型增长和可持续增长的重要保障。该战略提出的7大旗舰之一就是“欧洲数字化议程”，其目标是在高速和超高速互联网的基础上，提高信息化对欧洲经济社会的贡献率，到2013年要实现每位欧洲人都可以接入宽带，2020年普及超高速互联网（30兆/秒）。2010年5月欧盟正式发布了《欧洲数字化议程》，提出了七大重点行动：在欧盟区内建立单一的数字化市场；改进信息技术领域的标准与互操作性；增强网络安全；实现高速和超高速互联网连接；加强信息技术的前沿研发与创新；加强欧洲人的数字技能与可接入的在线服务；释放信息技术服务社会的潜能，应对社会各种大挑战。为达到实现高速和超高度互联网连接的目标，欧盟随后出台了一系列措施：包括：“规范使用下一代接入网（NGA）的建议文件”——确立了一个使用新的高速光纤网络的共同监管办法，它要求国家电信监管机构在鼓励投资和保障竞争的需求间实现适当的平衡；“决定建立无线电频谱政策计划的提议”——建议制定一个5年的政策计划，促进对无线电频谱的有效管理，确保到2013年有足够的频谱用于无线宽带；宽带通报——建立一个明确的架构，以有效鼓励公众和私人投资于高速和超高速宽带网。

2010年10月，德国联邦经济和技术部发布了《云计算行动计划》，以支持云计算在德国中小企业的应用，消除云计算应用中遇到的技术、组织和法律问题。该计划包含4个行动领域：通过云计算示范项目挖掘创新和市场潜力，营造有利于云计算发展的创新环境，参与国际发展和标准制订，云计算的推广和普及。11月，德国联邦政府发布了《信息通信技术战略：2015数字化德国》。该战略包括6部分内容：1）通过推广应用信息通讯技术加强德国经济竞争力，实现经济增长和就业增加；2）建设适应未来需要的信息通讯网络设施；3）集成新媒体技术，在未来网络中妥善保护用户个人权利；4）推动信息通信技术的研发与创新，促进相关研发成果商业化；5）开展新媒体技术应用培训与能力建设；6）解决信息通信技术发展所面临的社会挑战，如可持续发展、气候变化、健康、交通、居民生活质量改善等。此外，德国联邦教研部提出要加强信息网络安全研究，其重点放在嵌入式信息系统上，特别是车辆信息通信系统的安全研究，到2014年德国将投入1亿欧元。

英国一直将网络以及建立在其基础上的数字经济作为国家的优先发展方向之一。2010年，联合政府上台后，高度重视数字英国的建设。12月，英国启动“超快宽带未来”计划，将投入8.3亿英镑全面普及宽带网，在5年内全英国每个社区都拥有“数字中心”。

2010年5月，加拿大政府推出《数字经济战略》咨询文本，征询公众意见。咨询报告讨论文本中包括以下要点：开发数字技术创新能力，建设世界级数字基础设施，发展信息通信技术产业，开创加拿大数字内容优势，提升加拿大人的数字技能等。

此外，各国在信息技术的开发上也开展了合作，如美国、加拿大、法国、德国、日本、俄罗斯、英国达成协议，将共同资助百亿亿次超级计算软件的开发项目。G8研究委员会将为这项研究提供1 000万欧元。G8委员会特别强调气候变化、能源、水资源、环境等将成为下一代计算系统的研究重点。百亿亿次超级计算预计在2019年实现，将比目前最快的计算机强大1 000倍。

（三）纳米技术开发注意趋利避害

近年来，纳米技术在全球发展迅速，美国国家科学基金会（NSF）预测，到2015年纳米技术全球市场将达到1万亿美元。当前，60多个国家实施了纳米技术研究计划，使得纳米技术成为全球最大的、最具竞争的研究领域之一。当前，纳米技术仍然处于开发阶段，从科学研究、技术创新到安全伦理问题以及其他方面，纳米科技战略研究的所有领域都有待加强。

美国2010年继续推进国家纳米技术计划（NNI），其2011财年预算继续稳步增长，约为17.6亿美元。NNI依旧致力于履行支持基础研究、基础设施建设、技术转移等，还重点关注基础研发向创新的转化，以推进纳米技术在可持续能源技术、医疗卫生、环境保护等领域的应用。为加快纳米技术开发，NNI成员机构提出了“2011年纳米技术签名倡议”计划（NNI Signature Initiatives）。该计划包括3个子计划：2020年及未来的纳米电子学、可持续纳米制造——开创未来制造业及太阳能集热与转换中的纳米技术。7月，NNI发布了“2020年及未来的纳米电子学”计划，确定了五大重点研究领域：探索用于计算的新技术，包括电子自旋器件、磁器件和量子细胞自动机等；纳米光子学和电子学的融合；碳基纳米电子学；量子信息科学中的纳米工艺和现象；基于高校的国家纳米电子学研究和制造基础设施网络。纳米技术在带来巨大效益的同时，也会带来健康与安全风险，随之而来的还有相关伦理和法律问题。作为国家纳米技术计划（NNI）的一部分，NSF 承诺对纳米技术的社会影响研究予以支持。

为了解专家和公众对于纳米技术发展的建议，欧盟委员会从 2009 年 12 月到 2010 年 2 月开展了纳米技术新行动计划的开放咨询活动，就推进纳米科技发展面向科技界和社会广泛征求意见和建议。2010 年 5 月，欧盟委员会公布了咨询结果——《向战略性纳米技术行动计划迈进》的报告，得出了以下结论：纳米技术既带来好处，也存在潜在风险：据咨询结果，在信息通信技术和能源领域的应用利益远大于潜在风险；在医疗保健方面的应用极具前景，但人们对潜在风险较为警惕；在航空、建筑、可持续化学、安全和环境等方面的应用将带来较高收益；对在农业、食品和家电方面的应用持有更多的怀疑；对相关政策的关注集中在纳米材料的安全和相关管理上。为推进纳米技术研究，欧盟第七框架计划加大了对纳米技术、材料和新生产技术（NMP）主题的支持力度，2011 年该主题的预算为 3 亿欧元，比 2010 年的 1.98 亿欧元增加了 30% 多，其中纳米技术主题重点为以下领域的研究和创新提供支持：1）利用纳米技术应对可持续发展、能源和卫生挑战的研究，包括多功能包装概念、创新太阳电池工艺规模扩大、大分子靶向治疗、高效水处理纳米薄膜；2）纳米技术安全领域，包括纳米粒子测量、检测和鉴定，纳米材料影响和暴露的检测策略；3）前沿交叉和启动技术领域：纳米粒子和纳米结构大尺度绿色和经济合成，大面积衬底纳米尺度检测和控制技术，纳米尺度成像结构和组成，可植入和可接触（interfaceable）器件以及虚拟纳米技术实验多尺度建模。此外，欧盟委员会 2010 年批准欧洲纳米电子计划咨询理事会（ENIAC）负责全面推进欧盟在纳米电子技术方面的研究，该机构将在今后 10 年内独立运作高达 33 亿欧元的研发预算，规划并指导欧盟在纳米电子领域的研究进程。

2009 年 10 月，英国技术战略委员会公布了“2009—2012 年纳米技术战略”，目标是研究如何利用纳米技术应对社会面临的重大挑战，包括战胜传染病、再生医学计划、纳米科学从工程到应用的第二阶段。2010 年 3 月，英国商业、创新和技能部，环境、食品和乡村事务部，卫生部等 5 个部门联合出台了《英国纳米技术战略》，制定了一系列推动英国纳米技术发展的行动措施，主要包括：由首席科学顾问协调跨部门的纳米技术研究；建立专门的纳米技术网站，使公众了解政府在这方面工作；创建一个新的纳米技术合作机构，推动政府、学术界、产业界和其他利益团体的沟通和合作；成立部级的纳米技术领导机构，促进纳米技术商业化和创新；政府探索新的产业申报计划，涵盖更大范围的纳米材料和产品。在推动纳米技术的商业化和创新方面，战略提出要尽力推动有前景的纳米技术研究成果的商业化，继续支持创新性技术和新兴技术的标准化工作。该战略也提出要重视纳米技术可能带来的环境、健康和安全风险。

自2000年以来，爱尔兰政府把纳米技术作为科技创新支持的重点领域。2001—2009年期间，爱尔兰政府共投资2.82亿欧元支持纳米技术的研发和基础设施建设，建立了以研究开发纳米材料和仪器为主的科学技术工程中心(CRANN)。但爱尔兰纳米技术目前尚处于早期研发阶段，商业化能力相对较弱。为此，爱尔兰政府专门成立纳米技术专项指导小组，制定了“2010—2014纳米技术商业化战略框架”，明确了5年发展目标、重点领域和任务以及需要采取的措施和资金投入。该战略提出的重点任务包括：集中开发几项战略性的技术应用研究，包括先进材料、超越摩尔定律①以及纳米生物技术；成立一个纳米技术协调小组，协调和监管纳米技术战略的实施并提供建议；确保纳米技术得到多种渠道和产业界的资助；建立基础设施以支持爱尔兰的纳米技术；加强纳米技术研究成果的商业化；加强国际科技合作等等。

瑞典政府2010年1月制定了“纳米技术国家战略”，确定了“瑞典应利用纳米技术的发展，解决经济、医疗、技术和环境的挑战”的总体目标，并提出了以下措施：建立纳米技术委员会，为政府决策提供支持，促进瑞典国家内部各机构的对话等；支持和协调国际网络；研究纳米技术发展的主要领域，以满足环境、能源和健康等方面的需求；创造纳米领域人才的短期流动机制，促进人员交流和知识传播；促进基础设施如仪器、超洁净实验室等的更新。

俄罗斯政府提出，要大力提高俄罗斯纳米产业竞争力。2010年11月，俄罗斯总统梅德韦杰夫表示：“俄罗斯应当发展真正意义上的纳米产业，预计到2015年使国家的纳米产业总产值达到1万亿卢布，研发的纳米产品占全球份额的3%。”近年来，俄罗斯出台了一系列措施，包括成立纳米技术与纳米材料部门间科学技术委员会，统筹协调俄罗斯纳米技术的发展；成立俄罗斯纳米技术集团公司，大力进行纳米技术研发。2010年，俄罗斯纳米技术集团公司进行的项目近100个，包括超薄太阳能电池、碳纤维、可在家中实现支付功能的特殊用途电视、将来可替代超市用条形码的微芯片等。此外，为集成俄罗斯大学和研究机构的力量，俄罗斯一些国立大学和研究中心将整合成立一个全国纳米技术网络(NNS)，在电子、工程、能源、空间、生物技术、安全系统、高纯度物质、复合纳米材料和建筑纳米材料9个不同的领域开展合作与研究：在俄罗斯政府的大力支持下，目前俄罗斯在航空航天设备、船舶、石油天然气、汽车制造、核技术等领域研发出的纳米材料已达到世界领先水平。

---

① 半导体芯片发展规律。

韩国在多层碳纳米管领域已经占据了国际主导地位。韩国技术标准院 2010 年 8 月宣称，其研发的“体现碳纳米管特性的技术与形状测定技术”，获得国际标准化组织技术委员会的批准，成为纳米技术领域的国际标准。

四、加强创新主体的竞争力及其主体之间的合作

企业、科研机构以及高校等是科技创新的重要执行主体，各国非常重视提升其创新能力，并为此投入了大量的研发资金。数据表明，经合组织区各国投入的研发资金加研发税收减免占 GDP 的百分比平均超过了 3%，该数值在美国和韩国更是超过了 5%。在加大政府研发投资的同时，各国还着力推进创新主体之间的合作，以便更好地实现本国科研成果的转化，提升本国的竞争力。

（一）提升科研机构的研究和创新能力

高校和科研机构为重大技术突破和创新发挥重要作用。近年来，各国采取各种措施，包括加大对科研机构的资助力度、加强高校基础设施建设、提升科研机构的自主权等等，以提升科研机构的创新能力。

作为美国清洁能源研究战略的一部分，美国能源部投资组建了能源前沿研究中心（EFRCs）、能源创新中心（EIHs）。能源前沿研究中心主要支持多年期、多研究人员的科学合作，注重于克服阻碍做出革命性发现的基础科学问题。能源部将投入 7.77 亿美元支持建立 46 个能源前沿研究中心。能源创新中心将支持建立规模更大、集中度更高的团队，进行高风险、高回报的研究，并致力于优先解决从基础研究到工程开发直至商业化的全过程中遇到的技术挑战。2009 年 12 月，美国能源部宣布投资 3.66 亿美元建立和运行 3 个新的能源创新中心，以加速 3 个关键能源领域的研究发展：利用阳光直接制取燃料、改进高能效建筑物系统设计以及用于先进核反应堆开发的计算机建模与仿真。

欧洲正在大力建设散裂中子源（ESS），其主要设施将建在瑞典隆德，数据管理中心将建在丹麦哥本哈根，耗资将达 14 亿欧元。该设施将促进欧洲在材料科学和生命科学的前沿研究。预计建筑工程于 2013 年开始，2019 年产出第一批中子。2025 年，ESS 将全部投入运作。2010 年 6 月，欧盟宣布启动欧洲先进计算伙伴关系（PRACE），将联合欧盟委员会与 20 个欧洲国家的力量，使欧洲科学家能够共享其它国家的超级计算机。通过 PRACE 计划，目前欧洲运算速度最快的德国的 Jugene 将成为第一个为欧洲科学家提供服务的超级计算机。到 2015 年，位于德国、法国、意大利和西班牙的更多超级计算机将陆续提供类似服务。

德国联邦政府近年来加大了对主要公共研究机构的资助，2005—2010 年间资助年均增长 3%，德国计划在 2011—2015 年间使年均增长率达到 5%。

2010 年法国继续实施《国家研究与创新战略》，着力于推动大学与国家研究机构成立科研联盟，以加强彼此合作。2009 年，法国组建了国家生命科学与健康研发联盟（AVIESAN）、国家能源研究联盟（ANCRE）、数字科学与技术研发联盟（ALLISTENE）。2010 年，法国又成立了环境研发联盟（ALLEnvi）和国家人文社会科研联盟（ATHENA）。

为支持大学和公共科研机构开展合作科学研究，意大利教育大学研究部2008 年发布了“未来研究计划”，主要资助的学科方向包括生命科学、信息通信技术、数学、物理学、宇宙和地球科学以及社会与人类学等。每个项目的资助金额在 30 万至 200 万欧元之间，执行时间不少于 3 年。2010 年，意大利教育大学科研部公布了最终评审结果，共有 105 个项目获得资助。此外，意大利 2010 年制订了“意大利卓越研究基础设施”计划，提出要参与欧洲和全球的研究设施，并对国家卓越中心进行升级。

为增强瑞典科研机构的研究基础设施，瑞典研究理事会 2009 年提出将投入超过 10 亿瑞典克朗的经费，用于资助 40 个申请机构的研究基础设施。2010 年 2 月，瑞典研究理事会公布了 7 个受到资助的大型研究基础设施：生物银行基础设施，化学生物学基础设施，生物多样性基础设施，高性能计算机基础设施，温室气体测量与研究的基础设施，中子研究设施和 DNA 测序技术平台。

2010 年 3 月，俄罗斯联邦科教部宣布拨款 900 亿卢布加大对重点大学科研的支持力度，提升其竞争力。具体措施包括：鼓励高校与企业开展合作，为此建立总额为 190 亿卢布的政府专项资金，校企合作科研经费的 50% 由该专项资金承担。鼓励高校教师从事科研，为此建立总额为 120 亿卢布的高校科研专项计划。2010—2012 年投入 380 亿卢布用于发展高校研究与创新基础设施，其中包括：在 3 年内投入 80 亿卢布用于完善高校基础设施；建立高校工程研究中心、科研设备公共服务平台、孵化器；实施风险投资管理人才培养计划。

2010 年 8 月，加拿大政府提出，要通过“经济行动计划”向创新基金（CFI）下的“领先机会基金（LOF）”新注资 1.82 亿加元，以改善大学和联邦研究机构的基础设施。

2010 年，澳大利亚联邦政府支持成立了加速器科学合作联盟（ACAS）。该联盟由全国从事核科学研究的 4 家机构组成，它们是澳大利亚核科技组织（ANSTO）、澳大利亚加速器中心、墨尔本大学和澳大利亚国立大学。澳大利亚政府支持加速器科学的研究工作，在过去两年里已对上述 4 家研究机构投资 8 500万澳元，以加强它们的基础设施建设。

（二）促进企业加强研发

企业是技术创新最重要的执行主体。在大多数国家，企业已经成为研发的主要资助者和执行者，极大地影响着国家整体的创新能力。为此，很多国家都在采取种种措施，促进企业加大研发和创新投资。近年来，各国政府在这个方面较多地采用税收优惠、加大对中小企业支持、政府采购等措施。

加大研发税收优惠的范围和力度。尽管各国仍然采用补贴、贷款担保等直接措施资助企业加大研发，但是近些年来，各国加大了实施研发减免措施的范围和力度。至今，经合组织区有 22 个国家采用了研发税收激励措施。其中加拿大和日本的研发税收优惠力度最大，企业所获得的 80% 的公共资助是以这种方式进行的。当前，一些国家提出了力度更大的研发优惠措施，如澳大利亚 2010 年 7 月开始实施新的研发税收信用政策，在新政策下，对于营业额 2 000 万澳元以下从事研发活动的小公司，从政府获得的减税率翻了一番，即从现在的 7.5% 提高到 15% 。大公司也将比现行政策获得更大的优惠，有资格获得 40% 的不返还减税（non – refundable tax credit），这意味着政府支持的税率从 7.5% 上升到 10% 。俄罗斯 2010 年 6 月批准了斯科尔科夫创新区（俄罗斯硅谷）入驻企业的税收优惠政策，包括累积利润未达到 3 亿卢布、年收入未达到 10 亿卢布的入驻创新企业可获得最长 10 年的免征利润税、增值税以及财产税等的优惠

加大对中小企业的支持。知识经济时代的到来促使企业的发展模式发生了巨大变化，新的、年轻的、高增长和高创新性的企业不断涌现，30 多年前尚未成立的苹果、思科和谷歌公司，从小变大，从弱变强，如今每家的市值都已超过 1 000亿美元。当前，各国政府均意识到，要为经济创造新的活力，创造增长、就业和机遇，就必须支持未来的大企业，而不只是支持今天的大企业，这也正是各国政府大力支持中小企业创新以及促进新企业创建的重要原因。2009 年 6 月，英国宣布出资 1.5 亿英镑作为种子基金，成立英国创新投资基金，重点扶植正在起步的小型技术企业。现在已融资 1.75 亿英镑，使第一批投资资金达到 3.25 亿英镑。10 月，英国财政部，商业创新与技能部以及内政部等多部门联合制定“小企业支持计划”，提出要加大对中小企业的资金支持力度，主要措施包括：通过私有经济恢复计划为小企业提供资助通过企业资金担保计划在未来 4 年内为小企业增加 20 亿英镑的资金信用担保，与银行合作设立 15 亿英镑的商业成长基金引导小企业快速增长，等等。在第 2 轮经济刺激计划中，德国政府提出 2009—2010 年期间要把 9 亿欧元的资金用于支持中小企业的研发，此外，在 2009 年，德国政府还拨出专款 9.5 亿欧元支持中小企业的技术开发。

通过政府采购拉动企业创新。近年来，强调需求方的公共采购政策受到一些

国家的重视。欧盟2005年发表了《研究与创新的公共采购》报告，对成员国制定有利于研发和创新的公共采购政策提出了建议。2008年，欧盟委员会启动了“先导市场计划”，主张公共部门要成为创新产品的第一购买者，从而引导市场。2009年，欧盟在“先导市场计划”下创建了3个面向创新的公共采购网络。2010年3月，欧盟委员会召开了“通过公共采购促进创新：最佳实践和网络”的专题会议，以促进欧盟各国相互借鉴公共采购促进创新的经验。英国高度重视公共采购在拉动中小企业创新中的作用，2010年，英国政府提出，要取消过去不允许小企业竞标政府采购合同的规定，将25%的采购合同交给中小企业完成。加拿大2010年10月初推出了以政府采购为主要手段的“创新商品化计划”(CICP)，总投资4 000万加元，目的是支持加企业创新，重点领域是环境、安全、保密、健康和启动技术。巴西2010年提出，对于在本国投入研发资金的企业，要在政府采购和资助方面给予优先考虑。

（三）加强创新主体之间的合作，促进创新成果商业化

各国的创新能力不仅取决于研究机构和高校的科学创新能力和企业的技术创新能力，更取决于他们之间的良好合作。因此，各国都在强化各创新主体之间的合作，以促进科研成果的商业化。

英国新政府把科研成果的商业化作为当前最重要的任务。2010年10月，政府提出要在未来4年里投资2亿英镑，创建一系列技术创新中心，作为英国大学和商业界之间的桥梁，加快本土技术商业化的步伐。英国技术战略委员会将负责这些技术创新中心的筹建和管理，而各创新中心将具有极大的自主性，可以根据商业需要做出灵活反应。它们将向英国企业提供专业设备和人才，同时也会向工业界推荐极具潜力的新兴技术。这些创新中心将根据全球市场情况和英国本身特点而专注于不同的技术领域，塑料电子、再生医学、高附加值制造业等都在考虑之列。

为提升法国产学研紧密结合和企业的竞争力，法国2005年启动了“竞争力集群计划”。“竞争力集群”指的是在特定的地理范围内，大学、企业或私营研发机构以合作伙伴的形式联合起来，相互协同，共同开发以创新为特点的项目。经过5年的发展，法国现有71个竞争力集群。当前，法国竞争力集群主要分布在新能源、新材料、信息技术、生物技术、生命科学、节能减排、环境技术等领域。2010年，法国继续促进“竞争力集群计划”的实施，包括新命名6家生态技术领域的竞争力集群；通过两家竞争力集群的土地扩展计划；将竞争力集群计划实施期延长一年至2012年。

为促进高校和生产型企业和作，推动企业利用高校资源兴办技术密集型产

业，激活国家经济创新活力，俄罗斯开始实施产学研合作计划。俄罗斯政府将在2010—2012年期间拿出190亿卢布（约合6.3亿美元）预算支持该计划。2010年4月，俄罗斯联邦政府出台了“关于国家支持高校和企业协作、实施高技术产业综合项目措施”文件，之后俄罗斯教科部出台了一系列相关规定并成立了协调委员会。文件规定，对高校和生产型企业合作开展的高技术产业综合项目，国家将向企业提供不超过1亿卢布（约合330万美元）的资助，分1~3年支付；企业投入项目的自筹资金不得少于政府资助额度，并足以保证高技术新项目的建设资金所需。政府向企业提供的资助要保证高校开发所需，保证开发的技术成果用于下一步的高技术产业项目建设。新的高技术产业项目建设投资由企业自筹，与此同时，建设投资中用于研发工作的资金应不少于20%。此外，俄罗斯还通过打造斯科尔科沃创新区来促进产学研合作。2009年11月，俄罗斯总统梅德韦杰夫在发表其《国情咨文》时首次提出，应当实施一项计划在俄罗斯建立一个类似于美国硅谷的园区。2010年3月，梅德韦杰夫宣布，在莫斯科郊区小城斯科尔科沃建立创新中心（俄罗斯硅谷），将有大批俄罗斯以及其他国家的高校和企业的实验室和分支机构入驻。斯科尔科沃创新区把科研重点放在提高能效和节能、核技术、航天技术、医疗技术、超级计算机及软件开发领域。根据规划，2011—2015年间，俄罗斯政府将为建设斯科尔科沃创新区投资1005亿卢布；进驻该中心的创新型企业将享受各项税收优惠；吸收国外著名企业家参与创新中心的管理；修改俄罗斯劳动法，简化、逐步取消外国专家的工作配额、移民登记和劳动许可制度，以此来吸引国外高水平科技人才；划拨土地用于创新区办公、住宅和生产厂房的建设。斯科尔科沃创新中心吸引了来自美国、英国、日本、德国等国的政府和企业的关注。目前，英特尔、微软、诺基亚、西门子、思科等公司已与创新中心签署合作协议。

2010年4月，韩国国家科学技术委员会公布了“国立科研机构研究成果转移体系先进化方案”，旨在通过改善国立科研机构的研究成果转移体系，提高国家研发投资的效率，从而促进国立科研机构的研究成果向产业界转移并实现技术产业化。该方案的目标包括：将研发投资的生产性效率从2008年的3.65%提高到2015年的约7%；平均每一亿韩元研究经费的优秀专利的注册件数从0.11件提高到0.15件；技术转移率（转移件数/注册件数）从31%提高到39%；将每件技术的特许权使用费从1.07亿韩元提高到1.2亿韩元。

加拿大继续资助“商业化和研究卓越中心（CECR）计划”，以加速实验室发现和创新成果商业化，使科研及早惠及加拿大民众。2010年新资助的5个中心分别为微电子、再生医疗技术、医疗成像创新、北部监控技术和无线通信。迄今为止，加拿大在4个重点领域共选定17个中心予以支持，总投资2.25亿加元。此外，加拿大国家研究理事会还设立了区域创新联盟计划，以促进企业、大学和政府的合作，帮助区域和社区通过特定领域的研究创新建立竞争优势。到目前为止，加拿大国家研究理事会在全国10个省中建立了11个技术联盟。根据加拿大联邦政府2010财年预算，未来两年加拿大国家研究理事会将提供1.35亿加元，用于建立企业界、科学界和学术团体的合作网络，通过创新促进区域经济增长并提升研究投入的经济和社会效益。

2010年1月，澳大利亚政府启动了总投资1.96亿澳元的国家科技商业化计划。4月份，澳大利亚宣布了国家科技商业化计划资助的第一批共21个项目，包括对支持新技能和知识、证明新概念和商业化早期阶段等科技成果商业化的不同阶段提供支持，专业涉及癌症治疗新方法、抗癌药物研发、光学数字新技术设备的示范以及利用数字技术进行社区管理的新产品的产业化等。

为促进意大利南部地区的发展，意大利教育、大学与研究部2010年2月宣布，“国家研究与竞争力计划”中的4.65亿欧元的产业研发项目将面向相对落后的南部地区进行招标，以优化其产业结构，促进科技发展与创新，提高地区竞争力。根据南部地区产业结构的特点和发展需要，本次招标确定了信息通信技术、先进材料、能源与节能技术、健康和生物技术、空间科学与航天、农业食品系统、文物保护、先进交通物流、环境与安全共9个资助领域。

科技外交与国际科技合作不断扩大

一、科技外交理论探讨继续升温

2009年是科技外交理论得到丰富并在实践中得到广为运用的重要年份。2009年6月奥巴马总统访问埃及时在开罗发表讲话，强调要突出科技在国际合作中的作用，并通过科技外交缓解与中东与穆斯林世界的紧张关系。奥巴马总统的讲话赋予科技外交新的内涵和新的作用，一度在世界引起轰动。2009年6月初英国皇家学会与美国科学促进会在伦敦共同主办的主题为“科学外交新前沿”的会议，是对科技外交理论和实践的一次重要探讨。这次会议明确了科技外交的3层含义：一是为了科技的外交，包括要促进国际科技合作；二是为了外交的科技，作为文化或公共外交的一部分，科技外交有助于增进国家间的理解，特别是在常规外交关系紧张的情况下，科技外交可以发挥独特作用。三是外交中的科技，强调要为实现外交政策目标提供科学的建议。

2010年，关于科技外交的理论探讨继续升温。2010年2月，美国南加州大学与美国和平研究所在洛杉矶联合主办了一次研讨会，主题为“科技外交与冲突的避免”。会议深入探讨了作为公共外交重要元素的科技外交的理念、价值及面临的挑战。这次会议认为，科技外交是公共外交中一个往往被忽视的方面。在科学活动中，各国可以搁置政治分歧，为人们的最佳利益而共同推动科技进步。通过科学家之间的合作，即使一般被视为不属于外交主流的国家也可以在国际事务中发挥新的重要的作用。科技外交具有极其重要的意义，世界各国应尝试更多方式，利用科技外交避免冲突，推动和平进程。

2010年6月24～27日，在英国苏塞克斯举办了一次关于科技外交的国际会议，会议的议题是“科技外交：运用科学和创新应对国际挑战”。这次会议旨在进一步运用科技外交，并将科技外交从概念阶段推向有效、可行的实践阶段。有来自20多个国家的学者、外交官和科学家参加了此次会议，就科技外交问题交流了经验和最佳实践。会议强调科技外交与国际科技合作的重要作用。会议的主要观点认为，国际科技合作可以作为一种增强软实力的手段，因此国际科技合作对所有国家都是有利的。国家间加强国际科技合作的动机可能是多种多样的。一些国家是为了促进经济增长和增加财富，一些国家是为了消除不平等、减少贫困。国际科技合作还有助于世界各国共同应对全球性挑战。世界各国均面临着各种严峻挑战，包括气候变化、粮食安全、贫困和疾病，能源资源供应等。任何一个国家都无法仅依靠自身的科技力量来应对这些挑战。这些本质上都是全球性问题，要解决这些问题需要国家利益和共同利益的平衡。而国际科技合作有助于实现这种平衡。国际科技合作有助于提供新机制，使原本敌对的国家之间建立沟通渠道。国际科技合作曾经帮助避免了冷战的“升温”。今天国际科技合作有潜力在很多外交问题上发挥作用。另外，科技外交还有助于创造“和谐”，科学技术力量有助于政府及其它政治团体在一些关键问题上采取明确的立场。关于科技对外交的直接影响，有专家认为，愿意开展科技合作的国家往往可以实现双赢。通过国际合作带来的科技进步可以促进国民健康和福祉、国际贸易、经济增长和社会稳定。

一些学者尝试阐释国际科技合作与科技外交的本质区别，认为国际科技合作强调新发现，而科技外交涉及预测、认识和管理科技合作的效果。为此要将科学专门知识融入外交决策当中。但是，事实上，科技外交与国际科技合作的实践是很难区分的。如果说二者存在区别的话，它们同样是加强科技联系，只是出发点和目的略有不同，科技外交更强调从国家的政治和安全利益出发加强对外科技联系，而国际科技合作更强调的是共同开展研究以实现科学技术的新突破。科技外交与国际科技合作在具体举措和行动上有时是相同的，有时是相互交织的，二者产生的效果是相互补充、相得益彰的。

科技外交受到美国奥巴马政府的高度重视。2010 年 7 月 14 日，美国国务卿希拉里在华盛顿举行的一个国际发展和科学专家高层会议上发表讲话，称自己是“科学的朋友”。这次会议的主题是“利用科学、技术和创新变革发展”。会议旨在为美国国际开发署制订新的大胆的科学战略。希拉里指出，科技与创新必须重新成为美国发展工作的基本要素。今天，科技和创新对于人类发展的作用就像过去绿色革命对于农业一样重要。美国要通过科学外交加强双边关系。美国还强调政府与私营部门、非政府组织以及地方团体的合作。美国政府正在探索有助于促进创新的新机制，如设立奖金、开展竞争等，以便鼓励更多的人运用自己的知识资本。美国国际开发署的科技顾问表示，美国正在考虑以全新的方式应对发展挑战。这其中包括鼓励和利用本土创新，运用开放创新，以新方法应对旧挑战，鼓励试验和冒险，以便产生革命性的科技突破，为实现联合国千年发展目标而努力。美国还支持社会创新，并采取新途径使人们获得知识，支持发展中国家的高等教育培训。美国科学促进会科学外交中心主任和首席国际官员沃恩·图雷基安认为，这次会议预示着科学技术将更多地融入总体外交，而不仅限于通过科技合作解决科技问题。图雷基安认为，科学技术本质上几乎与发展的各个方面都有关系。这次会议提出的建议将成为奥巴马总统的决策参考。

二、国际科技合作进一步扩大

在科技外交理论探讨不断升温的同时，世界各国在科技外交实践、国际科技合作方面也频频推出新举措，2010 年全球国际科技合作活动进一步扩大。

美国政府加强了驻外使馆的科技力量，并继续扩大它与发展中国家的科技合作。根据美国国务卿希拉里的承诺，美国要扩大使馆的环境、科学、技术和卫生官员队伍。目前已经新增了派往中东和北非的科技外交官人数。2009 年 11 月，美国任命了首批 3 位科学特使。2010 年这 3 位科学特使已经访问了北非、中东、南亚、东南亚及欧洲的 11 个穆斯林国家，并在推动与这些国家的科学联系方面取得了成功。2010 年，美国计划把科学特使活动扩大到非穆斯林国家。9 月 17 日，奥巴马总统任命了第 2 批的 3 名科学特使。这些特使将被派往孟加拉国、马来西亚、越南、哈萨克斯坦、乌兹别克斯坦、阿塞拜疆、埃塞俄比亚、坦桑尼亚、南非等国。科学特使通过在这些国家访问和与有关人士接触，将对白宫、国务院以及美国科学界提出国际科技合作方面的建议。美国国际发展署也更加重视对发展中国家科技发展的支持。2010 年 3 月 11 日，美国国际发展署任命了一名科技顾问，专门负责制定科技战略和提出科技计划。

2010 年，美国和印尼正式建立全面伙伴关系。美国与印尼承诺加强科技合作，尤其要加强在环境和气候变化领域的合作。美国总统奥巴马首批任命的一位科学特使——美国国家科学院前院长布鲁斯·艾伯茨 2010 年 1 月访问了印尼，并启动了科学前沿计划，旨在促进美国与印尼科学家之间的交流、经验和信息的共享。2010 年 7 月，美国国务卿希拉里宣布将加强对巴基斯坦水力和能源方面的援助，帮助巴基斯坦发展水能、风能和太阳能等可再生能源。美国还宣布一项旨在帮助东南亚湄公河流域国家（泰国、柬埔寨、老挝和越南）摆脱气候变化影响的 3 年计划，该计划旨在帮助这些国家减轻气候变化对于水资源、粮食安全和生计的影响，保护湄公河流域的资源、生态多样性和肥沃的土壤。2010 年 11 月，美国总统奥巴马和印度总理辛格发表联合声明，提出要扩大和加强美印全面战略伙伴关系。美国与印度还决定为打造未来的绿色经济加强合作，为了实现这一目标，两国要进行清洁能源方面的联合研究，如太阳能、先进的生物燃料、页岩气和智能电网等。美印还承诺要加强空间技术、农业和林业技术方面的合作。

欧盟正在着力加强与新兴经济体，特别是亚洲国家的科技合作。欧盟领导人认识到世界正在发生深刻变化，国际舞台的主要角色从 G8 向 G20 转变，新兴经济体在经济、政治以及科技领域都已具备很强的力量，欧盟甚至认为 21 世纪正在成为“亚洲世纪”。因此，欧盟在处理好与美国、日本等“战略伙伴”的关系的同时，特别加强了与中国、韩国、印度等国的国际合作，欧亚在环境友好型技术领域的合作日益密切。欧盟近年还重视发展与俄罗斯的关系，在航空等领域加强了与俄罗斯的合作。欧盟成员国除了重视成员国之间的合作以外，也不断扩大科技合作的范围。例如，英国最初为支持英美合作而设立的“科学桥计划”进一步拓展，印度和中国等国也被列为合作伙伴。德国联邦教研部 2010 年启动的“针对可持续性气候、环境保护技术与服务的国际合作计划”，要求合作伙伴来自巴西、俄罗斯、印度、中国、南非与越南等国。瑞士启动了全面合作计划，把与中国、俄罗斯、巴西、印度、南非、日本、韩国和智利等 8 个非欧洲国家的科技合作列为 2008—2011 年财政规划期间国际科技合作的重点对象。目前瑞士均已同这 8 个国家签订了双边科技合作协议，并根据国别特点，确定了各具特色的合作重点领域和合作计划、合作实施机制。

日本与主要经济体的科技合作比较紧密，并且在这个精英群体中具有重要地位。与此同时，日本也在不断扩大与区域伙伴的合作。日本的主要合作伙伴是 G7 国家和亚太地区的主要国家（中国、韩国和澳大利亚）。随着中国与韩国国内研究实力的增强，日本与区域伙伴——中国、韩国的合作变得日益重要。中日合作在近 10 年迅速扩大。日本与澳大利亚的合作也比较紧密。从这些情况可以看出，亚太区域研究网络正在形成。

4 个新兴经济体——巴西、南非、印度和中国之间的科技合作也日益增强。特别是在应对全球性挑战方面，4 国有共同的利益，容易达成共识。例如，4 国承诺要加强彼此之间及其与其他发展中国家的气候科技合作。4 国环境部长 2010 年 1 月 24 日在印度新德里举行会谈，并表示 4 国将建立永久性的气候变化科技合作框架，并扩大对其他发展中国家（特别是最不发达国家）的技术支持，具体技术领域涉及林业技术以及适应技术等。因为发展中国家在气候变化面前是非常脆弱的，在适应和减缓气候变化的努力中需要外部经济和技术援助。据估计，4 国向最不发达国家提供的气候变化援助总额可能会超过发达国家在哥本哈根气候峰会上承诺的 100 亿美元。

巴西、南非、印度和中国还表示将扩大在本国具有优势的领域的对外技术援助。例如，巴西承诺要向非洲提供免费的卫星服务，以监测非洲的森林和沙漠化状况。巴西还计划通过亚马逊基金向其它拉美国家提供资金支持，并先期投入了 2 亿美元（亚马逊基金是巴西 2008 年 8 月设立的一项国际基金，其目的在于保护亚马逊森林）。这项基金要在 13 年的时间里筹资 210 亿美元，用于支持环境保护和可持续发展。印度提出要与南亚邻国共享两个拟发射的卫星的数据——一个卫星计划于2012年发射，用于监测区域大气中的温室气体；另一个卫星用于监测森林覆盖率。中国继续扩大面向非洲国家及广大发展中国家的技术援助。同时，中国也寻求与俄罗斯的合作，中俄计划扩大在原材料深加工以及飞机和高技术行业的合作。俄罗斯不乏智力资源和人才，由于历史原因它与东欧合作伙伴科技合作非常紧密，同时俄罗斯也在扩大与全球网络（包括美国和中国）的合作。俄罗斯总统梅德韦杰夫访美时访问硅谷，并积极借鉴美国发展高科技的经验。俄罗斯与世界科技网络的联系有日益紧密之势。

三、国际科技合作形式日趋多样化

近年来，国际科技合作活动日趋活跃，国际合作形式也日益多样化。国际科技合作呈现出多种多样的形式，并包含着形形色色的参与者。国际科技合作已经渗透到世界各国政府及有关部门的科技活动当中，在各国的对外联系方面发挥着日益重要的作用。

科学家们不仅参与国际科技合作，更重要的，他们开始为政府提供国际科技合作方面的决策支撑，成为国际科技合作的推动者。美国总统奥巴马任命科学特使派往拟发展关系的国家，并通过他们为美国如何加强与一些国家的国际科技合作出谋划策，开辟新途径。这些科学特使都是在科学界享有盛名的资深科学家。美国通过科学特使推动国际科技合作的做法可以说是一个新创举，具有里程碑意义。此外，科学家作为科技顾问，开始进入政府部门，担当推动有关国际科技合作活动的职责。在英国，外交部等多部门于2009年开始任命了首席科学顾问。美国国际开发署2010年开始任命了一位科技顾问。

国家之间共建针对专门技术领域的联合研究中心，已经成为共同解决技术挑战的一个重要方式。2010年，气候变化和新能源开发是国际科技合作的重点领域。世界主要国家在这些领域加大了国际科技合作方面的部署。美国国际开发署已经开始支持在中东建立水资源卓越研究中心，在亚洲地区建立气候变化卓越研究中心。美国和挪威一起支持印尼建立气候变化研究中心。美国和印度两国领导人还签署协议，在印度建立一个清洁能源联合研究中心。中国与德国于2010年6月在上海嘉定建立了中德电动汽车联合研究中心。德国还提出计划在撒哈拉以南的非洲地区以气候变化、土地资源、水及其他资源的使用等为研究重点设立“区域能力中心”，以寻找全球性问题的解决方案，为实现联合国千年发展目标而努力。

各种形式的论坛和对话机制在国际科技合作中发挥着越来越重要的作用。

2010 年，美国贸易发展署（USTDA）支持创办了中东和北非的技术和项目论坛。该论坛成功地将中东和北非地区的决策者、电力行业的有关各方与美国的设备和服务提供商联系起来。美国还支持举办了一次创业峰会，将创业者、风险资本家、银行家及其他有关人士汇聚一处，共同探讨如何建立支持网络，以促进穆斯林地区的发展。2010 年 10 月，“中美创新对话”在北京举行，中美双方的代表就中美创新政策、创新手段、创新政策最佳实践、企业对创新驱动措施的看法等 4 个议题交换了意见。2010 年 11 月，“中法创新集群合作论坛”以中法共同关心的产业技术领域为基础，探讨了如何实现中法创新集群的交流与对接。

发达国家不但重视帮助发展中国家进行技术培训，而且开始重视采取多种方式帮助发展中国家自身进行能力建设。一些国家开始帮助发展中国家设计国家创新体系，制定技术政策；帮助发展中国家建设数字图书馆，发展宽带网络等。美国帮助伊拉克建立的虚拟科技图书馆已经移交伊拉克政府管理。美国国务院还支持摩洛哥、阿尔及利亚、突尼斯、利比亚和毛里塔尼亚等国建设数字图书馆。美国国家科学基金会帮助埃及和巴基斯坦建设宽带网络。日本面向可持续发展的科学与技术研究伙伴计划 2010 财年支持了 17 个新项目，这些项目旨在帮助发展中国家进行人力资源开发和能力建设。各个新兴经济体也结合自身优势，帮助广大发展中国家发展科技。2010 年，中国“中非科技伙伴计划”的多项“中非联合研究和示范项目”以及各项活动开始全面展开，并初见成效。印度政府正在帮助古巴和哥斯达黎加建设太阳能电站，帮助纳米比亚建设塑料技术示范中心，支持老挝万象建立信息技术中心。2010 年 3 月，韩国开始为来自厄瓜多尔的官员和专家进行政策培训，介绍韩国的科技政策、韩国的绿色增长战略等，目的是帮助厄瓜多尔制定国家发展战略规划。

除传统的双边和多边国际科技合作计划外，目前还有一些真正的全球科技合作计划。例如有探索新能源的国际热核聚变实验反应堆（ITER）计划、探索亚原子粒子内部奥秘的大型强子对撞机、探索宇宙起源的平方公里阵列天文望远镜以及探索海底奥秘的大洋综合钻探等。这些研究面临的技术、资金等方面的巨大挑战，绝非一国之力所能为。世界各国共同开展这类最前沿的研究工作，共同分担成本，共享研究成果，已经成为大势所趋。

面向技术开发的融资机制不断创新，出现了各国联合融资支持科技发展和创新的框架，私营部门在国际科技合作项目融资中也发挥着重要作用。欧盟积极推动面向发展的创新性融资手段，强调帮助发展中国家应对气候变化挑战和实现千年发展目标。美国、加拿大、韩国与多边发展银行于 2010 年 11 月 12 日共同启动了一个新的全球合作框架，支持创新型中小企业融资。该框架的核心是建立新的全球中小企业融资创新基金。创新基金的构成非常灵活，可以包括技术援助资金、能力建设资金、项目开发资金等，并且资金的来源可以是多渠道的。美国国际开发署、加拿大政府以及韩国政府是第一批为中小企业融资创新基金做出贡献的，这3个国家共提供了2 600万美元的资金支持。加上美洲开发银行的投资，该基金已融资5.28亿美元。美国的海外私人投资公司（OPIC）建立了全球技术和创新基金，吸引了20亿美元的私营投资，用以支持穆斯林国家的技术开发项目。

后危机时代各国力保科技投入

2010 财年，经济危机和金融危机给全球科技投入带来的影响充分显现。分析表明，全球企业研发投资减少了。但是，危机降临后，各国政府更加深刻地意识到，科技投入和科技创新对促进经济和社会发展具有重大意义，因此，仍然努力增加研发预算，并出台各种举措帮助企业增加研发投入。加大科技投入力度一直是各国努力的方向。

一、各国研发投入概况

研发和创新是经济增长和生活质量提高的基本推动力，也是一个重要的投资领域，很多国家都在这个领域设定目标，开展或明或暗的竞争。发达国家研发投入增速普遍超过国内生产总值增速，而新兴经济体快马加鞭往前超。

近年来，中国、巴西、印度、俄罗斯以及南非等新兴经济体研发投入大大增加，创新能力大大增强，使得全球研发长期高度集中在美、日、德、法、英 5 个发达国家的局面有所改变。

根据《美国科学与工程指标 2010》所做的统计，2007 年，全球研发总投入估计达 1. 107 万亿美元。其中美国占 33%；日本是第二大研发执行国，约占 13%；中国排在第 3 位，占 9%；德国和法国分别排在第 4 和第 5 位（它们是欧洲最大的研发执行国），分别占 6% 和 4%。排名前 10 位的国家（还包括韩国、英国、俄联邦、加拿大和意大利）约占当前全球总研发的 80%。欧盟 27 国占全球研发的 24%。1997—2007 年，欧盟 27 国的研发以 3. 3% 的年均增长率增加。相比较而言，美国的增长速度相同，也是 3. 3%。中国的研发投入增长显著，按通胀调整后美元计算，在过去 10 年里，年均增长 19%。

经合组织 2010 年发布的《主要科技指标 2010/1》也印证了这一改变。按现价和购买力平价计算，2008 年国内研发支出总额最多的几个国家分别是：美国(3 981.9 亿美元)、日本（1 492.1 亿美元)、中国（1 214.3 亿美元)、德国(768.0 亿美元)、韩国（452.9 亿美元)、法国（428.9 亿美元）和英国（387.1 亿美元)。可以看出，美国和日本仍然是研发支出最多的国家，中国排名全球第三，韩国的研发支出增长显著，排在全球第 5 位。这几个国家的研发强度是：日本 3.42%、韩国 3.37%、美国 2.77%、德国 2.64%、法国 2.02%、英国 1.77%、中国 1.54%。2008 年，全球研发强度最高的前 3 个国家是以色列(4.86%)、瑞典（3.75%）和芬兰（3.73%)，它们都是小国。

就政府研发投入来看，2008 年，主要国家的政府研发投入总量（按现值）及其占国内研发总投入的比例分别是（按投入总量排序)：美国 1 079.1 亿美元，27.1%；中国 286.6 亿美元，23.6%；日本 232.8 亿美元，15.6%；德国 212.7 亿美元，27.7%；法国 169.0 亿美元，39.4%；英国 118.8 亿美元，30.7%；韩国 115.0 亿美元，25.4%。可以看出，中国的政府研发投入总量排在全球第 2 位。日本政府研发投入占全社会研发投入的比例很低。

从政府的研发强度（政府研发投入占国内生产总值的比例）来看，2008 年，韩国为 0.86%，法国 0.80%，美国 0.75%，德国 0.70%（2007 年数据)，英国为 0.54%，日本 0.54%，中国 0.36%。

值得注意的是，各国政府除了直接的研发拨款之外，还以减税等间接财政手段支持企业研发。就经合组织区总体来看，尽管经济增长放缓，并导致了税收下降，但政府的研发投资已经超过了其他领域的支出。经合组织区各国政府的研发投资和减税合在一起，平均超过经合组织区 GDP 的 3%，在美国和韩国甚至达到 5%。

二、金融危机以来各国政府科技投入新趋势

金融危机以来，世界主要国家都意识到科技对促进经济和社会发展的重要作用，提出既要依靠科技创新来应对危机，实现经济复苏，又要着眼于长远的稳健、持续经济增长。在一揽子经济刺激计划中，在政府年度预算中，很多国家的政府都十分重视科技与创新投入。各国政府在科技投入及其配置方面的一些新趋势应当引起关注。

1. 以科技创新为重点，新一轮大规模科技投入浪潮正在形成

受金融危机影响，各国的企业研发投入和政府一般公共支出，都出现了不同程度的下降，但是政府用于科技创新活动的投入却逆势增长。美国等发达国家的

政府大幅增加研发预算。即使是上台后就大幅削减财政预算的英国卡梅伦新政府，也维持了核心科学预算。在新兴经济体中，韩国的科技投入也显著增长，中国、印度等国的科技投入也出现跳跃式增长。由此可见各国政府对科技投入的重视程度。

美国政府坚信，科学技术和创新投资是建设美国未来经济之关键所在。美国总统奥巴马提出要大力增加研发投资，要使研发投资恢复到20世纪五六十年代与前苏联开展太空竞赛时期的水平，并最终超过这个水平，提出要“把超过GDP 3%的资金投入到研发”。奥巴马政府的2011财年预算提议联邦为研发投资1 477亿美元——比2010财年增加3.43亿美元，增长0.2%。其中非国防研发投资为660亿美元——比2010财年增加37亿美元，增长5.9%。美国联邦政府继续支持3个主要科学机构——国家科学基金会、能源部科学办公室、国家标准与技术研究院——研发经费翻番的承诺，2011财年预算为这3个机构共提供133亿美元资助，比2010财年增加8.24亿美元，增长了6.6%。

韩国总统李明博强调，在金融危机下更应该刺激科技投资，只有进行科学研究才能使国家在金融危机之后实现腾飞。未来3年韩国政府的研发支出将以每年10%的速度增长，到2012年，研发投资占国内生产总值的比例将提高到5%，达到世界最高水平。2010年韩国政府的研发预算总额为13.6万亿韩元，比2009年增长10.5%。

日本政府2008、2009财年都保持了相当大规模的政府研发预算，2009年预算为35 548亿日元（约402亿美元），在未正式生效的第4期科技基本计划中，规定计划执行期内政府为科技拨款共25万亿日元。金融危机发生后，英国几乎所有预算都进行了大幅度压缩，只有科学预算继续执行了《英国10年（2004—2014）科学与创新投入框架》，在2009—2011年期间，政府科技主管部门分配的科研预算比前一个三年增加14.67亿英镑，增幅15%。2009年德国研发预算增加了8%，达到了100亿欧元。印度政府计划在今后5年内将研发投入占GDP的比例提高到2%。印度2008—2009财年科技预算2 420亿卢比（约60亿美元）。

欧盟通过的2020年创新战略仍以研发投入占欧盟区GDP的3%为目标。欧盟委员会2010年7月19日宣布，欧盟将在2011年投资约64亿欧元用于研究和创新，以促进智能型增长和就业。这是迄今为止欧盟在研究和创新领域做出的最大年度投资。这项64亿欧元的投资将覆盖科研、公共政策及商业领域，用于帮助科研和创新人员完成具有重大经济和社会意义的前沿项目，如气候变化、能源和食品安全、卫生和人口老龄化等。这项投资比2010年的57亿欧元增长了12%，比2009年的49亿欧元增长了30%。

2. 新兴战略产业正在成为科技投入配置的重要领域

为了抢占低碳经济的制高点，欧美等世界主要国家将新增科技投入更多地投向了新能源、新材料、环保、生物科学、信息通信技术等新兴战略产业。

美国2011财年预算明确提出要进行战略性研发投资，预算增加了对生物医学研究的支持，并为新一代先进材料和制造方法的发展打下基础，预算还支持可再生能源和能效手段，如下一代电池、太阳能、生物质能、地热能、风能、碳捕获和封存技术的开发，支持推进核技术和提升其市场竞争力的计划。预算中还包括一个大胆的雄心勃勃的空间新计划，该计划对美国的创造性进行投资，推动美国人步入新的创新和发现之旅。

韩国政府在2010年预算中，计划进一步扩大创造性基础研究、绿色技术领域的研发投资规模，以提高未来的增长潜力。在新增长动力领域，韩国政府将增加绿色汽车、IT融合技术、机器人、产业原材料等基础性技术领域的投资，从2009年的5 308亿韩元增至2010年的6 421亿韩元。在应对气候变化和环境保护方面，2010年韩国政府的低碳绿色增长预算达到2.2万亿韩元，比2009年增加0.3万亿韩元。其中，韩国政府将积极支持太阳能等清洁可再生能源技术开发，2010年预算资金为2 401亿韩元，比2009年增加了145亿韩元。此外，2010年韩国政府还继续增加用以提高高能耗机器效率的能源技术开发预算，从2009年的1 676亿韩元增至2 100亿韩元。

为了尽快走出危机，《欧洲2020》战略中提出要实现欧洲经济的可持续、包容性和智能性增长，并相应提出了“创新联盟”、“有效利用欧洲资源”、“欧洲数字化议程”等7大旗舰计划，支持向高能效和低碳经济转型。2009年欧盟委员会出台了“为低碳能源技术开发投资”计划，建议在未来10年再投入500亿欧元专门用于能源技术研发，即在每年投入30亿欧元的基础上，继续再增加投入50亿欧元。

三、金融危机给企业研发投资带来负面影响

从历史数据来看，研发投资是经济危机和金融危机时期各国首先削减的支出之一。始于2008年的全球经济和金融危机，同样给全球企业带来了冲击。这在《2010年欧盟产业研发投资记分牌》和《2010年英国研发投资记分牌》都充分体现出来。由于危机对研发活动造成的影响通常是滞后的，因此，去年的记分牌并没有完全体现出来，危机的最初影响仅仅体现在销售额、营业利润和市场评价等指标上，而研发投入继续增长。但是，从2010年的记分牌来看，企业的研发投入总额减少了。尽管从全球来看研发总投入减少了，但许多公司仍继续增加研发投入，以增强它们的竞争地位，为经济复苏做好准备。

《2010年英国研发投资记分牌》对英国的1 000家研发最为活跃的公司和全

球的1 000 家研发最活跃的公司2009 年的研发投资数据进行了分析，分析表明，全球1 000 家最活跃的公司的研发支出总额为3 440 亿英镑，同比下降了1.9%。就研发强度而言，2009 年全球研发强度（研发支出占销售额的百分比）达到了3.6%，而英国的1 000 家公司的研发强度仅为1.7%。

《2010 年欧盟产业研发投资记分牌》对2009 年全球研发投资排名前1 400 家公司的研发投资进行了分析。这1 400 家公司中，欧盟公司有400 家，其他1 000 家为非欧盟公司。分析表明，2009 年记分牌上的1 400 家公司的研发投资为4 022亿欧元，比上一年减少了1.9%，结束了过去4 年年增长率高于5% 的正增长趋势。但是，2009 年企业净利润下降了10.1%，毛利下降了21.0%，而研发投资只减少了1.9%，这说明，企业对研发仍高度重视。

对全球企业的研发投资状况分析表明，危机时期企业研发投入呈现以下特点。

1. 2009 年，全球企业研发投入表现出对全球性衰退的强力弹性，这表明最大的企业投资商们将研发放在一个战略性重要地位上

从欧盟企业的研发投资看，尽管过去4 年年增长率高于5% 的正增长趋势已经结束，但是，考虑到此次危机对企业净销售额和利润所带来的严重影响，也考虑到2009 年的大部分研发投入是在2008 年年底（正处于金融危机高峰期）做出的决定，因此，研发仍然是那些最大的研发投资企业的首要任务。

对全球排名前100 家公司的分析表明，2008 年的这次危机所产生的影响要比2002/2003 年那次经济衰退更为严重。在这100 家企业中，有54 家称其研发投入减少，而上一次危机中只有43 家研发投入减少了。另外，前100 家企业中，有46 家增加了研发投入，其中有19 家增幅超过10%（其中7 家企业属于制药行业）。在这19 家企业中，欧洲有2 家，美国有8 家，日本有6 家。

2. 制药行业研发投入继续增加，而汽车和IT 硬件行业大幅减少

2009 年制药行业的研发投入增长了5.3%，巩固了其作为最大研发投入行业的地位。制药行业也是金融危机时期实现销售额增长（6.4%）的少数几个行业之一。而且，大型制药企业正在通过并购来增强其研发能力，从而巩固其地位，被并购的往往是生物技术企业。

相比之下，汽车及零部件行业备受金融危机打击，其研发投入减少了11.6%（大幅削减研发投入的企业包括美国和欧洲的一些企业）。技术硬件和设备行业的研发投入也大幅下降了6.4%。

受此次危机影响最大的是汽车行业的企业：有15 家企业减少了研发投入，福特（-32.4%）、雷诺（-26.5%）和通用汽车（-24.1%）等公司减幅很

大。即使是研发支出傲居全球所有企业第一位的丰田汽车公司也下降了6%。相比之下，其他公司如日本的尼桑减得不多，一些公司如韩国的现代甚至有所增加。

3. 各地区的研发模式有很大差异，美国企业研发投入下降幅度大于欧盟企业，而一些亚洲国家的企业大幅增加研发投入

欧盟企业的研发投入减少了2.6%，约为美国企业降幅的一半（5.2%），尽管欧盟企业与美国企业的销售额均出现一样的下降（约-10%），但欧洲企业利润下降大，美国企业利润下降小（-13.0%对-1.4%）。更不可思议的是日本企业的表现，尽管它们的销售额有所下降，利润也明显下降，但它们的研发投入仍维持上一年的水平。

在一些亚洲国家和地区，企业保持其近年来研发高增长的趋势，如中国（40.0%）、印度（27.3%）、中国香港（14.8%）、韩国（9.1%）和中国台湾（3.1%）。

4. 全球研发仍然保持其独特的行业构成，美国主导着高研发密集度行业，欧盟则主导着中高技术行业

尽管发生了金融危机，但主要地区的部门专业化在很大程度上未受到经济衰退的影响。欧盟企业在全球汽车行业研发投入总额中占43.5%，在化工行业中占40.3%。同是这两个行业，日本企业分别占36.3%和34.4%。美国占全球制药行业研发投入的43.2%，在IT硬件行业占48.0%，在计算机软件及服务行业占74.6%。

如果按照高、中高、中低和低研发密集度划分行业，可以看到，中高研发密集度行业在欧盟继续占主导地位，占48%。研发密集度最高的行业在美国研发总投入中所占比例为69%，在日本占37.8%，在欧盟占34.9%。

5. 因企业年龄和研发密集度差异，欧盟和美国在研发密集度上的差距很大程度上源自欧盟高研发密集度行业的年轻创新型企业的数量较少

相对于美国而言，欧盟的高研发密集度行业要小得多，产业结构的差异造成了欧盟企业总体上在研发密集度方面与美国有很大差距。因此，增加欧盟高研发密集度行业的大企业数量，将有助于实现欧盟总体研发密集度的目标。

分析表明，公司年龄是造成欧盟研发密集度落后的一个重要原因。较新的公司（1975年后创建但未被其他公司收购的公司）的研发密集度较高，而老公司的较低，分别为6.1%和3.3%，而且美国企业的数量比欧盟要多得多（美国占54.4%，欧洲占17.8%）。另外，欧盟年轻企业的研发密集度也比不上美国年轻

企业（分别为4.4%和11.8%）。这些事实凸显了欧盟高研发密集度行业的新企业数量较少，也表明企业形成和增长比率的差异可能是欧盟的这些行业规模比美国小的主要原因。

四、各国积极出台提高企业研发投资的举措

在大多数经合组织国家，企业是研发投资的主体，也是创新的主体。而对经济危机导致的企业研发支出下降，各国一方面努力增加研发预算，另一方面积极出台多种措施，刺激企业增加研发和创新投资。

（一）研发税收激励措施越来越受到重视

以研发税收优惠手段来支持企业进行研发投资向来是发达国家的普遍做法，但是近年来，这种激励手段被越来越多的国家所采用，而且各种方案也更加优惠。比如美国，为了刺激企业进行投资和创新，奥巴马政府在2010财年预算中投资750亿美元，提出要实行研发税收减免永久化。

目前，经合组织区有22个国家的政府以各种财政激励措施来维持企业研发，而1995年这样的国家为12个，2004年为18个。

研发税收刺激大致有3种形式：（1）研发税收抵免，从应纳税额中扣除；（2）研发津贴，从应征税收中另外扣除；（3）加快折旧，减轻税负。税收优惠要么按研发支出的数量份额计算、按增量份额（超过某一合格支出限额的研发支出）计算或者两者并用。除了这3种主要方案以外，比利时和荷兰也采用第4种方案，这两国实行税收激励旨在降低研究人员的成本，要么减少工资税和社会费用负担（如荷兰），要么只是针对工资扣税（如比利时）。

研发税收抵免在加拿大和日本非常普遍，超过80%对企业研发的公共支持是以这种财政激励形式进行的。近10年来（到2008年），一些国家对企业提供的研发税收补贴越来越慷慨。2008年，法国和西班牙提供了最慷慨的资助，分别是每美元研发经费减税0.425和0.349个单位。

近年来，研发税收减免等手段在非经合组织成员国也得以发展。中国、印度、巴西和南非等国为研发投资提供了慷慨和具有竞争性的税收环境。比如中国，对设在高新园区的企业或在生物技术、信息与通信技术及其他关键高科技领域进行投资的研发企业提供优厚的税务减免。

许多经合组织国家对研发税收减免计划做出了改变，以扩大受益者数量，增加研发支出数额。一些国家修改了税收优惠的资格要求，以扩大研发活动的覆盖

面，或者扩大可获税收减免的企业范围。

经合组织的一些国家最近推出了一项对高技能人力资本的补贴措施，即对参与研发的研究人员的社保费用进行税收抵免，特别是在小型研究密集型企业中。

（二）直接公共资助仍然是支持企业研发的最常见形式

在许多国家，通过资助、补贴和贷款提供的直接公共资助仍然是支持企业研发的最常见形式，竞争性资助和基于价值的资助计划也经常实施。许多直接支持研发的计划越来越多地面向战略部门或技术，目的是提高企业竞争能力和帮助企业实现专业化战略。

经合组织2010年《科学技术和工业展望》的政策问卷调查表明，以竞争性资助或补贴和担保贷款的方式对企业创新的直接支持仍然很重要，而且在一些国家的重要性日益增加，它们特别针对可再生能源、先进制造、信息通信技术和卫生等主要产业部门。例如，作为2009年《美国再投资与复苏法》的一部分，美国提供260亿美元贷款担保来提高能效和刺激清洁能源技术开发。英国提出了一项新基金计划，对低碳研发提供总额2.5亿英镑的经济支持。另外，对技术战略局提供5 000万英镑资助，以支持先进制造、低碳技术和生命科学领域的研究和创新。荷兰政府2008年出台了一个新的创新信用计划，旨在满足企业对高风险创新项目信贷的需求。从2009年开始，荷兰每年将有5 000万欧元的结构性预算对10～20个开发项目提供支持。此外，荷兰的地方和地区政府部门制定了数个贷款和信用计划。

然而，各国在直接资助与研发税收减免等间接措施之间的权衡有很大变数，这主要取决于一个国家的产业结构、大型研发密集型企业、研发强度以及专业化等因素。例如，加拿大对企业研发的支持大部分以税收减免等非直接方式提供，而对企业研发的直接支持大多以信贷、担保以及竞争性资助的形式进行。在捷克共和国，尽管近年来很重视非直接资助，但是直接资助仍然是促进研发的主要政策手段。西班牙则是将补贴、贷款、风险资本和税收减免组合起来，根据公司和项目的具体情况采取不同资助方式。近年来，西班牙以政府贷款的形式向企业提供支持的方式增加了，在产业部门尤为如此。

作为大多数创新成果的采用者，在企业构成中占有很大比例的中小企业受到各国政府的关注。许多国家的政府制定了具体政策措施来促进中小企业创新。在经合组织国家，为小企业提供的直接财政支持主要用于补贴研发，为技术投资筹资，帮助它们发展人力资本或者获取知识密集型服务。近年来，“创新券”成为经合组织国家鼓励中小企业投资和创新的一种备受推崇的方式。创新券，是代替现金的证券，旨在鼓励和帮助中小企业获取和利用高等教育和研究部门的知识。

同时，创新券能帮助企业提出具体的知识需求，并使知识机构能够确定商业需求，使公共研究更具相关性。当前，创新券已经在许多国家实施，如比利时、丹麦、希腊、意大利和荷兰等国，政策制定者倾向于简化其使用要求并扩大其使用范围。

此外，各种“软支持”举措也被作为直接研发支持的补充，如在建立企业方面提供咨询、援助和创业措施等。

各国高度重视科技人才队伍建设

在知识经济和经济全球化背景下，科技创新是一个国家维持其国际竞争力的关键。而科技的创新与发展则有赖于掌握充分的技能、拥有大量知识积累、并且能够灵活运用自身掌握的知识、技能、经验、富于创造性的创新人才。这种对创新人才的全球性的迫切需求导致全球科技人才竞争日趋激烈，使得经济发展与人才短缺的矛盾成为各国普遍面临的一个重大问题。而且这种人才短缺问题不仅表现在人才数量上的不足，更多地表现为一种失衡性的人才短缺，即当前有很大比例的人才，在知识和技能方面难以适应快速发展的经济和文化，难以从事那些具有高附加值、高技术含量的工作。因此，近年来各国纷纷通过立法、确立国家人才政策等各种手段，规划科技人才队伍建设的目标、加强人才体制改革、提高教育系统人才培养数量和质量，促进人才的合理使用和流动、加大吸引海外人才的力度，从而发挥好人才这一现代经济中最为关键的要素的作用。

回顾2010年，伴随着全球经济的逐步回暖，各国着眼于未来科技与经济的发展，积极参与国际人才竞争，在科技人才队伍建设方面采取了一些新的政策与措施。现从各国加强本国科技人才的培养与使用，应对人才流失，吸引海外人才方面，对2010年全球人才队伍建设工作概况进行简述。

一、加强人才培养与使用是各国人才战略与政策的重点

培养和造就大批优秀人才，是当前各国加强国家科技和经济建设，参与国际人才竞争的根本大计。而培养和造就大批优秀人才的关键在于教育培训的质量、人才使用的环境、制度与政策。只有在教育、培训上不断创新，构建有益于人才发展的科研环境与人才制度，形成良好的学术文化氛围，才能培养造就出高质量

的科技人才，才能在知识经济时代为国家经济的持续增长提供保障。为此，各国根据本国的国情采取了不同的政策与措施。

1. 美国加强 STEM 创新人才培养

自 20 世纪 80 年代提出 STEM（科学、技术、工程与数学）集成教育思想以来，美国历届总统都十分重视 STEM 教育在创新人才培养中的作用。20 多年来，STEM 集成教育的理念和实践已经产生了广泛影响，美国政治界、经济界、学术界和教育界均对 STEM 教育对于培养创新人才的意义深信不疑。美国历届政府也不遗余力地推进 STEM 教育，并且把这种教育由中间向两边扩展，发展成为了从学前儿童到研究生阶段的一种系统教育。奥巴马上台后提出，高质量的教育是解决国家诸多挑战的关键，并承诺为每一个美国人提供从其呱呱落地到长大成人，一直接受世界一流教育的机会，以增强美国在 21 世纪的竞争优势。2009 年美国政府公布的“美国创新战略：推动可持续增长和高质量就业”以及“教育促创新”行动计划，均强调通过强化 STEM 教育，使美国学生在科学和数学方面的成绩排名从目前的中游位置提升到世界前列。为了有效培养创新人才，满足国家未来十年对创新人才的需求，奥巴马还要求总统科技顾问委员会就如何确保美国未来几十年在 STEM 教育方面的领先地位提出具体建议。2010 年 9 月，美国国家科学理事会和总统科学技术顾问委员会分别发表报告，向政府提出建言，要为优秀人才的成功创造条件，加强优秀 STEM 教师队伍建设，使学生的学习符合他们的才能和兴趣，激发学生的学习欲望，加强科学、技术、工程和数学创新人才（STEM Innovators）培养。

同时，为了切实支持 STEM 创新人才的培养，在 2011 财年的预算中，美国政府为 STEM 教育的投入预算达到了 37.13 亿美元，较之前一年增长了 0.9%。其中，有 10 亿美元重点用于中小学 STEM 教育；13.5 亿美元用来为开展 STEM 教育改革的“争优基金”进行追加投资；此外，为国家科学基金会和能源部分别提供 1 900 万美元和 5 500 万美元，用来强化能源科学工程教育（RE-ENERGY），培养和吸引绿色能源领域人才；为国家科学基金会的研究生研究奖学金计划提供 1.58 亿美元；为国立卫生研究院支持生物医学和动物科学的基础研究的研究员奖励金和国家研究服务奖（NRSA）计划提供 8.24 亿美元。

此外，为支持“教育促创新”行动计划，美国国家航天局启动了“创新之夏计划”（Summer of Innovation）以提高教师的科学素养和能力，培养学生们的科学意识和创新创造意识。在整个 2010 年暑期，国家航天局投入大量的资金和人力资源，与联邦、州和当地政府、非营利机构和高校教师开展合作，为参与该计划的中小学教师和学生制定实施了形式多样、内容丰富的学习活动。而且，该计划也没有因为假期的结束而告终，在假期结束重返校园后，国家宇航局仍为那些参与“创新之夏计划”的教师和学生继续提供学习和实践的机会。

2. 欧盟鼓励卓越的教育与技能培训

欧盟的长远目标是以教育促创新、以创新促增长，以增长促就业，通过高质量的就业，促进整个欧洲的稳定发展和长期繁荣。然而，日益严重的欧洲人口老龄化问题、随着下一个10年大量科研人员退休而带来的减员问题以及欧洲当前教育培训状况相对落后问题，使得欧盟的教育和培训机构承受着巨大的压力。现有的数据显示：当前欧盟有1/4的小学生阅读能力差，1/7的年轻人过早停止接受教育和培训；约50%的年轻人接受过中等教育，但所掌握的技能通常不能与劳动力市场的需求相匹配；在25～34岁的人群中，仅有不足1/3的人拥有大学学位，而在美国这一比例达到40%，在日本达到50%以上。另外，在全球大学排名列中，位居前列的欧洲大学亦是寥寥无几。

为此，“欧盟2020战略”从实现智能增长、可持续增长和包容性增长3个关键增长目标出发，对今后欧洲的教育和培训提出了直接和间接的要求。首先，在欧盟层面上，要通过提高教育质量，增强科研能力，促进知识和创新在欧盟的转移。为此，要加强教育、商业、研究和创新的知识伙伴关系，要通过支持新的创新企业促进青年人创新精神的形成。在成员国层面上，各国必须改革国家（和地区）的研发和创新体系，强化大学、研究机构和企业间的合作，推动企业创新，实施联合计划，加强那些可为欧盟创造附加值的领域内的跨国境合作，并对国家的资助程序进行相应的调整，确保技术能在欧盟内畅通的传播；培养数量充足的科学、数学和工程领域的毕业生，学校课程设置要突出有关创造、创新和创业精神的培养。其次，通过推动学生和青年人的流动提高欧洲高等教育质量和国际吸引力。在欧盟层面上，整合并增强欧盟内人才的流动性，让欧洲大学及研究人员项目与国家项目、资源相联系；制订高等教育课程、管理和资助等方面的现代化改革议程；通过年轻专业人员的流动计划，探讨促进创业精神的方式；推动和促进对非正式和非正规学习的认可；启动青年就业框架，促进青年人通过学徒、实习或其他工作经历进入劳动力市场。在成员国层面上，要确保对从学前教育到高等教育的各级教育和培训体系的有效投资；改善教育产出，在一个整合性的框架内治理教育系统的每个组成部分相互分割的问题，增强学生的关键能力，减少辍学；提高教育体系的开放性和实用性，建立国家学历文凭框架，并保证学以致用，更好地满足劳动力市场的需求。

3. 英国以高质量的技能促进可持续发展

2010年7月，英国新政府出台了新的技能战略政策咨询报告“为了可持续增长的技能”，表示要打造英国新的技能体系。11月，政府在对财政削减政策进行评估的基础上，依据咨询报告正式推出了“为了可持续增长的技能战略”，并同时公布了政府为实施这一新战略而采取的财政投资计划。“为了可持续增长的技能战略”可视为英国新政府成立后，在大幅度削减财政支出的政策主线下，出台的新型人才战略。

战略提出，要对国家的继续教育和技能体系进行根本性改革，提高人才的技能，促进整个国家经济实现可持续增长。改革中主要坚持3个基本原则：公平性，发挥技能在促进社会和谐与流动中的作用；责任性，政府、雇主和公民个人在技能发展中都要承担一定的责任；柔韧性，使技能发展能够满足每个顾客的需求，加强培训机构间的竞争，促进继续教育学院提供更多的高等教育课程。至于改革的具体目标和措施，一是把学徒制作为技能培训体系的核心，扩大针对成人的学徒培训项目，到2014—2015年，每年都能有20多万名成年人接受学徒培训。为此，在2011—2012年，政府将投入6.05亿英镑，2012—2013年将投入6.48亿英镑。二是为19~24岁的成年人开展水平2和水平3培训提供全额经费资助，在扩大学徒数量的基础上，提升学徒培训的层次和质量，在技师水平（水平3）与高水平技能间以及高等教育间建立清晰的提升路径。三是开发更加灵活和广泛的职业资格体系，满足经济发展的需求，与行业共同开发资格和学分框架，使个体和雇主能够获得满足其特定需求的培训单元。四是为缺少读、写、算技能而又离开学校的个人重新学习基本技能课程提供全部经费资助。五是从2013—2014年开始为24岁及以上的学习者学习水平3及更高资格的课程提供政府贷款。六是启动总额5 000万英镑的需求导向的增长和创新基金，支持产业界的雇主开展培训。七是帮助中小企业培训低技能的员工。八是帮助那些积极求职者通过参加适应劳动力市场需求的培训获得工作。

4. 韩国系统培养理工科人才

2010年韩国围绕其第一期“理工科人才培养、支持基本计划（2006—2010）”提出了该期计划的最后一个年度实施方案，并为此投入了2万亿韩元。计划的主要内容包括几个方面：一是改善理工科大学教育制度，构筑理工科大学自主运营的基础，通过个性化的教育课程提升理工科人才的质量。二是通过培育世界水平研究型大学（WCU）和研究机构，强化理工科研究生的研究环境，系统培养和开发核心研究人才。2010年政府为WCU计划投入1 640亿韩元。三是加强优秀人才国际交流。主要内容包括强化支撑海外人才交流的基础设施建设；增加理工科人才参加海外教育和研究活动的机会；支持300名大学生赴海外开展实践活动；扩充“全球研究室”（Global Research Lab）的数量，在2009年27个的基础上，扩展到33个等。四是促进产学官合作的基础设施建设。具体内容包括，支持中小企业在企业内设立440个研究机构；强化对理工科人才的继续教育和再教育，确立多样化的人才培养体系；扩大对战略技术领域研究生院优秀实验室的支持；培育明星学校；拓展面向研究开发人才的继续教育课程等。五是加强科技人员创造性研究环境的改善，提高科技人员的待遇，将政府出资的面向研究机构的稳定性人员费比例，从2008 年的30.8%，提高到2011 年的70%。新一期的“理工科人才培养、支持基本计划”将从2011 年起执行。

5. 澳大利亚重点培养高端人才

澳大利亚政府认为，要想确保其在2009 年发布的国家创新政策白皮书“激发创意：21 世纪的创新议程”提出的面向2020 年的国家发展目标，就必须加强对研究人才的投资，加强创新人才培养。2010 年，澳大利亚政府投入14.2 亿澳元，用作高校的研究经费和研究人员的培训，其中6.1 亿澳元用于支持研究培训计划，资助博士生和硕士生开展研究工作以完成学业；1.64 亿澳元用于为3 069 名澳大利亚研究生提供奖学金以及支持一些特殊的研究生。总之，政府方面指明，这14.2 亿澳元中的一半以上的资金将直接用于培养下一代澳大利亚科研人员——这些研究人员是澳大利亚应对未来挑战和建立未来产业所不可缺少的战略资源。

此外，为了帮助澳大利亚建立21 世纪更具竞争力的高等教育和创新系统，培养和吸引来自澳大利亚国内外的最优秀的职业早期研究人员，澳大利亚政府决定在其超级科学计划下，设立超级科学奖学金，在2010—2011 年的2 年内，每年为50 名，共为100 名处于职业生涯初期的研究人员提供发展其独创性思想，开展独立研究提供机会。按照计划的设计，超级科学奖学金计划将每年为每位入选者提供72 500 澳元的经费支持，并为接收机构提供28% 的间接经费，其目标是留住并用好那些杰出的研究人员，为提升澳大利亚的国际竞争力作贡献。

6. 日本着力建设人才和智慧充溢的国家

近年来，日本在科技立国政策的支撑下，一直探寻强化基础科学实力，以创新促进经济复苏之路。2010 年1 月，日本综合科学技术会议向首相提交的咨询报告“为加强基础研究应采取的长期策略——基础研究支撑体系改革”、2010 年6 月经济产业省发布的“新成长战略”以及综合科学技术会议于12 月24 日向首相递交的“第四期科学技术基本计划”咨询报告，充分反映出了日本将发展未来经济和建设健康、富于活力的日本的希望寄托于基础科学的振兴，创新成果的形成，科技人才的涌现的基本发展理念。

“为加强基础研究应采取的长期策略——基础研究支撑体系改革”报告，建议政府围绕确保研究资金、培养研究人才和培育教育研究基地3 个方面进行基础研究支撑体系改革，并对于人才培养与使用问题进一步建议：强化对青年研究人员的支持力度，建立新的职业早期支持计划和职业终身制度，促进青年人才的快速成长；在科研管理中实行首席研究员制度，加强课题负责人对课题、人员和经费的自主管理。

在“新成长战略”中，日本提出要“利用人才和智慧为世界做贡献”并指出，日本必须重新通过推进“培养优秀人才”、“改善研究环境”、“促进产业化”三位一体的进程，不断创新，开拓新技术和新产业领域。为此，日本必须在未来10年中加速大学和公共研究机构的改革，完善个人研究环境以及多元化职业道路，使青年人更有信心选择科学之路。另外，该战略还强调，从研究资金、研究资助体系、生活条件等各方面努力创造富于魅力的研究环境，留住并用好人才。战略中为2020年设定的有关人才的直接和间接目标包括：在一些特定领域，培育100个能够进入该领域世界前50名的研究、教育基地；使日本长期派往海外的研究人员数量增加1倍；实现理工科博士毕业生的全雇佣等。

从已经递交首相的“第四期科学技术基本计划”的咨询报告来看，从2011年开始实施的第四期科学技术基本计划中，日本将对人才培养和使用体系进行系统的改革，内容包括：要全面加强研究生院教育，加大对攻读博士学位者的支持力度，加强技师培养和能力开发，构建公正透明的评价制度，拓宽研究人员的职业路径，充分开发女性研究人员的能力等。

二、人才流失仍然是许多国家关注的焦点

经济的全球化推动了人才流动全球化和全球开放的人才观的形成。人才在全球流动已经成为全球化的一个重要特征。然而，近年来来自世界各国的精英人才在国际上的频繁流动，也引起了诸多国家和政府的高度关注，大量高层次科技人才的外流成为让许多国家担忧的事情。

1. 中国高度关注人才流失

中国过去一直是一个“人才净流失国”。近年来，随着中国国内经济的快速发展、生活水平的提高、职业机会的增多以及政府各种吸引高层次人才政策的出台，人才回流的势头明显上升。但是，整体来看，人才回流状况仍旧难以乐观。

从中国的诸多统计数据来看，进入21世纪以来，除个别年份外，中国留学归国人员的数量呈逐年增加趋势。2003年留学归国人员数量首次突破2万人，2005年学成归国的人数达到3.5万余人，2006年达到4.2万人，2007年达4.47万人，2008年达到6.96万人，2009年更是达到了10.8万人。

然而，从美国国家科学基金会的统计数据来看，从1987—2007年，美国授

予外国人科学与工程博士学位的数量从110 600个增加到了206 300个。在此期间，共有50 220名中国人（其次是印度21 400，韩国20 500，中国台湾18 500）获得美国科学与工程博士学位，占所有授予外国人的学位的1/4。这些人堪称我国海外留学人员中的佼佼者，其中有一些已经成为美国科研一线的研究人员，然而他们的回归情况却令人担忧。

2010年1月，美国能源部橡树岭科学教育研究所公布的一项研究显示，外国人在美国获得科学与工程博士学位后的滞留率在20世纪90年代后期以来一直维持在50%以上，并且在最高时达到了65%。其中中国人表现出的高滞留率，对平均滞留率的上升具有较高的贡献度。1987/1988年获得美国科学与工程博士学位而1992年仍然留在美国的中国人的比例是65%；随后几年，滞留率直线上升，1996年获得美国科学与工程博士学位而2001年仍然留在美国的中国人的比例达到了96%；1998年获得博士学位的中国人的5年滞留率有所下降，但仍达到了90%；此后，2000年和2002年获得博士学位的中国人的5年滞留率（即在2005年和2007年仍留在美国的人的比例）均达到了92%，在所有国家中保持首位。

针对大量高层次人才滞留海外的情况，中国于2008年出台了千人计划，提出5～10年吸引2 000名左右的海外高层次人才。此举引起海外高层次人才的关注，2008年当年就引进了122名，2009年引进了500名，截至2010年年底已经引进了1 100名海外高层次人才。作为这一计划的补充计划，2010年中国政府还宣布实施“青年千人计划”，支持更多的海外青年人才回国工作。“青年千人计划”计划每年引进400名左右优秀海外青年人才，5年内引进2 000名。入选的海外人才须全职回国，在中国国内高校、科研机构工作。中央财政将给予入选“青年千人计划”者每人50万元的生活补助、3年100万元至300万元的科研经费补助。这一计划对于那些在国外获得博士学位的青年科学家来说，无疑具有很大的吸引力。

2. 印度坦然面对人才外流

印度政府一向对人才流失持较为坦然的态度。面对大量人才的外流，印度政府也从未试图阻止国内人才向外国移民。目前印裔移民已经成为美国的第三大移民群体，此外在其他西方国家也有数量庞大的印裔知识移民。印度政府坚信，印裔知识精英出国学习、创业，能够把资金、先进的知识和信息，以及现代化管理理念和经验带回印度，能够促进印度经济的发展，成为印度创新的关键要素。事实上，这一点已经在许多行业得到很好的印证。例如，在制药领域，仅2006年，包括Aurigene、Dr. Reddy和Ranbaxy在内的一些印度公司就聘用了大约100名海归科学家。另外印度制药企业创业也主要依靠于具有在美国制药公司工作经历的研究和执行小组。例如，Advinus Therapeutics公司是立足于班加罗尔的一家药品研发公司，它是由一个出生在印度的前 Bristol-Meyers Squibb 雇员创办的。一些技术外包企业，如印度的 HCL 和 TCS 也都雇用了大量在美国受过教育和研究训练的工程师。在 2000—2006 年间，HCL 雇佣了大约 350 名在美国受过教育的工程师。IBM、思科和微软以及其他美国领先的技术公司也在印度有着相当大规模的业务。这些机构可以与美国直接展开人才竞争，并成功地吸引了一些在美国受过教育的顶尖印裔专家。在 IBM 的印度研发中心，有半数的博士是从美国回来的海归。通用电气公司在班加罗尔的技术中心有 34% 的研发人员是海归。

在坦然面对人才外流的同时，印度也尝试加强对海外高层次青年人才的吸引。但是，与中国为在欧美功成名就的科学家提供大量资源和资金的做法不同，印度主要通过建立一些资助项目，如博士后研究项目和新的独立实验室从而吸引在外国接受培训的青年印度科学家回国。因为目前印度面临的最大的挑战是改变青年科学家在出国前形成的他们对印度科研设施落后的印象。

在过去两年里，印度的生物科学家一直在致力于吸引那些年轻的海外科学家来构建他们的科学共同体。其中一项最重要的活动是每年举行一次青年研究者会议，每次召集大约 40 位具有海外训练背景的博士后研究人员和数目相当的在印度当地主持科研项目的青年研究人员参会。会议由那些青年科学家中的佼佼者来主持，并邀请一些具有国际声望的科学家和政府领导参会。会议的论题主要是，如何申请资助、如何发现科学问题、如何出版论文以及如何解决学术争端等。会议期间还举办论坛，通过论坛让年轻的科学家们感受到他们对于印度生物学的发展负有的责任和使命，同时还促进他们建立合作研究关系，共同解决科学问题。博士后研究人员通过参加会议对于印度面临的挑战和未来获得了真切的认识，同时也与那些比他们年长的同行建立了合作关系。这一活动的目标在于，引导年轻的科学家进入印度的各个科研机构中，为印度的科学发展作出贡献。印度的这种吸引有才华的年轻科学家从国外归来并在一些科学领域培育新的科学文化的实验不失为一个可以推广的典范。

3. 俄罗斯积极应对人才外流

20 世纪 80 年代末 90 年代初，随着前苏联解体，俄罗斯国内经济衰退，政治环境不稳定，国家对科研领域的投入急剧下降，知识分子收入降低，俄罗斯尖端科技领域、教育研究领域和社会经济领域的高级人才纷纷出走，移居欧美等发达国家。据俄罗斯官方统计，这期间大约有 7 万名科学人才流失海外。本世纪以来，又有超过 10 万人才流失，其中部分属于回来后又再次离开者。人才流失已经成为困扰俄罗斯经济和科技发展的重要问题。

近年，随着俄罗斯经济的逐步好转，政府开始正视人才外流状况。首先，政府加大了国家对科研的投入，优先支持国家长期科技纲要的实施，建立了各种专项基金，如俄罗斯基础研究基金、俄罗斯科技发展基金等。2008 年，俄罗斯国家科技投入为 1 621 亿卢布、2009 年达到了 2 278 亿卢布，2010 年略有减少，但仍达到了 2 176 亿卢布。其次，俄罗斯政府着力提高科研人员工资待遇，为青年科学家建立住房建设基金，为大学生、青年科学家以及受邀在科学与教育中心工作的教师与学者提供临时住房，极大地改善了科研人员的生活和工作条件。

在稳住、留住国内人才的同时，俄罗斯也极尽全力吸引流失海外的高层次人才回归：自 2010 年起，俄罗斯将在 3 年内重点资助 80 位优秀科学人才，每人资助最多 1.5 亿卢布（约合 500 万美元）。该计划采取公开透明竞争方式，国内外科学家均可申报，择优选取。竞争胜出者可将联邦政府的资助用于研发、设备仪器购置，另外还享受住房及工资待遇与西方国家水平相当的优厚条件。俄罗斯方面认为，这项计划的任务很简单，就是要让人才回流，证明俄罗斯的科学没有死亡，只是暂时的转移。

三、人才争夺更加积极和开放

在全球化时代，没有哪一个国家能够仅仅依靠本土的人才培养来解决人才短缺问题，于是从国外争夺优秀人才就变成了一条捷径。当前，通过各种人才计划为科学家提供良好的待遇、扩大留学生队伍、实施移民政策等吸引和争夺海外优秀人才，已经成为各国人才战略中不可缺少的重要组成部分。

1. 澳大利亚将移民政策与留学政策结合起来吸引人才

2010 年 6 月，澳大利亚一份准备为未来 10 年制定研究人才战略而进行的有关雇主对科研人员的需求状况的调查报告指出，到 2020 年澳大利亚对研究型高等教育学历人才的需求将增加 50%。同时，许多大企业也都表示未来几年必须增加具有研究背景的员工。然而，澳大利亚人口稀少，本土人才匮乏，因此，引进科研人才便成为了一项非常迫切的任务。

为了吸引高端人才，优化移民质量，满足澳大利亚未来发展的需求，2010 年澳大利亚出台了一些新的政策和措施：其一，政府公布了一系列 10 多年来幅度最大的移民政策调整方案，取消了紧缺职业清单和关键职业清单，更新了技术移民职业列表，调整了技术评分体系。其目的是，减少低端人才的进入，将更多的移民名额留给那些高素质的、研究型的高层次人才。新的移民职业列表和技术评分系统，对于高端人才，特别是在澳大利亚受过研究教育研究训练的博士、硕士十分有利。其二，在激烈的国际人才竞争背景下，澳大利亚政府于 10 月底公布了“吸引留学生战略（2010—2014）”，通过保障留学生权益，出台奖学金激励政策，防止来澳学生数量下滑。该战略从为留学生提供良好的生存状态，提高教育培训质量，加强对留学生的消费保护和更好地为留学生传递信息4个方面，推出了12项具体的措施，以达到吸引更多的优秀留学生的目的。

2. 俄罗斯全方位、有针对性地吸引人才

2010年3月，俄罗斯科教部宣布，国家将拨款900亿卢布（约30亿美元）用以支持高校科研和吸引海外高水平科学家。到2010年7月报名截止日期为止，科教部已经收到来自全俄179所高校的512份引进海外专家的申请。另外，俄罗斯为吸引国外投资，还开始对投资的高技术企业的高管、技术专家及其家属实施优惠政策，包括税费优惠、政策审批等政策。据汇丰控股有限公司2010年公布的研究报告，外国专家在俄罗斯的收入水平与全球其他国家相比是最高的。

除制定吸引海外人才政策和计划外，2010年，俄罗斯还修改了其移民配额限制，为高层次人才进入俄罗斯创造有利条件。早在2008年，俄罗斯卫生与社会发展部就已宣布，信息自动化生产及机械方面的工程师，生物物理和微生物领域的专家，公司以及代表处经理和主管等7种专业人才不受移民配额限制。2009年12月，俄罗斯卫生与社会发展部又颁布了“关于核准2010年不受移民配额限制的外国公民、专家的职业清单”的法令。2010年6月，卫生与社会发展部进一步对该法令的附件做了修订，使不受移民配额限制的外国公民职业扩大到了30个。此外，为吸引国外高水平科技人才，俄罗斯还决定修改劳动法，逐步简化或取消外国专家的工作配额、移民登记及劳动许可制度。目前俄罗斯已与法国签署了有关对高级专家、领导及其家属和随行人员进行区别对待的协议。

3. 德国与国外大学竞争最优秀的博士生

为了持续推进研究与创新，德国联邦教研部和德意志学术交流中心正联手推动与国际接轨的博士研究生促进计划——“在德国获取国际博士学位”计划。德意志学术交流中心实施该计划的目的是，加强与国外大学的合作，有针对性地制定共同培养研究生的合作方案，优先支持博士研究生的个人发展，促进那些优秀青年科学家在德国高等院校扎根。

从2010年到2013年，联邦教研部将为此计划提供1 500万欧元的专项资助，获准资助的项目将每年得到10万欧元的专项资金。可以预见，此举将大大提升德国大学对外国青年科学家的吸引力，能够在日趋激烈的全球人才竞争中，为德国赢得更多的科技精英。

在德意志学术交流中心推动“在德国获取国际博士学位”计划的同时，德国研究联合会也于2010年6月，经其主管委员会的核准，新设了12个研究生院项目。其中有3个项目分别是与法国斯特拉斯堡第一大学、法国卡尚高等师范学

校、印度海德拉巴大学合作开展的国际研究生院项目。这些项目无疑对于吸引海外优秀的博士研究生到德国开展研究具有较强的吸引力。

整体而言，科技人才作为一个国家核心竞争力的标志，其重要性正在被越来越多的国家和民族所认识。培养、凝聚和争夺大批优秀人才，已经上升为全球性政策行为。可以预见，今后随着科技和经济领域的国际竞争的不断加剧，人才问题必将受到各国的更多的关注。

第二部分

国际科技热点追踪与分析

本部分对一些科技热点领域近几年尤其是2010年的国际发展状况进行较深入的综合分析与阐述，这些领域包括气候变化、能源、电动汽车、生命科学和生物技术、信息技术以及航空航天等。

全球气候变化应对劈波前进

2010年，人们比往年更加关注气候。极端气候“搅动”全球，有关气候变化的各种新闻事件不绝于耳，联合国政府间气候变化专门委员会（IPCC）继2009年“气候门”后连续遭遇信任危机，加上极寒天气的大面积出现使得气候变暖怀疑论者声音抬头。但这些并不能改变全球气候变暖的客观事实，世界气象组织宣布2010年是1850年有气温记录以来最热的3个年份之一，而2001—2010年也是有气象记录以来最热的一个十年。2010年底于墨西哥坎昆举行的第16届联合国气候变化大会结果差强人意，令世界对实现温室气体减排目标重树信心，全球在应对气候变化方面劈波斩浪前进。

一、极端气候“搅动”全球

（一）“地球反扑年”

很多人称2010年为“地球反扑年”。极端天气从年初一直到年末都将全球“搅”得不得安宁，因气候原因造成的灾难，较往年明显增多。地震、火山喷发、洪水、泥石流、大火、雪灾、大旱、高温、飓风……2010年的地球经受了各种极端和灾难性天气事件的挑战，至少夺去近26万条人命，比过去40年来所有恐怖袭击罹难者的总和还多。人们通常称发生概率在5%或10%以下的天气事件为极端气候事件，因此“极端”应是“少见”的。然而2010年在全球，“极端”却变成了“常见”。

2010年1月12日，一场里氏7.3级的地震袭击了加勒比海岛国海地，死亡人数或达30万；中国的春节前后，水资源丰富的中国西南五省遭受“百年一遇”的旱灾；2月27日，智利首都圣地亚哥西南320公里的马乌莱附近海域发生里氏

8.8 级地震，造成708 人死亡，地震引发的海啸在智利南部岛屿造成严重破坏；4月14 日中国青海玉树又发生里氏7.1 级地震，造成2 200 多人死亡；就在4 月14日这同一天，处于欧亚大陆板块西端的冰岛火山爆发，连续多日喷发产生的火山烟尘导致欧洲多国大量机场关闭，航班取消；2010 年夏天，俄罗斯出现了10 世纪以来的最高气温，高温和干旱导致森林大火持续肆虐，引发近3 万起火情，造成的直接经济损失达150 亿美元；巴基斯坦7 月下旬开始了“历史上最严重的洪灾”，起因是强降雨，灾情最严重的开伯尔－普什图省7 天降雨量相当于过去10年降雨量的总和，印度河水位达到1929 年以来的最高水平，巴全国近1 800 人在洪水中死亡，2 000 多万人受灾；中欧多国高温天气刚结束，转瞬暴雨成灾；8月7 日中国甘肃省舟曲县发生的泥石流灾害造成1 248 人死亡，496 人失踪，2010 年中国洪涝灾害造成全国2 亿多人（次）受灾，因灾直接经济损失2 751.6亿元；临近岁末，欧洲多国遭遇历史上最冷的圣诞节，很多地区打破10 年来的最低气温纪录，强降雪和低温天气使各主要机场被迫关闭；美国东部年末又遭受连日雪暴考验。

气候极端事件年年都有，但是与以往的天灾相比，上述事件的强度之大、持续时间之长、地域之广都是史无前例的。世界气象组织发布信息，2010 年全球至少有17 个国家出现了极端天气现象。到2011 年初，这些极端天气也并未止步，继续“搅动”地球。

（二）极端天气和地质灾难都是气候变暖惹的祸

每次大面积寒潮袭来，都会使人们对“全球变暖”产生诸多质疑。2010 年各国的“极寒”天气尤其让人们对气候变暖的结论产生怀疑。但是专家认为，2010 年欧洲气温的确偏低，但如果从全球角度来看，气温却普遍偏高，例如加拿大的夏季最高气温就打破了历史纪录，俄罗斯也遭遇罕见高温天气。因此，从全球范围来看，气候变暖的趋势没有改变。世界气象组织在坎昆气候大会前公布数据称，2010 年“几乎肯定”将成为1850 年有气温记录以来最热的3 个年份之一。

尽管需要较长的时间序列才能确定某个独立的极端天气事件是否与气候变化相关，但是当前这些极端天气事件的后果与联合国政府间气候变化专门委员会（IPCC）报告的预测结果相吻合，即全球变暖将导致更频繁、更严重的极端天气事件。

对于2010 年欧洲之所以出现寒冬，《地球物理学研究杂志》刊登的一项最新研究认为，欧洲严寒的“罪魁祸首”正是由全球气候变暖导致的北极冰盖融化。专家认为，由于气候变暖，北极冰盖的体积在近30 年的时间里减少了20%，海洋一旦缺少冰层的覆盖，就会向大气释放暖气，影响整个大气循环，其结果是极地冷空气在高压系统推动下，以逆时针方向旋转着向欧洲大陆进发，造成该地区雨雪增多，气温下降。

专家称，地震和火山喷发也跟气候变暖有关。2009 年 9 月，在英国伦敦召开的“气候对地质和地貌的影响”研讨会上，专家认为，气候变化会打破地球的微平衡和诱发地质灾害。气候和地壳之间的相互联系主要是通过地球上的水 - 冰转换进行的，水和冰给予地壳的压力是需要考虑的主要因素。1 立方米水的质量为 1 吨，而 1 立方米冰的质量为 0.9 吨，如果向地面倾倒 1 000 米厚的冰盖，或者从海洋中移去等体积的水，都会造成地壳岩石所受到的压力和张力的变化。因此，水和冰在地壳上的改变会引起地震和火山爆发。如果全球气候变暖不能被遏制的话，人类面临的绝不仅仅是一个更加炎热的未来，而且是一个地质灾害频发的未来。

二、气候变暖原因遭质疑

围绕气候变暖的科学争论从未停息，但气候变暖“怀疑论”者的声音在 2010 年明显增强，有关气候变暖的各种新闻事件频繁出现。

（一）IPCC 连续遭受信任危机

“气候门”：就在 2009 年底哥本哈根气候谈判之前，英国东安格利亚大学气候研究中心（CRU）被曝出操纵数据支持气候变暖论，这个世界著名的权威气候研究机构的科学家可能涉嫌伪造和操纵数据，以便支持碳排放愈演愈烈的结论。英国“气候门”事件在哥本哈根气候谈判期间引起轩然大波。

“冰川门”事件：2010 年 1 月，联合国政府间气候变化专门委员会（IPCC）承认，该机构 2007 年发布的第四次评估报告“如果全球变暖持续，喜马拉雅冰川可能在 2035 年前后完全消失”这一表述是错误的。这次“认错”引发了外界对全球变暖数据测算的质疑。虽然由荷兰环境评估局、美国国家研究委员会等机构开展的几次审查表明，IPCC 第四次评估报告的主要研究结果不受影响，但 IPCC 的公信力显然受到重大影响。

“亚马逊门”：继“冰川门”之后，英国媒体《星期日电讯报》披露：IPCC 第 4 次报告所指出的“气候变化将威胁到 40% 的亚马逊雨林”的结论是援引了世界自然基金会（WWF）的报告，原报告作者声称他们的依据来自《自然》杂志，但人们发现，原文指出这一威胁来自砍伐，并非来自气候变暖。

从“气候门”、“冰川门”到“亚马逊门”，公众对于 IPCC 这个组织的声誉及其评估报告的权威性产生疑惑，并对气候变暖的结论产生怀疑。

2010年7月，专门针对“气候门”事件历时6个月的独立调查报告对外公布，报告结果认为，相关科学家是“严谨和诚实”的，是“没有疑问”的，否认了有关知名气候科学家扭曲、隐藏关键数据的说法；同时并没有发现“可能影响政府间气候变化专门委员会（IPCC）结论”的证据。

应联合国秘书长和IPCC主席的邀请，代表世界众多知名科学院的机构——国际科学院理事会（IAC）对IPCC开展了独立审查。2010年8月30日，IAC发布了题为《气候变化评估——IPCC工作过程与程序的审查报告》，对IPCC的管理过程和工作程序提出了一系列改革意见。IAC的审查内容不是气候变化这一基础科学，而是IPCC的工作流程、程序和管理方式，以期在IPCC不断发展的同时减少错误发生；审查也重申了IPCC所做工作的公正性、重要性和真实性，同时明确了需要改进的地方。

（二）气候变暖怀疑论者抬头

“气候门”、“冰川门”、“亚马逊门”以及全球气候极寒现象频发，使“气候变暖质疑派”的声音越来越多地为国际舆论所了解，并有势力增长之势。部分科学家和媒体对气候变化的关键科学问题提出了疑问，极端的意见甚至认为，全球气候变暖是一场闹剧和骗局。

19世纪20年代，法国科学家Jean Fouxier发现了自然温室效应，认为自然温室效应是地球能量系统平衡的重要组成部分。19世纪末，瑞典科学家阿伦纽斯提出人为温室效应的可能性，认为矿物燃料燃烧过程中所排放的二氧化碳，将使大气中二氧化碳浓度提高，会带来气候变暖问题，即“阿伦纽斯假说”。但近百年来，气候变暖问题并不太为人所关注。直至1985年，在一次由联合国环境规划署、世界气象组织与国际科学联盟理事会共同召开的国际会议上，温室气体浓度增加将导致全球平均温度上升的观点才被基本接受。尤其在2007年IPPC第4份气候变化评估报告公布其“人为活动很可能是导致气候变暖的主要原因”的结论后，气候变暖似乎成了国际社会的“共识”。

但是事实上，气候变暖“怀疑论”一直存在，只是长期被主流声音所掩盖。气候变暖怀疑论者认为，人类活动影响气候证据不足。前任法国政府科研部长的法国学者克洛德·阿莱格尔2010年2月出版了一本名为《气候的骗局或是虚假的生态》的书，抛出气候变化是个“伪命题”的观点，矛头直指联合国政府间气候变化专门委员会（IPCC），认为全世界都在为一个“缺乏依据的谎言”而奔走。2010年4月1日，法国410名气候学家联名发表公开信，反驳阿莱格尔的气候变化“伪命题论”，认为气候变化不容置疑，其言论是“诽谤”，并呼吁法国高教与科研部部长佩克雷斯就此作出明确表态。数百名科学家的愤怒缘于三点：一是阿莱格尔的新书在法国高居非小说类畅销书榜首，这对法国舆论日益质疑“气候变暖”起到了导向作用；二是阿莱格尔在书中用了“黑手党”、“为金钱堕落”等字眼来描述国际气候领域的某些机构和专家；三是法国舆论出现朝向不利于“气候变暖派”方向移动的明显趋势。

2009 年哥本哈根气候峰会前，法国舆论曾一边倒地倾向于“气候变暖论”，然而峰会之后，地球出现罕见的寒冬，法国公众舆论因此出现动摇。上述公开信在法国卷起轩然大波：要求政治家干预科学争端，这在今天的世界上还是相当罕见的。这封公开信暴露了有关气候问题争论的焦点已经远远超出科学的范畴。关键问题并不是气候变暖是否已经是一个科学结论，而是对一种即使是大多数科学家都赞同的理论，是否有科学质疑的权利。科学是不能通过民主的方式、少数服从多数或行政命令来确立的。佩克雷斯拒绝对气候变化的科学数据进行评论，她责成法国科学院院长让·萨朗松就此组织学术辩论。法国科学院 2010 年 9 月 20 日举行学术辩论会，并于 10 月 28 日向法国高教与科研部提交了一份报告，报告驳斥了阿莱格尔提出的气候变化“伪命题论”，认为人类活动引发的大气中二氧化碳含量升高，正是气候变暖的主要原因。报告还指出，从 1975 年到 2003 年，气候变暖的趋势日渐明显，主要原因就是二氧化碳增多，而二氧化碳和其他温室气体在大气中的含量哪怕出现再小的增长，也必定与人类活动有关。

尽管如此，关于气候是否变暖的话题却在法国舆论中持续发酵。巴黎第十三大学的数学教授伯努瓦·里多也出版了一本名为《气候的幻想》的新书，对气候变化提出了质疑。一些怀疑气候变化的专家指出，气候变暖并无真凭实据支撑，IPCC 也不具有绝对的权威。可以说，他们的观点代表了哥本哈根气候变化会议后的一种舆论新动向。在哥本哈根气候峰会之前，国际舆论似乎一直有“科学界对气候变暖原因”存在“共识”的说法，而在 2010 年争论的声音渐强。

（三）科学需要求证

目前关于气候变化的争论焦点主要集中在 4 个方面：气候变暖是否在发生；气候变暖的主要驱动因素是什么，也就是说人类活动和自然过程对气候变暖的“贡献”究竟有多大；基于现有气候模式预测未来气候变化趋势的准确性如何；气候变坏的影响到底有多严重。

美国国家科学院 255 位院士，其中包括 11 位诺贝尔奖获得者，于 2010 年 5 月 6 日发表公开信捍卫气候变化研究的严密性和客观性。他们警告说，应对气候变化方面的任何延误都将增加发生全球灾难的风险。院士们在信中解释了科学研究的程序，并肯定了在全球数千位科学家研究基础上得出的气候变化研究结论。他们在公开信中说："引人注目的、全面的、连续的客观证据表明，人类正在以威胁我们社会以及我们赖以生存的生态系统的方式改变着气候"，最近发生的"气候门"等一系列事件改变不了气候变化的基本结论。

科学需要求证，需要反复质疑、证明、再质疑、再证明……争论是科学的生命，科学界从来就不平静。地球中心说与太阳中心说之争，进化论与反进化论之争，渐变论（均变论）与突变论（灾变论）之争，固定论与活动论之争等等，这些争论促进了科学的进步与发展。相信今天对"气候变暖"的争论也将会使真理"愈辩愈明"。

三、坎昆会议差强人意

（一）联合国气候谈判艰难推进

如果把1992年巴西里约热内卢联合国环境与发展大会前的几年谈判算在内，气候谈判已经走过了20个春秋。从里约热内卢到哥本哈根再到坎昆，全人类共同应对气候变化、拯救地球的漫漫征程，始终坎坷与希望交织。

针对气候变化的国际响应是随着联合国气候变化框架条约的发展而逐渐成型的。1979年第一次世界气候大会呼吁保护气候；1992年在巴西里约热内卢通过《联合国气候变化框架公约》（UNFCCC），确立了发达国家与发展中国家"共同但有区别的责任"原则，阐明了行动框架，力求把大气中温室气体浓度稳定在某一水平，从而防止人类活动对气候系统产生"负面影响"；1997年在日本京都通过《京都议定书》，确定了发达国家2008—2012年的量化减排指标；2005年2月《京都议定书》生效，《京都议定书》成为长期有效的法律文件，并是目前唯一给发达国家规定了量化减排目标、具有法律约束力的时间表及违约惩罚机制的国际条约；2007年12月在印尼巴厘岛召开的气候变化大会确定了《巴厘路线图》，启动了"双轨制"谈判，即《联合国气候变化框架公约》下的长期合作特设工作组谈判和《京都议定书》特设工作组谈判。

全球气候谈判按照《巴厘路线图》艰难推进。2009年12月在哥本哈根举行气候变化大会，各国对大会期望值很高，然而，此次大会却以失败告终。虽然大会达成了《哥本哈根协议》，却没有形成有约束力的法律性公约。由于哥本哈根大会未能达成预期目标，UNFCCC原执行秘书德布尔于2010年2月提出辞呈，菲格雷斯同年7月8日接任UNFCCC执行秘书。

哥本哈根气候变化大会后，为准备2010年底在坎昆举行的第16届联合国气候变化大会，联合国召开了4次气候变化谈判会议，前3次都是在德国波恩召开的，第4次谈判在中国天津举行，也是坎昆大会前的最后一次准备性谈判。在这4次谈判磋商基础上，坎昆气候变化大会在2010年年底召开了。

（二）坎昆大会取得成果

2010年11月29日，第16届联合国气候变化大会于在墨西哥坎昆开幕。经过近两周的紧张磋商，大会在12月11日凌晨通过了《坎昆协议》，包括两项应对气候变化的决议，推动了气候谈判进程继续向前，受到国际社会的积极评价。各国都纷纷表示对坎昆会议成果“满意”。

坎昆大会下设的《联合国气候变化框架公约》缔约方会议及《京都议定书》缔约方会议，通过了应对气候变化的两份重要决议。决议认为，在应对气候变化方面，“适应”和“减缓”同处于优先解决地位，《联合国气候变化框架公约》各缔约方应该合作，促使全球和各自的温室气体排放尽快达到峰值。决议认可发展中国家达到峰值的时间稍长，经济和社会发展以及减贫是发展中国家最重要的优先事务；发达国家根据自己的历史责任必须带头应对气候变化及其负面影响，并向发展中国家提供长期、可预测的资金、技术以及能力建设支持。决议还决定设立绿色气候基金，帮助发展中国家适应气候变化。决议坚持了《联合国气候变化框架公约》、《京都议定书》和《巴厘路线图》，坚持了“共同但有区别的责任”原则，确保了今后的谈判继续按照《巴厘路线图》确定的双轨方式进行。坎昆大会还通过了有关环境保护教育的提案。

《坎昆协议》的重要成果具体包括：在多边机制下正式承认工业化国家的减排目标，制定发展低碳经济的计划并进行年度报告；发展中国家的减缓行动也正式在多边机制下得到承认——这一点体现了中国的让步；建立针对上述减排与减缓行动的登记制度，发展中国家需要每两年报告一次。根据协议，发达国家承诺，在2010—2012年的3年时间内，向发展中国家提供300亿美元的快速启动资金，并在2020年前每年提供1 000亿美元的长期资金。此外，发展中国家最关心的“绿色气候基金”成立，邀请世界银行作为该基金的托管人，并成立由发达国家和发展中国家成员组成的“过渡委员会”进行管理。

不过，坎昆大会未能完成《巴厘路线图》的谈判。这意味着，将于2011年11月底召开的南非德班气候大会的谈判任务十分艰巨。

（三）展望未来气候谈判

《坎昆协议》具有很多积极意义，其中之一就是让近200个国家对气候会议重树信任，也让《联合国气候变化框架公约》自身重拾信心。此外，其最大的胜利就是体现“共同但有区别的责任”的双轨谈判原则被坚持下来，并在资金、技术转让、森林碳汇等方面小有突破。2010 年坎昆气候谈判取得成功，与其预期目标远远低于 2009 年哥本哈根峰会也是有关的。

但从哥本哈根到坎昆，两次气候大会各国都未能就《京都议定书》第二期减排承诺达成一致。《京都议定书》是目前唯一具有法律约束力的减排条约，规定了发达国家有强制减排义务，而发展中国家不受强制约束。发达国家减排第一承诺期 2012 年到期，而后续的各国减排目标尚未确定。坎昆决议对棘手问题《京都议定书》第二承诺期措辞模糊，只表示应“及时确保第一承诺期与第二承诺期之间不会出现空档”。这虽然认可存在第二承诺期，但并未给出落实第二承诺期的时间表。坎昆大会达成了有限度的协议，但也把大量艰苦工作和最难啃的骨头留给了南非德班会议解决，包括所有国家的碳排放量减少份额。除了减缓和适应，发展也是应对气候变化应该考虑的。2011 年南非德班气候会议，人们能够期待什么？

四、主要国家和国际组织应对气候变化的新举措

（一）各国能源政策更加清晰

在应对气候变化的总体框架下，2010 年各国又纷纷发布能源法案或政策报告，这表明各国的能源政策更加明确和清晰。

美国继 2009 年 6 月通过《美国清洁能源安全法案》后，2010 年 5 月 12 日公布了其《能源与气候法案》草案，要求公用事业从 2013 年开始为二氧化碳排放买单，并将 2/3 的资金返给纳税人以抵消不断上涨的能源成本；鼓励核能的发展，出台税收抵免和其他激励措施；对能直接与公用事业进行碳排放许可交易的实体进行了限制，公司需要购买许可证，目的是避免在碳交易上出现投机市场。

英国政府在 2008 年将减排目标写进世界上第一部《气候变化法》的基础上，2010 年 7 月 27 日发布了首份《年度能源报告》，提出多项加强能源安全和应对气候变化的措施。报告认为英国到 2050 年减少二氧化碳排放 80% 的目标是可以实现的，同时发布了一份《2050 路径分析》报告。该报告是英国政府首份针对到 2050 年英国能源供需及温室气体排放的长期综合展望，向人们展示了未来 40 年英国的能源政策及相关决策，详细描述了达成这一目标的 6 种可能性路径，既包括社会经济各领域都能协调减排的理想路径，也包括在清洁煤炭、核能、可再生能源、消费者行为等某一方面的减排工作进展不理想时，增大其他方面的努力

来达成最终目标的可能途径，最终结果都是在确保英国到2050年能在1990年基础上碳减排达到80%的同时，实现英国能源的安全供应。

2010年6月21日，希腊环境、能源与气候变化部对外公布了一份雄心勃勃的能源发展计划。到2020年，希腊20%的电力生产将采用可再生能源，40%的电力生产将依靠绿色能源，预计全国可再生能源设备装机容量从2010年的450万千瓦增加到1 500万千瓦，风电达750万千瓦，其余由太阳能和其他发电系统产生。为达到计划目标，希腊需要在可再生能源方面投资160亿欧元。但希腊工业界人士认为，此计划雄心过大，需要大量投资，在希腊目前的状况下实施难度很大。

南非政府在其未来20年电力发展计划《综合资源计划》草案中提出，煤炭在国家能源结构中要降至48%，到2030年核能要占到14%，可再生能源占到16%，剩余部分来自开式循环燃气轮机、抽水蓄能方案和进口的水电。根据该计划草案，2023至2029年南非将有6个160万千瓦的核电厂投入运营。

韩国中小企业厅2010年7月发表了“绿色中小企业创业成长支持方案”，包括从创业、金融、人力、研发到进军海外等各个阶段的详细支持计划。通过此方案，韩国计划在2013年前培育出1 000家专业性的绿色中小企业，以提供更多的工作岗位。

2010年10月6日，加拿大宣布新的联邦可持续发展战略，表示将采取加强政府统筹协调的方式来提高环境的可持续性，并使联邦政府环境决策更加透明和负责，战略更新与实施成果报告的周期为3年。

印度政府2010年度的成绩亮点几乎都与气候变化和环保有关，印度“太阳能行动计划”于2010年1月启动，颁布《应对气候变化国家行动计划》，通过环境案件早期处置法案，下拨990亿卢比（约合140亿人民币）绿色资金，“喜马拉雅生态保护计划”、“气候变化战略知识平台计划”和“提高能效计划”即将启动。

（二）重视气候变化研究和环境技术研发

2010年2月9日，法国宣布成立环境研发联盟（AllEnvi），致力于协调、整合法国在食品安全、水处理、气候变化和国土整治等领域的环境研发。此前，法国已经先后成立了健康、能源和信息技术等相关领域的研发联盟，成立研发联盟是对法国科研版图重新布局，以消除研究和创新主体之间的隔阂，促进伙伴关系。环境研发联盟承担总体协调和规划职能，由11个专项课题组和3个跨学科课题组（观测、环境评估及展望）构成。研发联盟得到法国科研署、法国环境和能源管控署的资助，同时还享受“Grenelle环境保护法案”确定的10亿欧元环境研发公共基金的部分资助。

2010 年 3 月，美国农业部、能源部和国家科学基金会宣布在 2010 财年共同投入 5 000 万美元用于开发气候系统模型，以科学分析气候变化和对生态环境的影响。为继续了解、预测、规划、减缓和适应气候变化，美国 2011 财年预算提供近 26 亿美元用于跨部门的“美国全球变化研究计划”，比 2010 年确定的水平增加了 4.39 亿美元，增长达 21%。国家粮食和农业研究院在农业和粮食研究计划框架内启动了一项总额为 2.62 亿美元的研究项目，用于支持解决美国及全球面临的重大社会挑战的相关研究。美国能源部正在把超级计算机的使用机时赠予许多研究项目，包括清洁技术开发项目和气候变化模拟项目。

2009 年 12 月 17 日，俄总统批准了“俄罗斯联邦气候学说”。该“学说”是俄罗斯气候政策的基础性文件，提出了俄联邦在气候领域的原则、内容、政策目标、任务和措施，包括在俄气候变暖的情况下政府应采取的措施。2010 年 3 月 17 日，俄罗斯总统梅德韦杰夫主持了俄联邦安全会议，全球变暖作为俄安全问题进行讨论。俄总理普京 2010 年 4 月考察了位于北冰洋的亚历山大地岛，参加了俄罗斯科学院谢维尔佐夫生态与进化研究所对北极的科考活动。普京与学者一起为诱捕到的一头北极熊体检并戴上卫星定位项圈，以跟踪研究北极熊活动。北极熊目前数量为 2.5 万头，冰山消融导致其栖息环境恶化。北极地区出现的一系列新变化，如飓风活动不断增强、气温升高、降雨量增加、冰层面积和厚度不断减少，迫使对该地区的气候变化进程和人类活动重新进行评估。

2010 年 6 月 16 日由韩国主导的第一个国际机构“国际绿色增长研究所”在第二届东亚气候论坛上正式宣布成立。这是一个智囊机构，任务是研究在促进经济增长的同时，减少温室气体排放。该研究所将成为第一个本部设在韩国的国际机构，计划 2011 年起在英国伦敦设立分部，至 2012 年将在 5 个国家设立地区事务所，届时将构建成名副其实的国际机构框架。韩国政府认为创建国际绿色增长研究所将有助于韩国保持并加强自身在国际社会上首先提出的“低碳—绿色增长”的主导权。

开展极端气候事件研究是世界气候研究计划（WCRP）的重点之一。2010 年 9 月 27 日至 29 日在法国巴黎举行了极端气候事件预测的指标和方法的专题研讨会，重点关注在观测到的和未来的气候条件下不同气候极端事件的定量预测，为极端气候事件的风险评估创建科学、方法基础和量化指标，从而有助于灾害风险管理。

（三）气候变化国际合作

2010 年，中美两国在减少能源消耗量和温室气体排放方面携手向前迈出了一小步。2010 年 9 月 2 日中美清洁能源研究中心双边计划的首批合作项目启动，虽然 1.5 亿美元的投资对于解决日益增长的能源需求来说可能是杯水车薪，但是毕竟为两国未来的合作铺平了道路，意义重大。

2010 年 12 月，中国第二次获得欧洲投资银行提供的 5 亿欧元贷款投资减缓气候变化项目，第一次获得 5 亿欧元贷款是在 2007 年 11 月。该贷款协议有利于巩固中欧战略合作伙伴关系，大大促进双方在应对气候变化领域的合作。

美国政府通过全球气候变化倡议和其他与气候有关的政府计划，把气候变化因素融入相关的对外援助中，以促进低碳增长。美国正与合作伙伴一起在 2010—2012 年间提供 300 亿美元的快速启动资金，以帮助发展中国家适应和减缓气候变化，包括部署清洁能源技术。

（四）资金、技术和市场

应对气候变化目标的实现离不开资金、技术和市场的支撑。随着碳交易规模的膨胀，碳货币化程度日益提高，碳排放权在投资人眼里，正演变为具有投资价值和流动性的金融资产。由此，一个以碳排放权交易为基础产品、以欧元为主要交易货币、以各类金融机构为主要推手、以欧盟排放权交易制为核心交易平台的碳金融体系开始显现。金融机制在减缓气候变化中最主要的作用是碳金融。根据 WTO 规则，如果碳金融被认为是产品，它就适用于一般货物贸易的规定；但如被认为是金融服务，它就适用于服务贸易条例。因此碳金融涉及的法律问题非常多。据世界银行统计，到 2010 年世界碳金融市场规模将达到 1 500 亿美元，相当于同年世界石油市场交易的总额。

2010 年 4 月 12 日，多边开发银行与国际货币基金组织、欧洲投资银行召开会议，详细规划了支持全球经济可持续复苏的计划。作为《哥本哈根协议》的一部分，多边开发银行与国际货币基金组织承诺，发达国家要在 2010—2012 年为发展中国家提供 300 亿美元的快速通道融资，并保证在 2020 年前启动 1 000 亿美元的资金，以帮助发展中国家应对气候变化的影响，并达到全球温度升高保持在 2℃ 以内的深度减排要求。

2010 年 10 月，英国政府宣布启动“资本市场气候计划”，该计划将致力于引导私有资本市场在应对气候变化中发挥作用，筹集用于帮助发展中国家应对气候变化的资金，并将伦敦金融城打造成未来绿色金融市场的中心。

世界知识产权组织发布的《世界知识产权指标 2010》报告指出，由于全球经济危机的影响，2008—2009 年全球创新活动以及保护知识产权的需求受到抑制，大部分国家和地区的专利申请出现增长放缓甚至减少的情况，但能源相关技术专利申请量大幅增长。可再生能源相关技术等环境技术的发展在应对气候变化问题上发挥着重要的作用。燃料电池、地热能、太阳能和风能4个领域的PCT专利申请（国际专利）从2000年的584件增加到2009年的3 424件。太阳能领域的申请量显著增加，而风能和燃料电池技术领域的专利申请量呈总体上升趋势，虽然地热能领域的申请数量较少，但在过去3年也有增长。2005—2009年，日本人在太阳能和燃料电池技术领域的PCT专利申请比例最大，分别占33.8%和45.9%，美国在这两个领域的申请量占25%；丹麦、德国和美国在全球风能技术PCT专利申请方面所占据的比例大致相当。

（五）碳减排、碳中和及适应措施

近几年，各国刮起了“减碳”之风，“碳中和”一词也逐渐走进人们的视野。所谓碳减排，顾名思义，就是减少二氧化碳的排放量；碳中和也叫“碳补偿”，是对于那些在所有减少或避免排放的努力都穷尽之后仍然存在的排放额进行碳抵偿。各国政府纷纷提出了雄心勃勃的碳减排和碳中和目标，这对减少碳排放的技术是极大的支持，并让积极开发技术的企业和个人对绿色技术投入会产生大量收益有信心。

联合国环境规划署、联合国人居署及世界银行2010年3月23日在里约热内卢举行的第五届世界城市论坛上，联合发布了《城市温室气体排放测算的国际标准（草案）》。该标准规定了一个统一的格式，温室气体排放标准以人均为基础计算，可以进行城市间的绩效比较与区别分析，如按人均温室气体排放当量计算，西班牙巴塞罗纳为4.20吨，泰国曼谷为10.6吨，加拿大卡尔加里为17.8吨。城市间排放量存在区别的原因主要在于初级能源的使用、气候、交通方式及城市结构等。纽约是美国人口密度高的城市，人均温室气体排放为10.4吨；而在人口密度低的城市丹佛，人均温室气体排放为21.3吨，超过纽约的2倍多。

英国石油公司2010年6月发布《世界能源统计回顾2010》，指出中国2009年化石燃料产生的二氧化碳排放量增加到75亿吨，比2008年增加了9%，数据发布之后使中国在联合国气候谈判中的压力剧增。中国于2008年超过美国成为全球第一温室气体排放大国后，2009年成为全球第一个温室气体排放量超过70亿吨二氧化碳的国家，并且与美国温室气体排放量之间的差距拉大。2009年美国化石燃料产生的温室气体排放量下降了6.5%，减少到59亿吨，达到其1995年以来的最低排放水平。中国承诺，到2020年，单位GDP产生的二氧化碳排放量将在2005年水平上减少40%～45%；美国也表示，到2020年，使排放量在2005年水平上减少17%，或者在1990年水平上减少4%。

2010年7月，国际能源署（IEA）发布《能源技术展望2010》报告，认为初步迹象显示，全球正在经历一场能源技术革命；发达国家与发展中国家应该开展科技交流与长期战略合作，共同实现全球减排目标。报告指出，2008 年全球对风能、太阳能等可再生能源的投资达到创纪录的 1 100 亿美元，2009 年，世界经济受金融危机冲击而下滑，但新能源领域的投资相对稳定。与其他发电技术相比，2009 年欧洲装机容量最多的是风电；新兴经济体新能源发展迅速，在可再生能源利用方面，中国排名第二，印度排名第五。有证据表明，核电正处于复兴阶段，中国、印度和俄罗斯正在计划显著扩大核电容量，拥有核电厂的其他几个国家也在积极考虑扩大核电容量。

碳捕获和存储（CCS）是低成本减缓温室气体排放的一个技术手段，据国际能源署展望，2020 年全球将建成 100 项 CCS 工程，而 2050 年将超过 3 000 项。根据相关统计资料，目前全球有 499 个与 CCS 有关的项目活动，其中有 275 个在二氧化碳排放量高于 2.5 万吨/年的发电和工业项目中实施。

美国、中国、俄罗斯、澳大利亚和印度拥有世界已探明煤炭储量的 3/4，让这些国家很快放弃使用煤炭，是极不可能的。奥巴马政府致力于清洁煤炭的未来，有引领世界碳捕集与封存发展的野心。2010 年 9 月美国能源部向 15 个州的 22 个碳捕集与存储项目投入 5.75 亿美元。美国环保局还通过了两项规章，一是有关 CCS 场址附近饮用水的规章，目的是确保对二氧化碳封存并进行正确的选址、建造、测试和监测，保证饮用水不受污染；二与温室气体的报告相关，要求碳封存设施报告地下注入情况，还要求不管何种原因，包括用于油气增产，将二氧化碳注入地下的机构都要报告注入情况。

日本政府计划，让公司利用公共补贴购买太阳能发电系统和电动汽车，向企业出售充抵由家用电器所产生的碳排放的碳信用额。政府定于 2011 财政年度开始实施这一计划。通过该计划，日本经济产业省能够获得与使用补贴购买低碳或无碳家用电器所减少的碳排放等量的碳信用额；通过购买的碳信用额，企业能够充抵其产生的碳排放。

丹麦哥本哈根市政府 2009 年提出一项计划，到 2025 年要使哥本哈根成为世界上第一个“碳中和”城市。计划分两个阶段实施：第一阶段到 2015 年完成，届时该市的二氧化碳排放在 2005 年的基础上减少 20%；第二阶段是到 2025 年使该市的二氧化碳排放量降低到零。

2010 年初，中国首个碳中和联盟在北京正式启动，旨在为国内企业、机构、团体提供全方位的碳中和服务，帮助其以高效、快捷、透明的方式实现碳中和目标。

气候适应措施指人类为主动适应气候变化作出的改变，如改变种植方式，建立新的水利工程来防洪抗旱；建造防波堤等等。联合国气候变化框架公约（UNFCCC）强调，要在一段时间内使农业生态系统适应气候变化，以确保粮食产量不会对经济可持续发展造成威胁。2010 年 6 月，OECD 发布了题为《气候变化与农业——影响、适应与减排》的报告，介绍了气候变化对农业的影响、农业对气候变化的适应与减排措施等。农业及与之相关的资源极易受气候变化的影响，OECD 减少气候变化对农业不利影响的战略方针是：(1) 尽量减少由人为因素导致的气候变化；(2) 尽量适应气候变化，采取新措施，以减少其对农业的影响。目前农业对气候变化适应的主要方式有：投资防洪部门、增大水库蓄水量、种植耐旱耐涝作物；提高对气候变化的预警能力，加强对风险的早期预报；增加社会生态系统的恢复能力，如通过宣传活动使民众增强环境保护意识。

欧盟在适应战略计划白皮书中指出："欧盟在适应政策上应与相应欧盟政策结合，以确保适应政策发展的有效性及效益。"目前欧盟已将气候适应政策与农业、渔业、水域、生态多样性、健康、交通和能源政策相结合。不过，对于国际公共政策而言，确保能够以负担得起的价格享用气候友好技术却是更关键的问题，这个问题超出了对经济、法律、安全和地缘政治的关注。此外，在全球范围内提升使用清洁能源技术的规模，特别是使这些技术扩展应用到发展中国家，将对有效减缓和适应气候变化至为重要。

（六）碳税将成为各国碳减排的经济手段

在各种旨在减缓气候变化的政策中，碳税被普遍认为是减少碳排放的一种有效经济手段。虽然各国征收碳税的历程会不同，但碳税或早或晚都会成为世界各国实现碳减排过程中必有的经济工具。

碳税是政府针对二氧化碳排放征收的一个税种。它以环境保护为目的，按其碳含量的比例对燃煤和石油产品如汽油、柴油、航空燃油以及天然气等化石燃料征税，以减少化石燃料消耗和二氧化碳排放。

丹麦是最早践行碳税的国家，早在 1991 年，丹麦议会就通过征收二氧化碳排放税的议案。目前，引入碳税的国家已经有 10 多个，包括丹麦、芬兰、德国、荷兰、挪威、瑞典、瑞士和英国等。

碳税对减排作用显著。根据丹麦能源署发布的数据，丹麦整个能源业的二氧化碳排放呈现减少态势，从 1990 年的 5 270 万吨减到 2005 年的 4 940 万吨，生产每度电排放的二氧化碳则由 1990 年的 937 克减少到 2005 年的 517 克。随着碳税的执行，荷兰温室气体排放量持续下降，荷兰的评估显示，预期 2010 年二氧化碳排放会减少 360 万～380 万吨，到 2020 年会减少 460 万～510 万吨。1987 到 1994 年间，瑞典二氧化碳排放下降了 13%。挪威对碳税实施效果进行评估的结果显示，税收导致 1991—1993 年的二氧化碳排放量下降了 3%～4%；效果最显著的是造纸工业的油耗下降了 21%。对德国的一项研究显示，由于征收碳税，截至 2002 年底，二氧化碳减排量超过了 700 万吨，同时创造出 6 万个新的就业岗位。另一项对能源税效果的研究显示，2005 年，征收能源税使德国能源耗费和二氧化碳排放下降了 2% ~3% ，并为德国创造了 25 万个新的就业岗位。

2010 年，又有一些新的国家加入征收碳税的队伍。虽然爱尔兰是 2009 年 12 月 10 日开征碳税，但当时仅对汽油和柴油进行征税，实行碳税后每升汽油增加约 4.2 欧分，每升柴油增加 5 欧分。2010 年 5 月，爱尔兰对家庭供热用油和燃气也开始征收碳税。南非从 2010 年 9 月 1 日起开征机动车二氧化碳排放税，新购轿车和所有新旧轻型商用车都在征税之列，南非也将成为世界首个对轻型商用车开征二氧化碳排放税的国家。印度政府宣布对煤炭征收每吨约合 1 美元的清洁能源税，税金将划入“国家清洁能源基金”，该基金主要用于支持清洁能源技术研究和技术创新项目以及环境修复计划，预计 2010—2011 财年税款约为 5 亿美元。预计中国最早在 2012 年，最迟到 2015 年开征碳税。

法国政府本来预计自 2010 年 7 月 1 日开征“气候—能源”税，即碳税，但 2009 年 9 月 10 日正式公布的碳税方案却在 2010 年上半年由于各方的反对最终“胎死腹中”。

清洁能源发展持续升温

人类迫切需要在全球范围内转变能源系统，因为这对气候变化、可持续发展、经济增长以及能源安全都将产生深远影响。在能源行业，气候变化的威胁是近年来关注的焦点。数据显示，世界上约60%的温室气体来自能源的生产、运输和使用过程。几年来，国际能源署提出，需要一场基于低碳技术广泛应用的能源革命来应对气候变化的挑战。2010年4月，联合国能源和气候变化咨询小组发布《迈向可持续全球能源未来》的报告，呼吁世界各国大力发展清洁能源，推广使用清洁能源和提高能源利用效率。在当前世界经济处于大调整、大变革的背景下，无论是发达国家，还是发展中国家，都把清洁能源产业作为21世纪最重要的经济契机之一。

一、主要国家纷纷致力于向清洁能源转型

金融危机以来，世界主要经济体都把清洁能源作为支持经济发展、提供就业、保障能源安全和应对气候变化的重要战略举措。

美国政府计划在未来10年内大力推动清洁能源产业发展，通过经济刺激计划加快启动美国的清洁能源革命，全面提升美国在全球清洁能源产业中的竞争力，并实现美国创新与美国制造的紧密结合。《美国创新战略》也将新能源技术开发与应用列为国家未来发展的重点领域。2010年11月，美国总统科技顾问委员会向奥巴马总统提交了《通过联邦能源政策一体化，加快能源技术改革步伐》的报告，提出了一系列具体建议，旨在将美国经济从目前的以碳为主转变为更安全、更持续、经济上更具优势的清洁能源经济。

欧盟全面落实《欧洲战略能源技术计划》和相关能源气候法案，制定低碳技术发展与投资路线图，并加紧战略部署与实施。2010年，欧盟启动了智能电

网技术、太阳能技术、风能、碳捕集与封存技术、生物能源和可持续核能等欧洲产业倡议，旨在公私合作投资于能源技术产业研究和创新，还计划斥资 12 亿欧元建立 3 个新的能源研究基地。同年 11 月 9 日，欧盟委员会发起世界上最大的低碳和可再生能源示范项目投资计划的首轮招标。这项被称为“NER300”的计划将通过 3 亿吨碳排放配额的拍卖所得为至少 8 个碳捕集与封存（CCS）项目和 34 个创新可再生能源技术项目提供 45 亿欧元的财政支持。11 月 10 日，欧盟委员会公布了名为《能源 2020》的可持续能源战略文件，提出要确保欧盟在能源技术与创新中的全球领先地位。

进入 21 世纪以来，英国一直是全球低碳经济的积极倡导者和先行者，期望在政策法规建设、低碳技术研发推广到国民认知等诸多方面都能处于领先位置。2010 年 7 月，英国政府发布了首份《年度能源报告》，提出 32 项加强能源安全与应对气候变化的措施，旨在加速实现能源体系和更广泛经济的转变。同时，英国政府还发布了《2050 年路径分析》报告，详细描述了 6 条可能的低碳发展途径，认为英国到 2050 年减少二氧化碳排放 80% 的目标是可以实现的，并且能够兼顾到能源供应安全。

在大量而又持续的技术研发和推广投入的基础上，德国在绿色技术创新中居全球领先地位。2010 年 9 月，德国总理默克尔批准了《能源构想》，旨在掀起绿色能源革命。《能源构想》预见德国会终止对化石能源的依赖，并明确了到 2050 年的目标，包括比 1990 年减少温室气体排放 80%，建筑实现现代化和隔热保温，电力消耗减少 25%，可再生能源将提供 80% 的电力。

法国政府积极出台新能源政策和优惠措施，希望尽快改变其新能源产业发展在全球相对滞后的局面。2010 年 5 月，法国国民议会审议通过了新环保法。法律规定，今后两年内，法国太阳能生产能力将猛增 600%，风能将猛增 90%。同时，创建总额达 10 亿欧元的可再生热能发展基金，以便为有关项目提供支持和资助。8 月，法国斥资 13.5 亿欧元用于清洁能源发展。这些投资将集中于研究示范、商业化前的试验和测试 3 个关键阶段。

2010 年 6 月，日本内阁会议批准了《能源基本计划修正案》，将其作为日本未来 20 年的能源政策方针。修正案的目标包括，家庭和汽车等造成的生活二氧化碳排放量减半，零碳排放电力（核能与可再生能源）的比例由现在的 34% 提高到 70%，保持并提升目前全球最高的产业部门能源利用效率，日本的能源产品和能源企业在全球市场占据最高份额。

韩国政府期望从化石燃料资源贫瘠国的阴影中摆脱出来，大力推进绿色能源产业发展。2010 年 10 月，韩国知识经济部发布《新再生能源产业发展战略》。根据该战略，未来 5 年，韩国政府与民间将联手加大与新能源产业有关的技术研发和市场培育力度，政府和民间分别投入 7 万亿韩元和 33 万亿韩元，以使韩国成为世界第五大新能源产业强国。

印度政府于2010年3月2日宣布对煤炭征收每吨约合1美元的清洁能源税，此笔资金将进入“国家清洁能源基金”，以支持清洁能源技术研究、清洁能源技术创新项目和环境修复计划。预计2010—2011财年清洁能源税的税收收入约为5亿美元。此外，印度政府还推出了一套针对国内可再生能源交易的全新政策。

2010年9月，以色列总理在内阁会议上推出了一项加快发展可再生能源的国家计划，计划今后10年政府每年将投资1.982亿谢克，用于资助从事可再生能源研发生产的大学和企业。同时呼吁私人领域每年投资1.8亿谢克，作为政府资金的补充。

2010年9月，丹麦气候和能源部发布《绿色能源概况——丹麦摆脱油气依赖的能源之路》报告，称丹麦将有望在2050年彻底摆脱对煤炭、石油和天然气等化石能源的依赖。

作为非洲最大的经济体，南非目前依赖煤炭来满足其几乎所有的电力供应。2010年10月，南非政府在其未来20年的电力发展计划——《综合资源规划》草案中提出，煤炭发电要降至48%，核电将提高至14%，可再生能源将增至16%。

二、全球清洁能源领域的竞争与合作同步加深

清洁能源寄托着美国领导21世纪世界经济的梦想，寄托着欧洲成为“新中东”的梦想，寄托着中国等发展中国家崛起的梦想，更寄托着人类拯救地球的梦想。做“清洁能源大国”成为世界潮流，此间的博弈和斗争不可避免。清洁能源的竞争和合作也将考验人类应对能源安全、气候变化等全球挑战的智慧和决心。

（一）全球清洁能源竞争愈加激烈

能源系统正在进入快速转型阶段，并将在未来数十年里产生潜在的深远影响。清洁能源被世界各国寄予厚望。面对这样一个新兴市场和巨大的发展潜力，发达国家和新兴经济体正在抢抓这一机遇，都不愿屈居人后。全球清洁能源的竞赛已经开始，从太阳能电池板和风力涡轮机等绿色技术中可见一斑。

在美国历史上，《美国经济复苏与再投资法》对清洁能源的一次性投资力度最大，总额超过900亿美元。美国能源部正在把350亿美元的经济复苏资金投向电动汽车、电池和先进储能技术、智能电网、风能技术和太阳能技术等领域。美

国能源部打算在2012年之前使可再生能源的生产和制造能力翻番。美国能源部还将大规模推广电动汽车和相应的充电基础设施，至少对50万所住宅实施保温节能改造，并帮助建设现代化的电网。欧盟也不甘落后，2009年高调发布“低碳技术发展与投资路线图”，计划在未来10年投资585亿至715亿欧元，鼓励可再生能源、智能电网等低碳产业发展。日本政府在新修订的《能源基本计划修正案》中提出，日本的能源产品和能源企业要在全球市场占据最高份额。

在发达国家大力发展能源科技的同时，新兴经济体的表现也让世界侧目不已。韩国计划将太阳能、风能等可再生能源产业发展成为半导体制造和造船业那样的支柱产业，推动韩国成为全球前五大可再生能源强国。中国的清洁能源发展更是成为2010年世界舆论的焦点之一，《纽约时报》、皮尤研究中心、美国进步中心、联合国环境规划署等媒体、智库和组织接连发布众多报告，声称中国正在领跑全球清洁能源竞赛。2010年11月底，美国能源部长朱棣文细数中国在清洁能源领域取得的进展，将中国在清洁能源领域带给美国的挑战与1957年苏联发射第一颗人造地球卫星相提并论。

清洁能源变革的背后是巨大的商机和贸易之争。2010年10月15日，美国贸易代表办公室应美国钢铁工人联合会的申请，正式按照《美国贸易法》第301条款针对中国政府所制定的一系列清洁能源政策和措施展开调查。12月7日，美国商务部长骆家辉宣布可再生能源和能源效率出口倡议，旨在促进美国的可再生能源和能效产品与技术出口。通过8个联邦机构的协调努力，该倡议将促进在未来五年内美国可再生能源和能源效率相关技术和产品的出口，促进5年出口倍增计划目标的实现，使美国成为全球主要的清洁能源技术出口国。

在向清洁能源转型过程中，稀土金属等关键资源具有重要作用。美、日等国正在积极应对稀土金属和其他重要材料的供应问题，以满足清洁能源经济对这些战略性材料的需求。一是使原料供应链全球化，二是开发这些材料的替代品，三是促进战略性材料的重复利用、循环利用和高效利用。美国能源部正在围绕这一主题开展工作，已经制定了稀土金属战略，目的是确保稀土金属的安全供应。

对拥有低碳技术的强烈愿望已经在全球范围内引起一波专利申请热潮。欧洲专利局（EPO）、联合国环境规划署（UNEP）、国际贸易和可持续发展中心（ICTSD）从国际专利库6 000万份文件中筛选出了约40万份专利文件。这3家机构于2010年9月30日联合发布的清洁能源技术专利研究报告显示，在清洁能源技术领域，专利授权量自1997年以来以每年大约20%的速度递增，这大大超过了传统化石燃料和核能领域；其中，日本、美国、德国、韩国、法国和英国6个国家几乎囊括了全球80%的创新技术。

（二）国际科技合作步伐趋于加快

除了剑拔弩张的竞争，国际合作正在清洁能源技术领域展开。美国与加拿大启动了美加清洁能源对话机制，2009 年又发布了旨在向低碳经济转型的“美加清洁能源对话行动计划”。2010 年 11 月 19 日，美日双方签署了合作开发清洁能源技术的联合声明，并将合作研发清洁能源技术等高科技产品必需的稀土替代品。2010 年 7 月 19 日至 20 日，首届全球清洁能源部长会议召开，美国、中国、俄罗斯、巴西、印度、日本、韩国以及欧盟等代表全球 80% 清洁能源市场份额的 21 个国家的部长参加会议，达成了能源效率、智能电网、电动汽车、碳捕集与封存、生物燃料、太阳能等方面的 11 项倡议，掀起全球合作的高潮。

能源领域的科技合作往往是两国经贸合作的先导。当前，美国正试图通过与中国和印度等发展中国家合作，为美国提供市场和创新实验场所。

作为世界上两个重要的能源消费大国，美国与中国在能源与环境领域的合作空前加深，双方共同发表了一系列相关声明，包括成立中美清洁能源联合研究中心，启动新的中美能源效率行动计划和中美可再生能源伙伴关系计划。中美清洁能源联合研究中心的研发活动主要集中在新能源汽车、建筑节能技术和清洁煤 3 个领域。许多其他国家也希望与中国在清洁能源领域开展科技合作。

美国总统奥巴马于 2010 年 11 月初首次出访印度，计划与印度设立清洁能源联合研发中心，在太阳能、第二代生物燃料和建筑节能技术方面增进合作。美国还将帮助印度勘探页岩气。美国进出口银行和美国海外私人投资公司宣布，会将更多的资金引导至印度的清洁能源项目。美国海外私人投资公司正在向全球环境基金管理的 3 亿美元南亚清洁能源基金捐助 1 亿美元，南亚清洁能源基金将主要针对印度项目。

核电属于高科技产业，对技术、资金及安全保障等要求颇高，这些给印度核电产业的发展带来巨大挑战。开展国际合作，寻找“外援”成为印度的不二选择。2010 年，印度的“核电大外交”取得了丰硕成果。8 月，日印就进一步推进民用核能合作进程举行会谈；11 月，美印签署共同建立全球核能中心备忘录；12 月初，法印签署了价值 93 亿美元的核反应堆采购框架协议；12 月下旬，俄印就协助后者建造 18 座核反应堆、提供核燃料和核废料处理技术等一系列问题签署了相关协议。

三、全球清洁能源发展热点纷呈

（一）核电在争议声中复兴

核电站从一开始就受到批评，人道主义者批评其不够安全，环保主义者批评核废料容易造成严重污染，私人投资者批评核电建设需要的投资太大。但在传统能源消耗加快、气候变化问题日益凸显的今天，越来越多的国家认可核电能够确保能源供应安全，提供具有竞争力的基荷电力，这使得核电装机容量的增长前景趋向明显，尽管增长幅度还有待观察。国际原子能机构的消息显示，现有将近60个国家正在考虑引进核能项目，其中大部分属于发展中国家。目前很多已经拥有核能的国家正在计划开工建设新的核反应堆，或者延长现有反应堆的运行寿命。

美国总统奥巴马在2010年的国情咨文中宣称，美国将建造新一代核电站，其在随后的2011年预算资金中计划投入到核能工业方面的资金将大幅度增加。2010年2月，奥巴马宣布将提供80亿美元的政府贷款担保以帮助修建两座新的核电站。这是美国30年来第一次修建新的核电站。欧洲核能产业倡议的目标是到2040年商业化部署下一代核能系统，未来10年将开展原型堆的研究、开发和建造。英国计划将核能发电比例提高到其总量的20%。德国政府把核反应堆的平均寿命延长12年作为《能源构想》的关键部分，尽管引起极大争议。韩国于2010年12月7日表示，计划到2024年将建造14座新的核反应堆，以有助于满足韩国日益增长的能源需求，减少对化石燃料的依赖。南非政府为解决本国电力短缺问题，预计新建6座核电站。印度宣布了大胆的核能发展计划，称到2050年该国核能发电能力将达到目前的12倍，从而在控制二氧化碳排放目标的同时结束印度国内的电力短缺。海湾合作委员会（GCC）国家，像沙特、科威特以及卡塔尔等国也都在国际原子能机构以及法、俄等一些国家的帮助下计划发展核能，以缓解其能源短缺问题。一些东南亚国家正在探索核能源，以满足这一地区日益增长的电力需求。越南计划在10年内实现运行第一座核电厂的目标，而新加坡和泰国在探索开发核能的可行性。

发展中国家正值核电发展的起步时期，缺少相关的技术。在法国、日本、美国和韩国的带领下，向渴求发展清洁能源的发展中国家出售核电技术的全球竞争正日益激烈。

（二）太阳能在动荡中前行

太阳能作为可再生能源的一种，其主要利用方式包括太阳能光伏发电和聚光太阳能热发电。近年来，太阳能利用技术在研究开发、商业化和市场开拓方面都获得了长足发展。但与此同时，德国、西班牙、意大利等主要市场相继宣布调整补贴政策，削减光伏发电的补贴力度，对产业增长造成一定影响。

欧盟联合研究中心（JRC）发布的《光伏现状报告 2010》显示，2009 年，全球新装的太阳能电池容量约为 7.4GW，其中欧洲新装容量占比超过 3/4。2009 年光伏市场的一个特征是由供应驱动转向需求驱动，由此产生太阳电池组件产能过剩，使得价格大幅下滑，在过去两年下降了约 50%，平均销售价格低于每瓦 1.5 欧元。硅片技术仍然是主要的太阳电池制造技术，2009 年占到市场份额的 80%。薄膜太阳电池的市场份额从 2007 年的 10% 增长到 2009 的 16% ~20%。聚光光伏等新兴技术尽管起点很低，但增长非常迅速。

可再生能源业市场分析公司 GTM Research 发布的研究报告显示，2010 年有可能成为全球光伏产业表现最好的一年。2010 年装机总量预计将达到 14GW 以上。光伏行业产能的增加引发了全球光伏技术的价格竞争，2010 年初，First Solar公司的薄膜太阳能电池成本已低于每瓦 1 美元。由于德国、西班牙、意大利等主要市场宣布削减补贴力度，这将导致 2011 年及以后太阳能电池板的增长速度减慢，但在 2013 年仍将超过 25GW。

聚光太阳能热发电（CSP）市场也逆势增长，且前景向好。根据新能源咨询公司 CSP Today 发布的《聚光太阳能热发电市场 2010》报告，全球 CSP 装机容量已达到 820MW，其中 94% 为抛物槽式。在 CSP 在建项目中，西班牙和美国占据有 90% 的份额，其中美国 53%，西班牙 47%。中东、北非、澳大利亚和印度等地区的市场也正在壮大，宣布启动的项目已达到 1.9GW。在西班牙，尽管经济形势严峻，但 CSP 市场从 2009 年初至 2010 年 6 月仍新增了 320MW 装机容量，使装机容量增长了 500%。西班牙政府监管的不确定性曾一度挫伤了市场的积极性，但业界与政府达成的固定上网电价机制为 1 540MW 在建项目的完成提供了保障。美国市场在经过缓慢的启动期后，预计将在未来几年实现迅猛增长，有 10 GW 的项目正处在开发中。

（三）海上风电有望提速

风能能够在减少主要温室气体排放的同时，满足全球日渐增长的能源需求。除了其环境友好的优点以外，风能产业也正在成为经济发展中不可或缺的力量，当前为60万名“绿领”提供直接和间接工作。

根据彭博新能源财经（BNEF）的报告，2010年全球风能产业的新增装机容量相对稳定，陆上和海上风力发电装机预计将达到37.7GW，比2009年下降2%。2010年中国的强劲增长抵消了美国和欧洲市场的疲软，全球风电装机增长趋于平缓，预计到2011年将有21%的反弹，但世界各地的涡轮机价格仍然疲软。2010年涡轮机平均价格为140万美元/MW，而2008的高位为179万美元/MW。

陆上风力发电在不久的将来仍将保持优势，但是海上风电已成为世界风电发展的重要新领域。2010年世界海上风电的年度安装容量首次超过1GW，截至2010年底有3GW并网，还有2GW在建。风电机组大型化和深海风能利用技术成为海上风电领域的重要趋势，这给海上风电的发展带来了巨大的技术经济挑战。

由于一些欧盟国家的陆地风电资源基本开发完毕，海上风力发电成为满足该地区的环境和能源目标的重要方式之一。在海上风电领域，目前欧盟一枝独秀，英国和丹麦的累积装机容量世界领先。德国计划在2030年之前将海上风力发电能力增加到25GW。法国政府决定未来5年投资100亿欧元用于海上风电建设，为法国新增3GW的风力发电。为了解决海上输电的问题，12月13日，位于北海附近的10个欧盟国家同意建设北海海上电网项目，通过该项目把这些国家的电网系统与北海的大型风电场连接起来。

除传统强国以外，中国、美国等国家正奋起直追，积极开发海上风力发电园区。2010年中国东海大桥海上风电项目并网，这个项目是全球除欧洲之外第一个海上风电并网项目。2010年4月，美国批准了“海角风力发电”（Cape Wind）项目，为美国首座海上风电场的建设铺平了道路。2010年11月，韩国知识经济部发表了“海上风力促进路线图”，计划到2019年前跨入世界第三大海上风力强国之列，在西南海岸建设规模达25GW的海上风力园区。

（四）生物燃料发展各有千秋

近年来，生物燃料发展初具规模，包括发达国家和一些发展中国家，均制定了雄心勃勃的生物燃料发展计划。美国是燃料乙醇的头号生产大国，其生物燃料发展目标是可再生燃料消费在2022年达到360亿加仑，并以先进生物燃料开发为重点。2010年3月以来，美国政府相继宣布多个生物燃料资助项目，力图加快美国纤维素乙醇和藻类生物燃料的研发与示范。10月，美国农业部部长表示，联邦政府将投资15亿美元促进先进生物燃料的商业化，而生产生物燃料的原料主要是禾本科植物、海藻以及木本植物等非粮原料。2010年，美国政府还发布了《美国藻类生物燃料技术路线图》的最终版本和《美国农业部生物燃料战略生产报告》。欧盟是世界上领先的生物柴油生产地区，其目标是各类生物燃料在运输燃料中至少占10%。瑞典是世界领先的车用生物沼气生产国，在瑞典政府发表的《迈向2020的无油国家》宣言中，瑞典提出了将在2020年成为全球第一个不使用石油的国家。巴西是全球燃料乙醇的生产大国和出口大国，该国一半以上的汽车均可使用多种燃料。2009年12月，印度联邦内阁批准了国家生物燃料政策及执行方案，同时批准成立国家生物燃料协调委员会和生物燃料指导委员会。

目前，以粮食为原料的生物燃料已经失宠。作为第二代生物燃料，纤维素乙醇不与人争粮，不与粮争地，受到美国和欧盟的高度重视，其生产成本正在不断降低，商业化渐行渐近，日渐露出其生物燃料明星的姿态。此外，藻类生物燃料开发渐热，美、法、德、日等国都在加紧研究，美国的多个科技公司和实验室正在加紧转基因超级藻类的研发，全球已有超过100家公司尝试实现藻类生物燃料的商业推广。但是藻类生物燃料产业仍处于初期酝酿阶段，发展具有成本竞争力的藻类生物燃料将需要更长时间的研发和示范。

尽管各国非常重视生物燃料的研发，但是，生物燃料的可持续性也受到一些质疑。批评者认为，鼓励生物燃料发展可能促使农民放弃种植粮食作物或者毁林，实际上增加了二氧化碳排放，使贫困人口更加缺乏粮食，而且有可能影响到生物多样性。因而，可持续的生物能源开发需要在温室气体排放和生物多样性、水和粮食安全等方面的影响之间取得平衡。

（五）智能电网方兴未艾

欧美一些发达国家大力提倡和积极发展智能电网，将其提升到国家能源、环境与经济可持续发展战略的高度来全力推行，已提出或正在策划智能电网的战略计划、发展路线图以及技术标准的制定，期望带动整体能源结构的转型，以便能够取得技术和市场的双重领先。可以说，技术、标准和商业模式的有机统一成为智能电网发展的关键。

世界经济论坛与跨国咨询公司埃森哲联合发布的《加快智能电网试点的成功步伐》报告指出，目前全球范围内正在实施的智能电网试点项目有近90个。

美国正在利用经济复苏法案的资金，积极推动智能电网的研发、示范与部署。在加速开发能够使智能电网上的能量与信息实现双向流动的互操作标准方面，美国国家标准与技术研究院负责领导全国上下的工作，此外它还开展以网络安全、先进的性能监控装置、建筑能源管理系统等为主题的智能电网研究与测试计划。随着能源基础设施变得更加先进，它必须要面对和克服网络安全上的种种挑战。美国国家标准与技术研究院（NIST）发布了智能电网网络安全的指导方针，为公用电力公司、软硬件生产商、能源管理服务提供商以及其他组织提供了所需依赖的技术基础。

欧盟将电网作为实现能源与气候变化政策目标的战略性低碳能源技术之一。鉴于欧盟地区国家众多，各国采用的电力标准各不相同，欧盟希望借智能电网建设的契机，统一各国标准，把整个欧洲的电网连成一片。2010 年 4 月，欧洲智能电网技术论坛发布《欧洲未来电网战略部署文件》最终版本，以协调欧洲各国智能电网的发展规划。

日本正在通过在 4 个城市开展“智能社区”示范项目来整合电力、供热和交通的能源利用，这些项目将耗资 10 亿美元，为期 5 年，正在由几十家公司组成的几个联盟来实施，其中包括丰田汽车公司、日产汽车公司、新日本制铁公司和松下公司。

2010 年年初，韩国知识经济部为推动低碳绿色成长进程，制订了“智能电网路线图”，计划投资 27.5 万亿韩元（约合 2 475 亿美元），在 2030 年建成全国范围内的智能电网。

（六）碳捕集与封存技术受到广泛重视

未来几十年内，煤炭、石油和天然气等化石燃料仍然是世界能源供应的主要来源。碳捕集与封存技术（CCS）是一项用来从燃煤和燃气发电站等排放密集产业捕获和封存二氧化碳的技术。作为一个必要的中期减排方案，CCS 在应对气候变化挑战方面具有重要作用。目前 CCS 研究尚处在基础及应用研究阶段，只有少数国家进入商业化运作。国际能源署 2010 年发布的《二氧化碳捕集和封存技术路线》报告认为，虽然引领 CCS 技术前进的主力将是发达国家，但是发展中国家也必须尽快地推广 CCS。世界各国在积极推进 CCS 示范的同时，对于 CCS 技术的争议一直未间断，其中 CCS 技术的成本、安全等问题是争议焦点。反对者还认为，CCS 会造成可再生能源的发展放缓。

美国政府认为，快速部署洁净煤技术，尤其是 CCS 技术，将有助于使美国在全球清洁能源技术的竞争中处于领先地位。美国的目标是在 8 ~ 10 年内开始 CCS 的商业部署。奥巴马总统提出，2016 年前美国建成 5 ~ 10 个商业规模示范项目。为了实现这一目标，美国正在示范和部署第一代技术，增加对地质封存场地的理解，解决 CCS 技术部署的障碍，加速下一代 CCS 技术的研发。目前美国能源部向多个示范项目投入的联邦资金接近 40 亿美元，配套的私营投资达 70 亿美元。

德国默克尔政府没有放弃煤炭的打算，计划在 2020 年前建造两座具备 CCS 技术的实验电站，并计划于 2017 年检验这一技术是否符合环境和经济利益。

2010 年 3 月，英国能源与气候变化部发布了《洁净煤：英国碳捕获与封存产业发展战略》，详细介绍了英国政府开展 CCS 的途径，包括首批 4 个示范项目，以及进一步推进或实施超过示范规模的具体项目方案，进而发展 CCS 供应链和技术能力，以便到 2030 年英国具备可持续的 CCS 技术发展实力。

南非能源部于 2010 年 9 月 10 日发布南非碳捕集与封存地图册，指明了南非二氧化碳深地储存的地点。该地图册显示，尽管理论上南非的二氧化碳储存能力约为 150 亿吨，但大部分碳储存地点都位于海上，而二氧化碳排放的源头主要是内陆，这将使南非的 CCS 成本非常昂贵。南非 CCS 中心目前正全力以赴，查找内陆地区适合碳封存的地点，其目标是在 2016 年以前确定和运营一个二氧化碳注入试验站点，判定南非在地质上作为储存介质的适宜性，以及二氧化碳在南非岩石中的传播和转化。

韩国知识经济部于 2010 年 11 月宣布，将在今后 4 年内开发二套 100MW 的碳捕集验证设施，并着眼于 2020 年开始商业化运作。

同时，美国、德国等国家也在支持二氧化碳用于油气增产和资源化利用的研究，例如德国联邦教研部已投入 3 500 万欧元开展二氧化碳资源化利用研究；最新项目是“利用可再生能源和催化剂技术实现二氧化碳反应（CO_2RRECT）”，德国联邦教研部为此拨款 1 120 万欧元。

2010 年 11 月底，碳封存领导人论坛（CSLF）发布的最新版碳捕集与封存技术路线图报告指出，为了降低成本从而加速 CCS 的广泛部署，CCS 技术研发需要新的驱动力，如：大型示范项目，碳排放法规和经济激励措施，为实现二氧化碳长期安全存储而进行的进一步研究。具体而言，碳捕集阶段是决定 CCS 总体成本的最重要因素，其研究重点是降低能源需求，提高二氧化碳流的纯度。至于二氧化碳的运输，对来自集中式收集枢纽或 500MW 以上装机容量电站等排放点源的大量二氧化碳，只有管道运输和油轮运输是商业上可行的方案。火车和卡车可能适合少量二氧化碳的短距离运输。至于封存的安全性，封存的容量和监测是关键技术领域。尽管与选址、评估和监测有关的一些漏洞依然存在，但水资源管理、埋藏和深部咸水层的压力积聚等新问题也成为正在进行的关键课题。

四、全球清洁能源转型之路依然漫长

清洁能源代表着未来能源的发展方向，世界各国对此高度重视，正在采取积极行动，以确保不错过发展清洁能源技术的大好机会。能源技术革命也出现了一些早期迹象：以风能和太阳能为主的可再生能源投资正在大幅增加；许多国家正在考虑建设新的核电站；经合组织国家能源效率提高的速度经过多年温和上升后开始再次加快；用于低碳技术研发与示范的公共投资正在增加。尽管如此，这些令人鼓舞的进展仅代表迈出了微小的碎步，清洁能源发展还面临着诸多重大挑战，全球向清洁能源成功转型仍将经历一个漫长的过程。

推动能源需求和二氧化碳排放量增加的各种趋势将继续以不屈不挠的步伐前进。目前，全球大约 1/4 的人口未享受到商业能源。今后 40 年内，全球人口还将增至 90 亿，由于受到新兴市场收入增加以及全球经济增长的影响，未来世界一次能源的需求仍将持续增长。而且，在可预见的未来，至少未来 20 年左右，石油、天然气、煤炭等化石能源仍然在世界能源结构中占据重要地位。能源领域具有投资大、周期长、惯性强的特点。在新兴市场，庞大的基础设施计划正在展开，迅速采取发展清洁能源的行动特别重要。如果资金投入高碳技术，向清洁能源转型将多年不会发生。2010 年的世界油气开发经历了冰火两重天，一方面，墨西哥湾漏油事件给深海石油勘探以重创；但另一方面，非常规油气的开发却热火朝天。

清洁能源的发展需要有积极、稳定而又清晰的政策环境。不过，目前遭遇了一些政策和制度上的困难：备受关注的《美国清洁能源与安全法案》恐将无限期搁置；澳大利亚的碳污染减排计划再次未能获得议会通过；迫于商业团体的强大压力，日本政府也不得不推迟出台国家碳排放交易计划。碳排放交易制度不能在更加广泛的范围内得以实施无疑会影响到碳价格的确立，而碳价格是低碳技术与传统化石燃料相竞争的重要决定性因素之一。在缺乏适当的碳价格的情况下，成本竞争力弱的清洁低碳能源技术必然易于遭受风险。另外，改革低效的能源补贴对于加强能源安全、减少温室气体排放、提高经济效益具有积极作用，但是在低碳经济大潮中，化石能源获得的补贴仍远高于可再生能源。2010 年 8 月，彭博新能源金融（BNEF）公司发布的研究报告称，全球各国给予化石燃料的直接补贴是可再生能源补贴的 10 倍左右。而且，这些还没有考虑到化石燃料带来的巨大的安全和公共健康成本。在墨西哥湾、尼日尔三角洲等地发生的灾难性污染事件令人震惊，给全球敲响了警钟。

近年来由于政府的“绿色”激励投资，全球公共研发与示范投入已经有所增长，但是要实现全球气候变化目标，清洁能源技术领域的投资还存在很大缺口。目前许多最有前途的低碳技术与使用化石燃料相比成本较高，只有通过技术研发、示范和推广才会减少这些成本，技术才会表现出经济性。国际能源署 2009 年的研究表明，在太阳能、风能、生物质能、智能电网、碳捕获利用与封存、高效率和低排放煤炭技术、先进交通工具技术、工业能效、建筑能效等技术领域，主要经济体论坛（MEF）国家的年度公共研发与示范投资为 52.42 亿美元。相比之下，实现 2050 年气候目标所需要的投资水平估计为 320 亿～690 亿美元，其中至少有一半来自于公共资金。清洁能源技术的发展需要大规模的资金投入。国际能源署发布的《能源技术展望 2010》表明，要有效减少二氧化碳排放量，到

2030 年低碳技术投资将需要达到每年约 7 500 亿美元，从 2030 年至 2050 年每年将需要超过 1.6 万亿美元。

此外，经济危机的影响也没有完全消退，近期内限制了私营部门对低碳能源领域的投资。根据联合国环境规划署（UNEP）分布的《全球可持续能源投资趋势 2010》，2009 年可持续能源新增投资 1 620 亿美元，比 2008 年的 1 730 亿美元下降了 7%，这反映出各地尤其是欧洲和北美地区的投资收缩，可再生能源项目和企业发现获取资金出现困难。2009 年可持续能源研发与示范投资总额为 246 亿美元，其中政府投资提高了 49%，达到 97 亿美元，而企业研发和示范投资却同比降低了 16%。这表明政府增强了向可持续能源技术的投资意愿，但是也反映出部分大型企业在经济环境不佳和盈利承压时表现出的谨慎态度。

总之，向清洁能源转型的挑战与机遇并存，挑战异常巨大，转型之路任重道远，但是这种大规模转型不仅会增强能源与环境安全，而且会强化经济安全，创造出新的经济增长点，带来广阔的发展机遇，必然是世界发展的潮流。

世界各国争夺电动汽车制高点

进入21世纪以来，日渐严重的能源安全和气候变化问题使得越来越多的汽车产业发达国家认识到发展新能源汽车的重要性，电动汽车因零排放成为各国汽车公司和政府大力发展的宠儿。近年来，特别是2008年爆发国际金融危机以来，面对严峻形势，日本、欧盟、美国等多个汽车工业发达国家和地区纷纷提出了各自的电动汽车发展国家战略，加快电动汽车的发展步伐。据权威部门预测，未来10年，将是电动汽车产业格局形成的关键时期，电动汽车将成为拉动经济发展新的增长点。

一、电动汽车的发展现状

电动汽车是指以车载电源为动力，用电机驱动行驶的汽车。由于电动汽车的污染排放较传统汽车大为降低，而且其所使用的能源——电能可以来源于风能、水能、热能、太阳能等多种方式，因此，在能源安全和气候变化问题日益严峻的今天，其发展受到各国汽车企业和政府的追捧。

电动汽车可分为3类：纯电动汽车（Pure EV）、混合动力电动汽车（HEV）和燃料电池汽车（FCV）。纯电动汽车是完全由蓄电池（如铅酸电池、镍镉电池、镍氢电池或锂离子电池等）提供电能，由电机驱动车轮的汽车。这种汽车由于电池单位重量储存的能量太少而连续行驶里程较短。混合动力汽车是为解决这个问题而提出的一种折中方案，它既有发动机，又有电机，可单独由电机驱动或发动机参与电机驱动。尽管该系统的复杂性增加，但是改善了发动机的工作状况而具有很高的燃油利用率，通常也把它归入电动汽车。混合动力汽车在发达国家已经日益成熟，有些已经进入实用阶段。由于其仍存在较大的污染排放，而且构造复杂、成本较高，在电动汽车时代到来之前，混合动力型汽车只是一种过渡产品。燃料电池汽车是由燃料电池（一般指氢燃料电池）产生的电能提供能量，由电机驱动车轮的汽车。燃料电池以氢气作为燃料，由于氢气的生产、储存和运输等问题尚未解决，加之氢燃料电池本身系统的复杂性，使之在电动汽车上应用还需要漫长的研发过程，因此燃料电池只是解决能源问题的中长期办法。

尽管电动汽车在解决能源危机和降低污染排放方面大有潜力，但是，其发展、推广和普及还存在很多问题，首先是汽车动力电池技术的问题，包括电池容量低——一次充电的能量仅能维持持汽车行驶超过 160 千米的距离，寿命短——电动汽车的电池只能维持工作两年，安全性差等问题。其次是充电的问题，电动汽车需要便捷、快速的电能补给和配套基础设施的支持，除了在家庭和工作场所安装家用充电设备外，还需要像当今的加油站那样大力兴建充电站和电池更换设施。第三是电动汽车的高成本问题，由于昂贵的电池造价，电动车成本几乎比传统汽车成本高出 1 倍。

为尽快解决这些问题，世界主要国家纷纷加大对电动汽车的支持力度，包括出台国家战略，设立电动汽车发展目标；加强对电动汽车研发的财政支持，以实现关键技术的突破；制定电动汽车标准，抢占未来竞争的制高点；通过基础设施建设、补贴以及税收减免来推广和普及电动汽车。

二、制定国家战略，设立电动汽车发展目标

近两年来，很多国家制定了电动汽车发展国家战略，设定了发展目标，加大了投入，并制定了多种支持措施，以推动本国电动汽车的发展。

美国总统奥巴马提出："如果要减少对石油的依赖，恢复就业，并让美国的制造业占据世界最强的一角，那么就必须生产出先进而节能的未来汽车。"2009 年 8 月，美国政府发布了"下一代电池和电动汽车计划"，总经费 24 亿美元，要求企业按 1∶1 的比例配套经费。2010 年，支持电动汽车发展在美国政界获得更为一致的共识，5 月 25 日，美国众议院 4 名议员提出了《电动汽车发展法案》（草案），提出要大范围鼓励电动汽车的发展。5 月 27 日，参议院又有 3 名议员提出同名法案（草案）。在国会的电动汽车发展法案中，有一个 20 年的长远发展目标，规划在 2030 年将电动汽车市场规模扩大到 1 亿辆，相当于每年节省 10 亿桶石油，减少年度碳排放 3 亿吨。在产业方面，为发展电动汽车，美国电动汽车产业链上的各行业巨头于 2009 年成立了电动汽车联盟（EC），以便由点及面、由局部到整体推动电动汽车在美国的规模化运营。

日本曾在 20 世纪 70 年代与 90 年代就推出过大力发展电动汽车的政策，政

府支持了多种类型电池的研发工作，包括氢燃料电池、清洁柴油电池和生物燃料电池。2009 年 6 月，日本经产省发布了“创新能源技术计划——电动汽车与电池技术”，明确提出 2013 年将开发出插电式电动汽车，2015 年再发展纯电动汽车。此外，日本政府指定了 8 个城市和县，选作推广电动汽车的示范区。日本的地方政府还计划建设“零碳区”，在这些区域只有自行车与电动汽车可以通行，并且电动汽车的停车费也会相对较低。

面对美日等国大力发展电动汽车的局面，欧盟也不甘落后。欧盟 2009 年在其经济振兴计划中投资 50 亿欧元用于绿色汽车项目，一方面支持汽车生产商加强电动汽车研发，另一方面鼓励成员国开展“以旧换新”，资助地方政府的采购网络以提升对清洁汽车的需求。欧盟轮值主席西班牙首相萨帕特罗表示，电动汽车是可持续发展和提升工业创新能力的“发动机”。2010 年 1 月，萨帕特罗提出将在 2010 年提出欧盟电动汽车发展计划。当前，欧盟的专家们已经开始论证该项计划。

欧盟成员国中的英、德、法等汽车大国领先欧盟一步，已经出台国家战略支持电动汽车的发展。2009 年 8 月，德国联邦经济部、交通部和环境部联合制定了《国家电动汽车发展计划》，提出到 2020 年要使德国的蓄电池电动汽车总量达到 100 万辆（2010 年联邦交通部宣称 2020 年除了 100 万辆蓄电池电动汽车外，还要有 50 万辆燃料电池电动汽车投入使用），2030 年达到 500 万辆的目标，要在技术研发和市场开发两个方面占据世界领先地位。为实现这一目标，政府将拨付 5 亿欧元的资金。2010 年，德国召开“电动汽车峰会”，宣布成立“电动汽车国家平台”，以推动电动汽车的发展。峰会发表了德国政府与工业界的联合声明，确定由 147 名专家成立 7 个工作组，解决发动技术、电池技术、充电站建设和并网、标准化和认证、材料与回收、人员培训、政策条件等问题。

英国是当今世界拥有较先进的电动汽车生产技术和电动汽车使用最广泛的国家，该国使用电动汽车的历史已有 50 年之久。2008 年 10 月，英国推出了《超低碳汽车发展战略》，提出要借经济下行大力支持氢动力汽车、插电式混合动力汽车和纯电动汽车的发展，其目标是使英国成为超低碳汽车研究、开发和示范的世界领先国。为推广电动汽车，英国政府推出了世界最大的环保汽车协同试验项目，斥资 2 500 万英镑让人们参加各种电动汽车的长期试验。2009 年 4 月，伦敦市长鲍里斯·约翰逊宣布，伦敦将成为欧洲电动车之都，承诺投入 2 000 万英镑（3 200 万美元）资金，推广 10 万辆纯电动车，建设 25 000 个充电设施。

法国一直积极致力于车辆电气化。2008 年 10 月，法国总统萨科齐承诺未来 4 年拨付 4 亿欧元，助推电气化交通运输系统的发展；2009 年 4 月，确立了 2012

年法国售出10万辆电动汽车的目标。2009年10月，法国能源部长承诺提供25亿欧元加速电动汽车的推广，包括研究、补贴以及基础设施的建设等。此外，法国政府、法国电力公司、雪铁龙汽车公司和雷诺汽车公司签署协议，共同开发和推广电动汽车，并合资组建了电动汽车电池公司，由萨夫特（SAFT）公司承担电动汽车高能电池的研究和开发，以及电池的租赁和维修等工作。

其他一些欧洲国家也把电动汽车的发展作为高度优先领域，按照西班牙工业部“电动车计划”的号召，西班牙确立了2014年电动汽车数量达到100万辆（包括纯电动汽车和混合动力汽车）的宏伟目标。以色列提出从2011年起，每年推广1万~2万辆电网支持型电动汽车。荷兰政府的目标是至2020年推广20万辆电网支持型电动汽车。爱尔兰也确定了到2020年电动汽车普及率达到10%（超过25万辆）的目标。

作为汽车消费大国，中国也认识到以电动车为主体的新能源汽车所具有的战略重要性，高度重视电动汽车的发展。2010年8月，中国《2011—2020年汽车与新能源汽车产业发展规划》开始征求意见。该规划将纯电动汽车作为中国汽车产业优化的主要战略取向（中近期以插电式混合动力汽车作为产业化发展主攻方向），目标是让中国的新能源汽车市场规模在2020年达到世界第一，新能源汽车保有量达500万~1 000万辆，充电站网路支撑纯电动汽车实现城际间运行，形成2~3家具有自主知识产权和较强国际竞争力的动力电池、电机等关键零部件骨干企业，产业集中度达到80%以上。

三、加大电动汽车的研发，实现关键技术的突破

技术的进步，尤其是电池技术的进步，对于电动汽车性能的提高和成本的降低非常重要。为加快电动汽车的发展，各国政府和汽车企业高度重视相关的技术研发，以期早日研制出成本低廉、行驶里程不断提高的电动汽车。

美国电动汽车发展的重点包括插电混合动力电动汽车和纯电动汽车。美国政府在“下一代电池和电动汽车计划”中的重点研发领域包括电池以及零部件的研发（15亿美元），车用电驱动零部件包括驱动电机、功率电子及其他驱动系统零部件的研发（5亿美元）以及电动汽车的试验及示范（4亿美元）。美国政府希望，在2009—2015年期间能将电动汽车电池的成本降低70%，使其寿命成本可以与非电动汽车的成本媲美。根据美国能源部公布的名单，通用汽车将获得逾2.4亿美元；福特将获得9 270万美元，其中6 270万美元提供给其密歇根州的电力传动部件工厂；克莱斯勒将获得7 000万美元，用于开发研制先进的油电混合动力皮卡和小型货车；最大的单笔补贴提供给江森自控公司，该公司将获得近

3 亿美元。

日本十分重视电动汽车的研制与开发，从世界范围来看，日本是电动汽车技术发展速度最快的少数几个国家之一，特别是在混合动力汽车的发展方面，日本居世界领先地位。2007 年，日本政府表示将耗资 17 亿美元开发便宜的混合动力汽车，目标是在 2010 年将其价格降至 24 660 美元，2020 年降至 16 440 美元。在纯电动汽车的发展方面，由于技术与价格等方面的原因，坚持纯电动汽车电池技术研发的重点主要落在三菱重工、富士重工等动力装备类企业身上。当前，日本纯电动汽车的产品开发向小型化发展，单人和双人车型成为主力车型。为促进电动汽车电池——锂离子电池的开发，日本经济产业省联合 16 家企业建立研究基地，共同推进电池基础材料锂、碳、树脂等最佳组合研究，研究开发新型电池。一般新型电池从研发到商品化需要 5 年时间，经济产业省期望通过新研究基地的努力，将这一周期缩短到 2 至 3 年。在充电技术方面，日本已经取得了一些进展，日本 JFE 工程技术股份公司开发成功仅用 3 分钟就可以向电动汽车电池充电达 50%、5 分钟可充电 70% 的超快速充电设备。当前，日本汽车公司已经研制出一些电动汽车的概念车，2010 年 11 月 18 日，丰田汽车公司的在研小型电动汽车亮相，这款小型电动汽车将一般家庭购物作为预想距离，在家充电，每次充电可行驶 100 千米。如果采用性能好的充电设备，15 分钟即可充电 80%。

欧盟重视绿色汽车的研发，在其 2008 年出台的欧洲经济复兴计划中，欧盟倡议资助高效节能的交通，特别是电动汽车方面的研发。仅欧洲纳米电子计划咨询理事会（ENIAC）就投资 4 400 万欧元（自 2008 年 2 月以来）用于 E3Car 项目，目标是提高电动汽车各相关部件的效能，确保欧洲在未来电动汽车发展方面的全球领先地位。

德国近年来一直非常重视电动汽车的研发，2007 年，德国出台了氢和燃料电池技术国家创新计划，该计划由联邦经济部、交通部等部门联合制定，总预算为 14 亿欧元，其中联邦经济部投入 2 亿欧元，主要进行相关的研发工作。联邦教研部 2007 年制定的“高技术战略”也将电动汽车的关键技术——锂离子电池作为攻坚项目，为了完成这一项目，巴斯夫、博世、EVONIK、LiTec、大众五大产业巨头和 60 家科研单位合作，组建了“锂电池创新联盟”：企业界出资 3.6 亿欧元，联邦科研部资助 6 000 万欧元。在 2009 年年初出台的 500 亿欧元的德国第二个经济振兴规划中，德国政府拿出 5 亿欧元用于资助电动汽车的研发。2009 年 8 月，德国正式启动了“国家电动汽车发展计划”，其三大重点领域包括电池与蓄电装置、电动车辆技术、基础设施技术与系统网络集成，其中电池与蓄电装置是关键。该计划将电动汽车与可再生能源结合起来，指出不但要通过使用可再生能源使电动汽车成为真正意义上的二氧化碳和污染物零排放，还要使电动汽车的电池参与电网的负荷管理，从而使电动汽车在保证电网的稳定方面发挥积极作用。2010 年，德国联邦政府各部门在《国家电动汽车计划》框架下继续推进电动汽车领域研发。同年 2 月，联邦教研部发布了《电动汽车电池科研战略》，该战略提出未来电池技术研发重点是电池材料与电化学、电池生产、电池系统集成研究 3 方面；启动实施了“电动汽车关键技术研发”项目，开展整车系统、能源管理系统、电池技术与集成、车体材料等方面研究。为了进一步支持青年研发团队开展研发创新，德国联邦教研部新设立了“电动汽车研究奖”等奖励措施。当前，德国联邦政府对电动汽车的资助取得了成效，由德国联邦经济部资助的电动汽车示范项目于 2010 年 10 月 26 日创造了电动汽车连续运行 600 千米的好成绩，这辆 AUDI A2 电动汽车由柏林 DBM ENERGY 提供电池，一次充电完成了慕尼黑至柏林路段的运行（600 千米），耗时 7 小时。

2010 年 5 月，英国皇家工程院发布了《电动汽车：发挥潜力》的报告，报告提出了发展电动汽车需要解决以下 4 个技术难题：提供价格合适、生命周期足够长、高能量密度的电池；确保汽车充电的便捷性；提供至少有几百万个充电点的分布式电网基础设施；建立智能电网，使用低碳电为几百万辆电动车充电。

意大利政府非常重视对电动汽车研发的支持，意大利大学科研部 2010 年 10 月颁布实施电动汽车科研创新项目。该项目获得了意大利大学科研部，环境、国土与海洋部，经济发展部等相关政府部门的大力支持。意大利菲亚特、法拉利等知名汽车制造商和罗马大学、帕多瓦大学等 17 所高校和意大利能源巨头埃尼集团（Eni）和意大利国家电力公司（ENEL）以及布雷博集团、比亚乔集团、伊莱克斯集团（Elettrolux）近 70 多家企业和科研中心共同参与了此项目的研究。该项目旨在政府的支持下，搭建意大利电动汽车科研和产业化平台，整合意大利各方力量，推动电动汽车的研发和产业化。

其他国家也在电动汽车的研发上投入了大量的资金，西班牙政府计划在 2011—2012 年间投资 1.73 亿欧元用于实施电动汽车研制及其关键技术开发项目；加拿大政府的汽车伙伴计划（APC）支持电动汽车推广和使用的研究。

中国《2011—2020 年汽车与新能源汽车产业发展规划》征求意见稿提出要持续跟踪研究燃料电池汽车技术，以试点示范为突破口，推进纯电动汽车、插电式混合动力汽车产业化。未来 10 年中央财政将投入接近 950 亿元人民币去支持节能和新能源汽车核心技术的研发和推广。对新能源汽车及其关键零部件生产，研发企业从事技术转让、技术开发业务和与之相关的技术咨询、技术服务业务所取得的收入，免征营业税。在电动汽车技术方面，比亚迪已经完全掌握了电动汽车的电池、控制电机等核心技术。在电池方面，比亚迪研发出了具有完全知识产权的铁电池。这种电池容量大、巡航里程长、放电稳定持久，拥有良好的安全性能，其含有的化学物质均可在自然界中以环保无害的方式分解掉，能够很好地解决二次回收等环保问题，满足了电动车对电池的要求。

四、制定电动汽车标准，规范电动汽车的发展

目前世界各国电动汽车的发展都处在起步阶段，但已经开始向产业化和商业化迅速推进，在这个过程中，许多问题浮出水面，如车载电池的起火问题，充电站的统一标准问题等等。这些问题引起各国的高度重视，一些国家已经开始着手制定相关的技术标准，以鼓励并促进欧洲电动汽车产业快速发展。

欧盟高度重视电动汽车的标准化工作，以帮助欧盟地区成为这个迅速发展的汽车产业中的领导者。2010 年 4 月，欧盟委员会发表的策略报告提出欧盟应该推进电动汽车的标准化工作，包括充电器的标准以及电动汽车的安全标准。6 月，欧委会副主席兼工业企业委员塔亚尼正式授权欧洲标准化委员会（CEN）、欧洲电工标准化委员会（CENELEC）和欧洲电信标准协会（ETSI）等欧洲标准化组织主要负责人，要求在 2011 年中期之前为欧洲的电动汽车、电动摩托和电动自行车提供统一的充电系统标准，并充分考虑现行的相关国际标准。随着大众、PSA、雷诺及欧宝等欧洲汽车制造商宣布了多款电动汽车上市计划，欧盟委员会提出要制定这类车型的统一安全标准，标准的提案将以联合国欧洲经济委员会的汽车安全标准——UN/ECE R100 为基础。UN/ECE R100 是欧洲目前已正式公布的唯一针对电动汽车的安全法规，规定了车辆结构和基本安全方面的认证内容。欧盟工业部长安东尼奥·塔加尼称：“目前，欧盟成员国在电动汽车安全法规方面还存在不少分歧。因此，在产品上市前，尽快建立统一的电动汽车安全标准刻不容缓。”为推进英国的电动汽车产业，英国汽车制造商与销售商协会（SMMT）2009 年组建了由汽车制造商和零部件供应商组成的电动汽车联盟（EV Group），该联盟将推动包括技术标准等在内的电动汽车产业界的广泛合作。

作为汽车强国，日本高度重视电动汽车的标准化问题。2010 年 3 月，日本的主要汽车生产商丰田、日产、三菱、富士重工与东京电力联手，成立电动汽车充电协会（CHAdeMO），其目的就是制定电动车的快速充电标准（标准涉及充电电压、充电插座、充电时间等细节方面），要求日本所有电动汽车公司按照该标准执行，并致力于将此标准推广为全球标准。当前，全球已有 158 家企业和团体加入协会，海外公司和团体占了 20 家，共涉及重型电器、电力、物流、零售等多家公司。另外日本经济产业省、国土交通省、环境省等日本政府机构也参与了该协会。日本国土交通省还提出，要尽快建立装载蓄电池等混合动力、电动汽车的

安全标准。2010 年 7 月，日本 60 多家企业和团体与检测机构合作成立了“电动汽车普及协议会”，着手制定燃油车改装电动车的安全规格。

美国在电动汽车电池标准方面开展了一些工作，美国安全测试和认证公司保险商实验室（UL）计划推出一系列有关电动汽车电池的新规范。

五、通过充电站建设、补贴以及税收减免来推广和普及电动汽车

对于电动汽车来说，充电站等基础设施的完善与否对于其推广和普及发挥着重要作用，当前，很多国家都在大力兴建汽车充电站等相关基础设施。同时，政府还承诺，对安装电动汽车充电设备的停车场进行财政补贴。

2009 年，英国政府启动了充电站计划（Plugged-In Places），决定投入 3 000 万英镑兴建电动汽车充电站，初期将先在英国 3 ~ 6 个重点城市和地区设置充电站点；法国能源部部长提出要在未来 6 年中建设 100 万个充电站，法国电力公司目前正在与丰田公司合作开发遍布全法国的充电站；德国巴符州政府、汽车制造商戴姆勒奔驰集团和电力企业 EnBW 将共同出资在 2011 年年底前兴建 700 座电动汽车充电站，届时将有 200 辆电动汽车和燃料电池汽车进行测试。葡萄牙是全世界最早制定覆盖全国的电动车政策的国家之一，2010 年 6 月，葡萄牙财团 MOBI. E Tech 与雷诺 - 日产联盟签署协议，一起建设全国性的充电网络，涉及停车场、购物中心、酒店、机场和加油站等；以色列政府斥资两亿美元与 Better Place 公司合作兴建 50 万个电动车充电站和 200 个电池更换设施。

由于电动汽车的价格超过传统汽车，因此很多国家还利用补贴以及税收减免政策鼓励消费者购买电动汽车，培育电动汽车的市场竞争力。

美国《2009 年复苏和再投资法》针对电动汽车的税收抵免金额最高达 7 500 美元；德国为购买电动汽车提供五年免税；冰岛计划到 2012 年将全国所有汽车都更换为电动汽车；英国伦敦为消费者购买纯电动汽车提供 2 000 ~ 5 000 英镑的税收优惠，对于驾驶电网支持型电动汽车的司机免征重要路段税和城市交通拥堵税；以色列政府购置一辆新的传统汽车的税率为 92%，但如在 2014 年前购买一辆电动汽车，税率仅为 10%，2015 年之后则提高到 30%；丹麦政府购买普通新车的税率高达 180%，但如在 2012 年之前购买电动汽车则可免缴这项税金；西班牙计划 2011—2012 年间对购买电动汽车实行补贴，补助金额为购车款的 20%，以不超过 6 000 欧元为限，预计将投放补贴资金 2.4 亿欧元；荷兰近年开始着手取消电动汽车的车辆登记税（6 000 欧元），同时规定电网支持型电动车可免交公路税，开发充电基础设施的公司可获得 20% 的减税。

此外，一些国家还制定了通过政府采购支持本国电动汽车发展的政策，如美国政府规定公共服务部门要优先购买电动汽车，还承诺将从通用、福特和克莱斯勒以及其他的中小电动汽车生产商那里，采购上千辆电动和混合动力电动汽车。法国政府决定2010年将从雷诺公司首批采购100辆纯电动汽车。英国提出要在公共采购中加大对电动汽车的购买力度，英国运输部制定了2 000万英镑的低碳汽车采购计划。

纵观全球，一场电动汽车革命即将开始，谁率先占领电动汽车的先机，谁将获得最大的市场份额。

生命科学研究继续向前

2010年生命科学领域取得了重要进展，这对于解决人类社会面临的资源、环境、健康和食品等问题具有重大支撑作用。在美国《科学》杂志公布的2010年度十大科学突破中，生命科学领域的研究成果达到8项，表明该领域是当代科技研发的前沿和热点之一，作为全球发达国家和许多发展中国家的战略发展重点，该领域正在不断取得突破性成果。在过去的一年中，无论是合成生物学跨出的革命性一步，还是超级细菌、生物安全引发的各界担忧；不论是高致病性流感诊疗方面取得的成果和对世界卫生组织应对策略的争议，还是基因组学等研究的不断深入，都展现了生命科学和生物技术对全球科技、经济、社会和政治的深刻影响力。

一、生命科学研发投入快速增长

生命科学领域的最新进展正在逐步证明21世纪为生物世纪的预言，未来20~30年，新疗法和新药、转基因食品、生物控制的生产过程、新材料、生物计算以及其他应用将对健康、环境、工业、农业和能源生产将起到极大的促进作用。各个国家的公共和私营部门均对生命科学研究给予了大力资助，这对卫生保健的影响越来越大。

美国： 2010年2月1日公布的美国联邦2011财年预算案中，为国家卫生研究院（NIH）拨款321亿美元，比2010财年增加了10亿美元，增长3.2%，用于做出重大发现和医学突破。国家食品和药品管理局（FDA）的预算总额约为40.3亿美元，比2010财年增加了约7.48亿美元（23%）。HHS于2010年5月14日宣布《复兴与再投资法案（ARRA)》将资助10亿美元用于全国范围内科学研究实验室以及相关设施的兴建、维修和翻新，期望以此推动科学技术发展、促进人类健康改善，并创造更多就业机会。2010 年 6 月，HHS 的卫生保健研究和质量服务署（AHRQ）宣布投入 2 500 万美元资助全美各州及卫生系统进行患者医疗安全和医疗责任的评估改革。2010 年 5 月 3 日，NIH 宣布将通过 10 个新项目向人口卫生与健康差异研究中心提供 1 亿多美元的资助用于了解和处理导致美国人口死亡的两项杀手——癌症和心脏病。10 个新项目涉及生物学、医学、行为科学、社会科学以及公共卫生学之间的跨学科合作和研究。2010 年 9 月 1 日，NIH 宣布了“国际空间站—生物医学研究（BioMed-ISS）”项目在 2010 年度首批资助 3 个项目达百万美元，该项目源于 NIH 和国家航空航天局（NASA）于 2007 年达成的一个里程碑式的协议，是国际空间站发起的第一个生物医学资助项目。为加速青年科学家培养，NIH 于 2010 年 10 月 6 日宣布了 5 年期总投资 6 000 万美元的研究人员早期独立的 NIH 主任奖计划（EIA），每年最多资助 10 人，每人 25 万美元，共资助 5 年。2010 年 10 月美国总统艾滋病紧急救援计划（PEPFAR）与 NIH、健康资源和服务管理局（HRSA）在非洲联合开展一项“医学教育协作倡议（MEPI）”以改变当地医学院医疗教育的活动。该倡议计划未来五年将投资 1.3 亿美元直接支持非洲 12 个国家的研究机构，创建覆盖 30 个地区合作伙伴和超过 20 个美国合作机构的网络。

美国国家科学基金会（NSF）于 2010 年 2 月公布了其生命科学学部 2011 财年的财政预算，总预算额为 7.67 亿美元，比 2010 年增加了 5 327 万美元（7.5%）。增加的预算重点用于集中发展新的科学领域、计算技术发展带来的科学发现与技术创新（CDI）、国家生态观测网络（NEON）、数字化和创新等领域，并推广大学生物学教育的新方法。2011 财年美国政府财政预算给农业部（USDA）的经费为 1 490 亿美元，比 2010 年增加了 140 亿美元（10.37%）。2010 年 10 月 12 日农业部部长维尔萨克宣布提供 200 万美元，首次资助行为经济学和健康饮食的研究。

除了政府的巨额投入，非赢利组织也非常关注生命领域的研究。比尔和梅琳达·盖茨基金会总金额达 1 亿美元的“探索大挑战（Grand Challenges Explorations）”项目可能给人类带来新的疫苗、诊断方法、药物和其他技术。2010 年 5 月 11 日，该基金会宣布了新一轮的“探索大挑战”项目，包括来自五大洲 18 个不同国家的 78 个项目，每个项目将获得 10 万美元资助。中国复旦大学生物医学研究院双聘首席研究员高谦教授和他的两个学生提出的“小 RNA 引入结核病研究”于 2008 年获得此项资助。

欧盟及其成员国：在欧盟第七框架计划（FP7）中，为卫生保健研究投入 61 亿欧元，为食品、农业与生物技术研究投入 19.35 亿欧元。2010 年 5 月底，欧盟系统生物学研究协会（ERASysBio +）资助了 16 个国际合作新项目，旨在解决诸如食品安全、人口老龄化以及癌症、结核病和肝炎等全球性问题。项目总投资2 400万欧元，涵盖了生命科学领域的不同研究方向。2010年10月28日欧盟委员会和美国NIH在冰岛雷克雅未克举行的高级会议宣布要联合进行罕见病的研究，2011年欧盟将投入超过1亿欧元的专项基金资助罕见病的科研创新，这是欧盟委员会在科研领域的最大一笔单项投资，也是欧盟和美国应对罕见病的一次空前合作。从1998到2010年，欧盟通过科研和发展框架计划总共资助了156项罕见病及其相关课题研究，总投资超过5亿欧元。

2010年，德国继续大力借助“高技术战略”进一步促进未来产业的创新。为此，德国联邦政府预算为生命科学、气候、环境和新技术等领域的项目提供经费16亿欧元，比2009年增加13%。其中，生命科学领域的项目资助经费增加了10%，达到5亿欧元。2010年7月8日，德国“下一代生物技术工艺”战略研讨会在柏林开幕，旨在实现生物科技与工程科技之间更密切的融合。今后10至15年内，德国联邦教研部每年将为下一代生物技术工艺研发提供2亿欧元的资助。从2011年至2017年，德国联邦和州政府将为“杰出计划”提供总额为27亿欧元的专项资助经费，联邦和州政府在卫生领域的共同研究孕育了未来研究重点，一个重要的活动领域是神经退行性疾病研究，如阿尔茨海默病或痴呆，在新成立的德国神经退行性疾病（DZNE）中心进行强化、捆绑和跨学科的调整。此外，还推动了“德国糖尿病研究中心”的建设。由联邦资助而由各所在州配套支持的“综合研究与治疗中心”，将推动高质量的临床研究。工业生物技术节省资源的方法对制药和食品工业越来越重要，在“生物产业2021”竞争中有5个集群获得了联邦和若干州为期5年的补充性资助，柏林和莱比锡的再生医学转移中心就是由联邦、州和德国研究联合会共同资助的例子。2010年5月5日，德国马普人口老龄化生物学研究所在科隆奠基，每年的运行费用大约为1 500万欧元。德国联邦教研部将为德国老龄化研究领域的项目提供总额为1亿欧元的资助。

英国政府于2010年1月5日发表了新的2030年粮食战略，提出要可持续地增加粮食生产，向人们提供健康安全和可持续的食品。英国计划2013年将农业研究投资增加1倍，每年达8 000万英镑。2010年1月28日，英国生物技术与生物科学研究理事会（BBSRC）发布了“生物科学时代”2010—2015年战略规划，以确保英国生物科学保持世界一流水平。3个主要的战略研究优先领域为：粮食安全、生物能源与工业生物技术和支持医疗卫生的基础生物科学。据《泰晤士报》报道，英国科学家宣布了一个为期5年、投资超过5 000万英镑的科研计划，该计划旨在采用生物医学工程方法研制出永远不会损耗的替代性人体髋关节、韧带和心脏瓣膜等。

法国总统萨科齐于2009年11月2日公布了“2009—2013年癌症防治新计划”，将投资约7.33亿欧元，用于癌症防治、患者康复等。这是“2003—2007

年癌症计划”的延续，资助内容包括 5 大方面：癌症研究、调查、预防和检查、治疗以及预后。

亚太地区国家： 澳大利亚创新、工业与研究部（DIISR）于 2010 年 2 月 22 日公布了《使能技术国家战略》，侧重点在于纳米技术和生物技术。计划 4 年内投入 3.82 亿澳元以建立一个框架，支持使能技术的开发。2009 年 10 月 13 日，澳大利亚健康与医学研究理事会（NHMRC）资助了覆盖全澳的“健康改善合作项目”，投资经费为 2 100 万美元。2010 年 7 月，澳大利亚国际农业研究中心（ACIAR）发布了《ACIAR 2010—2011 年度工作计划》。澳大利亚政府对 ACIAR 的拨款总额由 2009—2010 年度的 6 400 万澳元提高到 2012—2013 年度的 8 800 万澳元。该计划的核心议题是如何以科技促进生产力发展，以应对全球性粮食安全问题和气候变化的挑战。

日本经济产业省于 2009 年 12 月 30 日发布了新增长战略报告，在生命领域提出“通过生活创新实现健康大国的战略”，希望“把医疗、护理、健康相关产业发展为带动增长的产业”；“在日本推进创新性药品、医疗及护理技术的研发”；“努力向亚洲等海外市场扩展”；“强化医疗和护理服务的基础”；“使高龄者能安心生活”。

韩国教育科技部于 2010 年 7 月 2 日公布了其 2010 年度新设的 6 个全球实验室清单，并将大幅增加其“全球实验室”计划的投入，该部对每个全球实验室每年资助经费最高达 5 亿韩元，资助期限最长为 9 年。6 个实验室中有两个属于生命科学领域。

印度卡纳塔克邦政府继 2001 年发布千禧年生物技术政策之后，又于 2009 年 12 月 10 日推出了第 2 个生物技术政策。印度政府与卡纳塔克邦政府共同建议在生物信息学与应用生物技术研究所（IBAB）以公私合作制（PPPs）模式建立一个生物信息科技园，总投资约 2 亿卢布（约 428 万美元），该园将成为信息科技与生命科学组织、研究机构和学术界的枢纽。印度政府将给予 10 所具有代表性的生物技术学校每所约 21 万美元的财政支持，以推动其在生物技术研究领域的发展。政府给予生物技术公司的特许权还包括邦关税的优惠，最低可达到 8 564 万美元。新政策计划在迈索尔、芒格洛尔、达尔瓦德、比德尔和班加罗尔建立 5 个专门的生物技术园区，政府向每个园区投资约 2 140 万 ~3 211 万美元。政府还将与专业风险投资公司合作设立总金额约为 1 070 万美元的生物风险基金，以促进研究成果向商业化应用转化。卡纳塔克邦政府还将设立总额约为 321 万 ~428 万美元的本金基金，作为每个项目的补助金。印度和欧盟成员国于 2010 年 2 月 3 日宣布启动一个关于生物技术和卫生保健的网络试点项目（NPP），该项目从欧盟第七框架获得 250 万欧元资助，目标是在生物技术和卫生保健领域建立一个从事先进研究的联合基础设施。

二、合成生物学取得突破性进展

合成生物学是指一系列能将工程学与生物学结合起来支持开发新功能或新应用的工具和技术，这些新功能可用于医学、能源、环境和材料等领域。2010 年 5 月《科学》杂志报道，美国科学家 Craig Venter 带领的团队宣布在实验室中制造出世界首个人造生命细胞，可用来设计和制造疫苗、药品，或用细菌制造清洁能源等，还可以用来探索生命机理。值得关注的是，Venter 在美国议会的证词里声明：只要能得到病毒，利用合成生物学技术目前就能在 24 小时内制成疫苗，这是传统科技绝对做不到的；同时也不必为每个病毒新变种重新研制疫苗，一次合成的疫苗或许就能终身免疫，或 10 年免疫。Venter 将这种技术进步称为“从解读遗传密码到书写遗传密码的进步”，该成果意味着合成生物学技术真正发展的开始。Venter 已经和石油巨头埃克森美孚达成协议，开发用于生产生物柴油的微藻。

近年全球对合成生物学研究的投入迅猛增长。2010 年 6 月 7 日，美国伍德罗·威尔逊中心合成生物学项目发布了一份合成生物学政府资助经费分析报告，结果表明自 2005 年以来，美国政府的研究经费支持已达到 4.3 亿美元，而同一时期欧盟和 3 个欧洲国家（荷兰、英国和德国）的经费约为 1.6 亿美元。其中美国约 4% 和欧洲约 2% 的研究经费用于探索合成生物学的伦理、社会和法律问题，但还未开展专门的风险评估项目。虽然私营部门也积极参与合成生物学的研发，但这一领域主要还是以政府投入为主，且经费逐年增加，其中美国政府资助的经费中很大部分用于生物燃料研究。2010 年 5 月 19 日，英国生物技术与生命科学研究理事会（BBSRC）和工程与物理科学研究理事会（EPSRC）宣布将在 EuroSYNBIO 项目框架下资助 150 万英镑用于合成生物学研究，这也是欧洲科学基金会欧洲合作研究计划（EUROCORES）的组成部分。

而且，在世界范围内成立了多所合成生物学研究机构。2009 年 11 月 6 日，德国国立菲利浦斯 - 马尔堡大学和马普陆地微生物学研究所“合成微生物学”联合中心成立，资金分为 3 年期划拨：2010 年首次拨款近 570 万欧元，2011 年为 760 万欧元，最后 2012 年是 800 万欧元。德国联邦政府承诺，从 2011 年起马普学会的年度预算每年递增 5%，从而使马普学会有可能在合成生物学和自动化系统等领域启动新的研究计划。

Venter 团队的研究成果引起了世界各界对合成生物学的空前关注，就此研究的风险和作用等展开了激烈辩论。专家强调，合成生物学可能提供令人难以置信的利益，但与此同时，人们也必须衡量其可能带来的生物恐怖活动和其他风险。

首先要面临的风险是生物安保（biosecurity）问题，即合成生物学可能会被用于构建新的病原体，继而用于制造生物武器或生物恐怖事件；第二是生物安全（biosafety）问题，例如由于错误操作将合成生物体的基因转移到天然生物体中。2010 年 5 月，OECD 召开的《合成生物学领域的机遇与挑战》研讨会，讨论了合成生物学这一新兴领域的技术可能性、在应对全球挑战和提高人类对生物学认识方面的作用，也讨论了其社会伦理与监管问题、经济潜力以及在国际科学和管理战略中的地位等。

三、基因组学、蛋白质组学和代谢组学研究方兴未艾

随着 2000 年“人类基因组”计划的顺利完成，“结构基因组学”被突破后，开始进入一个以破译、解读、开发和调节基因组整体功能为主要研究内容的“功能基因组学”时代，“人类癌症基因组计划”、“千人人类基因组测序计划”等重大项目开始实施。“千人基因组计划”由中国深圳华大基因研究院、美国国立人类基因组研究所、英国桑格研究所等机构于 2008 年启动，2010 年 10 月 28 日在英国《自然》杂志上，以封面文章形式发布了迄今最详尽的人类基因多态性图谱，同时也在美国《科学》杂志上报告了在基因研究技术手段上的收获，相关成果标志着人类基因研究进入了一个划时代的新阶段。2010 年 5 月 7 日出版的《科学》杂志公布了德国马克斯·普朗克进化人类学研究所的工作成果：对在 3.8 万年至 4.4 万年前曾经生活在克罗地亚的 3 个女性尼安德特人的骨头做了尼安德特人的基因组测序，绘制了包括尼安德特人约 60% 基因组的序列图。对 DNA 降解片段进行测序的新方法使得科学家们第一次能够对现代人基因组与古人类尼安德特人的基因组进行直接的比较，从而首次发现了将人类与其他所有生物区别开来的基因特征，包括那些在进化中距离人类最近的亲族。2010 年 10 月 4 日，由深圳华大基因与加州大学伯克利分校、哥本哈根大学等机构合作的研究成果“对 200 个人类外显子的测序揭示大量低频率非同义突变的存在”在国际著名学术杂志《自然 - 遗传学》（Nature Genetics）上发表。该研究不仅指出了目前主流疾病研究方法的缺陷，并颠覆性地提出疾病关联分析应充分使用测序技术而非基因分型技术，从而对改变科学家对复杂疾病的研究手段，推动人类健康与医学研究的进步具有里程碑意义。其实，基因组研究和应用的规模将直接取决于 DNA 测序成本的降低。2010 年 9 月 14 日美国 NIH 下属的国家人类基因组研究所（NHGRI）宣布提供超过 1 800 万美元资金资助发展第三代 DNA 测序技术，目标是将测序费用降到 1 000 美元以内，使得

测序成为常规科研和治疗技术，用于人类疾病的预防和诊疗。新一代测序技术市场竞争非常激烈，除美国之外，日本和欧洲也有相关的研发计划。据《自然》杂志报道，哈佛大学罗兰研究院和斯坦福基因组技术研究中心通过纳米力学方法利用杂合型 DNA 和 RNA 分子的独特机械性能进行 DNA 测序，避免了检测的繁琐样品准备步骤，并能在纯样品中实现 10～18 级的检测灵敏度。我国中科院北京基因组研究所已和浪潮集团成立了“中科院北京基因组研究所－浪潮基因组科学联合实验室”，着力研发国产第三代基因测序仪。第一台样机预计 2013 年问世。2010 年 8 月 6 日，加拿大政府宣布将资助 Phytodata 公司 120 万加元，用于开发监控蔬菜疾病的 DNA 技术。这项资助旨在开发监控和检测马铃薯、葡萄和温室西红柿病害的新方法。

基因要表达为相应的蛋白质才能影响生物功能，对某一研究对象的蛋白质进行系统的鉴定、定量及功能研究的蛋白质组学研究在 20 世纪末兴起。2010 年 10 月，美国 NIH 决定为结构生物学研究提供 23 项基金资助，为期 5 年，总额达 2.9 亿美元，旨在解决生物和医学领域中重要蛋白的结构和功能。本次资助的是蛋白结构创新项目（PSI）的一部分。随着本轮新基金资助的启动，PSI 开始实施其称为“蛋白结构创新项目与生物学，PSI：Biology”的第 3 个五年计划。关键目标之一是利用 PSI 第一个十年计划里建成的高通量方法解析蛋白结构，进而研究蛋白功能。中国清华大学结构生物学中心在过去两年间相继报道了 3 个新型膜蛋白的 4 个晶体结构，为膜蛋白结构生物学研究做出了重要贡献，其成果在国际结构生物学领域获得了充分关注。2010 年 9 月 27 日，清华大学医学院于《自然》在线发表论文，报道大肠杆菌岩藻糖转运蛋白结构与功能的研究成果。2010 年 10 月 15 日《科学》杂志刊登了分子动力学模拟研究新成果。模拟蛋白质在折叠时的旋转一直是一种组合上的难题。现在，研究人员利用世界上最强力的电脑之一的能力来跟踪在一个小的正在折叠的蛋白质中的原子运动，其能跟踪的时间要比过去任何一种方法都要长 100 倍。

代谢组学是在基因组学、蛋白质组学等基础上于 1999 年由英国 Nicholson 等人正式提出的新研究领域，是关于定量描述生物内源性代谢物质的整体以及对内因和外因变化应答规律的科学。2010 年 10 月 14 日加拿大政府、加拿大健康研究所（CIHR）、英属哥伦比亚基因公司（GBC）、加拿大囊状纤维化基金会（CCFF）和加拿大克罗恩病及结肠病基金会（CCFC）在安大略科学中心共同宣布了一项微生物组学研究的新资助项目，对存在于人体体内和体表的大量微生物群进行研究，旨在发现微生物菌群对健康和疾病的影响，找到应对慢性疾病新的检测方法和治疗方案。该项目为 7 个新的研究团队提供为期 5 年的 1 400万美元联邦基金资助，同时，GBC、CCFC 和 CCFF 共同提供 140 万美元资助。中国近年也开始关注并进行人类微生物组学研究。深圳华大基因研究院承担完成了人体肠道菌群元基因组参考基因集的构建工作，该项目是欧盟第七框架资助项目——人体肠道元基因组研究计划（MetaHIT）的一部分，其研究成果作为封面故事刊登在2010年3月4日的《自然》杂志。2010年9月21日，由中国科学院主办的“中法营养、肠道菌群与代谢性疾病”学术研讨会，对人体肠道菌群的功能、营养，肠道菌群与肥胖，糖尿病和衰老关系的动物模型以及临床研究进行了探讨。

四、超级细菌令人堪忧

超级细菌在2010年成为全球关注的重大公共卫生事件。医学杂志《柳叶刀》于2010年8月11日宣布，被称为NDM-1的超级细菌跨越不同的细菌种类，使许多在医院感染的患者更具有抗药性。该细菌甚至对被认为是紧急治疗抗药性病症最后方法的碳青霉烯类抗生素也具有耐药性。NDM-1最先发现于印度，目前已经从南亚次大陆传入英国、美国、瑞典、荷兰、奥地利、澳大利亚、日本和中国香港，并可能向全球蔓延。自2010年6月出现首个死亡病例后，全球至少170人被感染，并造成多起病人死亡事故。8月20日，世界卫生组织（WHO）发表公报称抗药性细菌日益成为全球公共卫生问题，可能影响许多传染病的控制，同时把抗击耐药性细菌作为2011年世界卫生日主题。同样值得注意的是，荷兰、丹麦、比利时和德国等国目前都出现了一种新的耐甲氧西林金黄色葡萄球菌（MRSA）变种。而且，在荷兰的一些屠宰场里已发现肉类感染了这种病菌，更有近一半的养猪农户身上携带了这种病菌。超级细菌的出现与抗生素的滥用密不可分。

根据发表于2010年5月18日《英国医学杂志》的研究结果，抗生素耐药性现象在给药的1个月之后达到顶峰，但其影响可能会持续长达1年之久。研究人员分析了24个抗生素耐药性病例，发现病人会对药物产生部分或完全的抗药性。2010年4月23日，一项新的研究显示，某些病人比其他人更可能在鼻子里携带MRSA，从而增加他们患MRSA相关肺炎、发生血行性感染和手术部位感染的风险。研究人员还指出，USA100是在病人体内发现的、最普遍的MRSA菌株，但是一种被称作USA300的毒性更强菌株更为普遍地存在于HIV感染病人体内。他们还发现了一些以前没有在美国识别的MRSA菌株，包括一种在巴西很普遍的无性系MRSA菌种。

WHO督促所有国家准备采取医院感染控制措施，以防止这种超级耐药性菌株扩散，并加强慎用抗生素的国家策略。美国FDA公布关于畜牧业适当使用抗菌药的新指导意见草案，正与美国兽医界如兽医协会（AVMA）一同致力于解决耐药性问题，并且制订了“应对耐药性忧虑的实用策略”。2002 年欧盟通过一项在 2006 年全面禁止抗生素作为饲料添加剂的提案，同年研发者将抗菌肽作为替代产品进行研发。日本厚生劳动省成立了专门的紧急应对小组展开调查，还将成立一个由传染病专家组成的工作小组，商讨具体的防控措施，同时督促大小医院、养老院以及托儿所的人员强化消毒措施。中国卫生部要求，各省级卫生行政部门加强本辖区细菌耐药监测工作，组建省级细菌耐药监测网，实现数据共享；还在重点城市遴选重点医院作为监测点并及时汇报。中国科学院上海药物研究所新成立了“抗 NDM－1 药物研究联合攻关小组”，并召开了“抗 NDM－1 药物研制工作布置会”，将重点开展“超级细菌靶标确证及感染机制研究”、“抗超级细菌药物筛选模型的建立”、“抗超级细菌化合物的设计与筛选”和“大规模化合物样品的合成”的研究。

美国卫生部下属的生物医学高级研究和发展管理局（BARDA）宣布将资助名为 ACHN－490 的抗生素的开发，应对两种可能类型生物威胁以及对抗生素产生抗药性的常见感染。这份与旧金山 Achaogen 公司签订的合同指出，头两年的资助额度为 2 700 万美元，并可以延期到 3 年，总资助额可达到 6 400 万美元。这是 BARDA 研发资金首次用于这样的多用途研究。科学家开始越来越多地关注通过自然途径控制致命性葡萄球菌。美国洛克菲勒大学的科学家设计并制造出的溶菌酶——金黄色葡萄球菌嵌合溶菌酶（ClyS），不仅能杀死小鼠体内的 MRSA，还能与传统抗生素发生协同作用。

五、流感诊疗大有进步

H1N1 流感等流行性疾病对社会、健康和经济具有广泛的影响，但目前相关的治疗方法还很有限。发表在 2010 年 4 月 21 日《美国医学会杂志》上的一项最新研究发现，孕妇数量通常只占美国总人口的 1%，但其占 H1N1 流感死亡病例的比重高达 5%，表明 H1N1 流感对孕妇造成了严重威胁。而据《美国感染控制杂志》8 月刊报道，咳嗽比发热在诊断 H1N1 流感感染上更加确切，目前从体温确定个体是否感染的方法并不妥当。

2010 年 7 月 15 日网络版《科学》杂志上，登载了美国 NIH 的国家过敏和传染疾病所（NIAID）在研制“万能”流感疫苗（能长时期预防所有类型的流感）方面取得的新进展。编码流感血凝素（HA）的 DNA 作为“预刺激引物”和常规季节性流感疫苗作为“增强剂”所组成的“预刺激－增强”组合疫苗，可在动物模型中提供对机体的保护。动物通过接种在体内形成可预防多种流感毒株的中和抗体是人们获取通用型流感疫苗的重要里程碑。目前，该疫苗已开始进行人体试验。2010 年 7 月 8 日 PLoS Pathogens 期刊发表了美国旧金山生化科技公司等机构的科学家联合研究的成果，称发现的一种单克隆抗体 A06 能有效对付禽流感病毒 H5N1、季节性病毒 H1N1 和 2009 年的猪流感病毒 H1N1，能有效地预防和治疗小鼠模型的猪流感。抗流感抗体治疗能填补当前对付流行病的空白。2010 年第 7 期《自然－生物技术》杂志发表了纽约州立大学石溪分校和迈阿密大学通过突变病毒基因组中的基因序列来研制有效疫苗的成果，被称为“合成减弱病毒工程”，可以适用于任何新出现的流感病毒株。荷兰瓦赫宁根大学使用生物反应器－杆状病毒（baculovirus）诱导昆虫细胞产生 HA，来代替有限的鸡蛋生产疫苗，比常规速度提高 2～4 倍，可大批量生产安全、有效的流感疫苗，使流感疫苗短缺的问题可能得以解决。

与此同时，疫苗的给药方式创新也取得了进展。《自然－医学》杂志发表了美国佐治亚理工学院和埃默里大学医学院的研究人员研发出的一种新式“贴布疫苗”，贴在皮肤上通过微型针渗透进皮肤外层并且溶解同时释放出一定剂量的流感疫苗。目前，占据全球甲流疫苗市场的主要生产厂商 MedImmune 是唯一一家生产经鼻吸收甲流疫苗的厂商。

关于疫苗安全性的研究发现，2009 年在加州接种 H1N1 疫苗者的最高死亡率是 430 万分之一，甚至可能是 0，远低于流感死亡率。在美国已经发放的超过 1.2 亿剂量的 H1N1 疫苗，有 8 294 例“副作用事件”报告，其中 94% “不严重”，其余的大致同季节性流感相当。瑞典医疗产品管理局在 2010 年 9 月 8 日的一份报告中称，未发现 2009 年英国葛兰素、史克药厂生产的 H1N1 疫苗 Pandemrix 与嗜睡症有联系。

但 WHO 应对 2009 年 H1N1 流感的方式受到质疑。2009 年 6 月 11 日，WHO 宣布将全球流感警戒级别提高至最高级别 6 级，并宣称全世界正处于 2009 年流感大流行的起点。但是，到 2010 年 6 月 4 日，欧洲理事会（COE）以及《英国医学期刊（BMJ）》发表了指控 WHO 的调查报告。COE 报告宣称，使生产此类疫苗和抗病毒药物的公司获利是 WHO 夸大甲流的一个原因。BMJ 论文则调查了其中的利益冲突，认为 WHO 夸大流感威胁，应对疫情策略受到制药企业左右，致使许多国家因采购疫苗等“浪费”大量的财力，并引起了欧洲国家恐慌，疫苗和治疗方法也没有经过充分的验证。而两名前 WHO 顾问 Peter Sandman 和 Jody Lanard 表示，沟通失误引发 WHO 夸大了 H1N1 病毒的威胁，使得制药公司获利颇丰。但是，来自一些国家（如法国、印度和美国）的代表们公开为 WHO 的反应进行辩护。英国一个独立审查委员会完成了对英国应对 H1N1 流感情况的独立审查，给政府处理突发事件的方式给予高度评价。WHO 总干事陈冯富珍否认了 WHO 故意夸大甲流危害以帮助制药企业的说法，但也承认 WHO 需要制定更好的政策和方法来揭露潜在的利益冲突，同时表示欢迎接受审查。

六、生物安全问题引人瞩目

生物安全是指与生物有关的人为或非人为因素对国家社会、经济、人民健康及生态环境所产生的危害或潜在风险，以及对这些危害或风险进行防范、管理的战略性、综合性措施。世界范围内，对于转基因作物的安全性讨论目前仍在继续，但相关的生物技术迅速发展，种植面积继续扩大，而且各国政府更倾向于持正面肯定态度。2010 年 4 月 13 日，美国国家研究理事会发布了《转基因作物对美国农业可持续性的影响》报告，认为种植转基因作物，减少了毒性大的除草剂和杀虫剂的使用，改进了耕作技术，降低了土壤侵蚀、水源污染和温室气体排放等，减少了耕作对土壤和水质的负面影响，降低了种植成本，且产量有所增加，但承认研究尚不充分。2010 年 4 月 14 日，联合国粮农组织（FAO）发布报告，到 2050 年农业生物技术将是消除全球饥饿的重要因素。2010 年 4 月 22 日世界地球日庆祝活动上，美国生物技术工业组织（BIO）强调生物技术农作物、树木和转基因动物已产生了环境效益，气候变化和农田与自然资源需求增加给当前和未来的农业带来了新的挑战，但全球各地的农民采用农业生物技术进行了环境友好型的耕作。2010 年 3 月 2 日，欧盟委员会宣布，同意欧盟国家种植转基因土豆，这是继转基因玉米之后，经欧盟批准种植的第二种转基因作物。2010 年 5 月 10 日，欧盟委员会发布了一个战略文件，提出新的基因技术政策，规定各成员国有权在其国土上允许或禁止种植转基因作物。这将积极推动植物生物技术与种子业在欧盟的发展。但澳大利亚联邦科学与工业研究组织（CSIRO）新发表的《生物经济中的生物安全问题》报告认为，在全球推动发展新的非粮食生物燃料和工业医用作物时，忽视了生物安全问题，其中包括：（1）新作物存在生物入侵的可能性；（2）实验植物丢弃后造成的环境影响；（3）病虫害及其管理。无视这些生物安全问题可能会影响传统农业。

自 2001 年开始，美国政府已经在国家防范生物恐怖袭击上花费了大量的资源。从 2008 财年以来，美国生物防御的经费在持续增长，2011 财年联邦民用生物防御预算总计 64.8 亿美元，较 2010 财年增加了 2.7 亿美元（4.3%）。其中 59 亿美元（91%）用于生物防御与非生物防御目标和应用，目的是改善生物防御，同时解决一系列公共卫生、医疗保健、国土安全以及国际安全问题。剩下的 5.8 亿美元（9%）是严格意义上的生物防御方案预算。马来西亚一个关于建设高等级生物安全实验室的计划引发了对高致命性疾病因子可能扩散的担忧。紧急生物处理公司（Emergent BioSolutions）和马来西亚卫生部支持的第九生物公司（Ninebio）曾于 2008 年联合宣布，计划建造一个生物防护研发设施，其中包括生物安全等级为 3 和 4 的实验室，于 2013 年投入使用。生物安全专家指出，4 级生物安全实验室是恐怖分子的高价值袭击目标，无论是其中的致命性病原体，或者是可以让研究者进行致命性病原体研究的高级工具，都对恐怖分子有很大吸引力。

将纳米技术用于食品工业能带来巨大的潜在优势，但也可能带来一些生物安全方面的风险。2010 年 1 月，英国议会上议院科学委员会发布了一份报告，认为尽管该领域没有经过正式测试和批准，在对纳米技术应用于食品工业所带来的危险性研究“严重不足”的情况下，纳米产品已经出现在英国市场。2010 年 5 月 4 日，欧盟委员会投票通过，在对纳米技术可能给健康造成的影响进行充分评估之前，用纳米技术生产的食品不得列入欧盟新型食品目录（1997 年 5 月之后才进入市场的食品），也不得进入欧盟市场。专家于 2010 年 6 月在阿联酋就纳米食品安全性进行了研讨，呼吁要加强对纳米食品的研究，这需要建立一个由各种管理部门和重要的研究机构组成的联合机构，用于研究纳米技术对多个领域的影响，例如食品、农业和医药。

信息通信技术在全球经济复苏中扮演重要角色

信息通信技术（ICT）是科技、经济及社会发展的主要动力。经合组织发布的《2010年信息技术展望》报告认为，与应对21世纪初的危机相比，信息技术产业在经受本次经济动荡的考验时表现更好，对全球经济的复苏起着重要作用，展现出良好的发展前景。信息技术产业内部结构不断调整，一些产品和服务成为新的经济增长点。信息通信技术在解决环境问题和气候变化问题中的作用得到进一步的重视。

一、2010年全球ICT产业持续复苏

与2008年次贷危机时期相比，ICT产业的发展态势越来越好。根据经合组织的报告，全球ICT产业产值2010年预计将增长3%～4%，市场前景光明。2009年由于宏观经济不景气，全球商业和消费者信心不足，世界ICT开支下降了4%，经合组织国家ICT产业下降了6%。随着宏观经济条件的改善，ICT产业2010年重新迎来增长，预计2011年的增长速度将更高。从长期来看，全球ICT产业将持续增长。

随着全球生产结构的重组，经合组织国家的ICT制造业务总体呈下降趋势，但ICT制造附加值较强的国家仍然保持了相对优势和ICT产品出口顺差。由于ICT制造业已经转到经合组织中成本较低的地区和亚洲经济体，所以经合组织区的ICT产业越来越转向ICT服务。这些服务占大多数经合组织国家ICT产业总附加值的2/3以上，并且它们的增长要快于总体商业服务。2009年由于非经合组织经济体的增长，经合组织国家在ICT世界市场的占比从2003年的84%下降到76%。作为这一转型的一部分，世界最大250家ICT企业中包括了许多非经合组

织国家的企业，其中有中国的ICT制造企业、印度的IT服务企业以及许多非经合组织经济体的电信服务供应商。

危机加快了全球贸易与投资的结构重组，在经历了从2008年下半年起到2009年第1季度的骤然下降之后，全世界的ICT贸易现已恢复增长。在经济危机之前，全球的ICT贸易增长强劲，一直持续到2008年。2008年的贸易额接近4万亿美元，比1996年增长了3倍，几乎是2000年2.2万亿美元贸易额的2倍。ICT贸易占世界总商品贸易的比例在2000年为18%，而到2008年由于ICT贸易的下滑、世界非ICT产品贸易的有力增长以及价格因素而降低到12.5%。经合组织在ICT贸易总额的占比从1996年的71%降至2008年的53%。

全球ICT生产的结构重组在继续。东欧、墨西哥和非经合组织中增长较快的经济体在生产和市场增长方面越来越重要。中国已是世界ICT产品的最大出口国，其动力主要在于外国投资和采购。印度则是计算机和信息服务领域最大出口国，其动力来自国内企业的增长。亚洲在进口元件然后组装出口的产品生产网中起着越来越大的作用，中国作为生产点和采购点的作用已经强化。2008年，中国的ICT出口只稍低于于美国、欧盟和日本的出口总和。

ICT相关的外国直接投资和总体的外国直接投资一样，在危机期间也大幅下降。由于企业倾向于在国内投资，跨境并购项目的价值下跌了一半，比单纯的国内并购下降更快。从2007年起，ICT相关的并购降幅比并购总量下降更快。2009年，ICT企业的收购值仅占所有成交总额的11%，而电信企业在2000年极度扩张和收购时的最高比例曾超过30%。非经合组织经济体正变得越来越活跃。2009年，ICT产业的跨境并购稳定上升，非经合组织经济体作为被并购方和并购方的比例分别为33%和24%。

ICT产业的就业在整体就业中占有重要的比例。2008年，ICT产业的就业人数约占经合组织国家商业部门总就业人数的6%。ICT产品部门的就业有所下降，ICT服务部门的就业则基本持平。尽管ICT制造部门的就业率以6%~7%的比例逐年下降，这一部门的就业并没有出现2002—2003年间发生的骤减。ICT相关的空缺职位率已经反弹，在2010年初期逐月上升。

具有创造ICT新职位和新能力的领域包括云计算、绿色ICT和“智能”应用。后两个领域成为政府“绿色增长”刺激方案的重点。云计算会加强市场对ICT专家的需求，但它对附加值和增长的影响可能会超过对就业的影响。绿色ICT的研发、生产和部署等部门的就业在衰退期间仍然保持相对稳定，随着经济复苏可能会有显著增加。能源效率和清洁技术的半导体制造部门以及ICT回收再生服务部门中会有更多就业岗位。虚拟化软件的开发和使用也是如此。更高效、更清洁的“智能”应用也可能是创造职位的来源。

ICT产业的研发保持着较高的水平。互联网经济的增长是由ICT产业的创新所推动的。尽管经济危机对企业营收和就业造成了显著的影响，但ICT企业在经济衰退期间保持了它们在研发机构中的主导作用。ICT研发与企业营收的联系得到加强，ICT产业保持了以技术为导向的增长。互联网和亚洲的企业显示出较强的活力。

二、主要国家和地区大力促进ICT研发

2010年主要发达国家继续把ICT产业作为推动经济复苏的重要动力。大部分政府的经济刺激方案都有促进ICT产业发展的措施，包括利用ICT来推进整个社会的创新并提高效率，例如大力发展宽带、鼓励研发、优化创业融资环境、加大ICT培训以及利用ICT解决环境问题。

美国在ICT研发投入方面领先于其他国家，但这方面的国际竞争日益激烈，韩国和芬兰等国的ICT研发投入占GDP的比重超过了美国，中国和印度也显著提高了其ICT研发投入水平。除了直接向ICT研发提供公共资助外，扩大对企业的税收减免也许是政府鼓励研发最有效的方法。在经济衰退时期，企业有可能削减研发投入，因此实施税收减免政策受到重视。

国际ICT研发的优先领域集中在以下八大核心领域：物理计算基础，如量子计算；计算系统和架构；融合技术与交叉学科，如ICT与生物、纳米等的交叉研究；网络基础设施；软件工程和数据管理；数字内容技术；人机接口；ICT与因特网安全。大多数国家都将ICT研发重点放在ICT能产生重要影响的关键应用领域，如医疗、能源、教育、交通等。这对应对21世纪的许多重大挑战甚为重要。ICT也日益成为许多研究领域的重要工具，例如在基因研究或虚拟仿真中利用云计算进行新产品的概念化和测试。

（一）美国的ICT战略政策

“美国网络与信息技术研发计划”（NITRD）是美国最大的ICT研发计划，代表着美国ICT研发的风向标。2010年2月，美国NITRD公布了2011财年预算补充说明，介绍了NITRD在2011财年的研发计划和协调活动。NITRD 2011财年研发计划涉及14家联邦政府部门，其经费预算为42.61亿美元，与2010财年基本持平。

NITRD计划覆盖8个相互关联的领域。2011财年投资最大的两个领域是高端计算基础设施与应用及人机交互与信息管理。其经费之和约占总经费的62%。

高端计算基础设施与应用领域2011财年的经费预算为15.02亿美元，超过

NITRD 总预算的 1/3，比 2010 财年的预算增加了 3 300 万美元。高端计算基础设施与应用领域 2011 财年的重点项目包括：继续采购和管理最先进的系统，为能源、环境和国家安全领域的前沿科学研究服务；投资具备生产能力的高端计算资源，扩充联邦政府的计算能力；开发适用于当代及下一代高端计算平台的科学工程应用软件。

人机交互与信息管理领域 2011 财年的经费预算为 11.56 亿美元，比 2010 财年的预算增加了 700 万美元。人机交互与信息管理领域 2011 财年的重点项目包括：整合海量的分布式异构信息，并开发新工具对其进行管理，服务于知识发现与决策支持；开发新技术以满足电子病历和医疗记录的长期保存、管理与整合；开发能进行学习、推理和自动适应突发性意外事件的自主系统，包括自主导航、系统评估、智能机器人等。

2010 年美国还发布了 NITRD 战略计划草案，提出美国网络与信息技术的远景——实现安全、可信、多模式和易用的高速网络、系统、软件、器件、数据与应用，使美国在经济创新、科学发现、国家安全、教育与生活质量方面继续保持领先水平。为此，战略计划草案建议加强美国在以下三大基础领域的能力建设：（1）扩展的人机伙伴关系，包括性能更好、更易获取、耗费更低的系统，性能更强的数字式个人设备，系统与个人设备协作新模式；（2）设计与建设具有多安全层次的系统；（3）改变教育培训的形式，使人们受益于网络，培养多样性的、高效率的下一代网络创新者。

总体来看，在金融危机的背景下，美国信息通信技术研发的重点是无所不在的计算能力、多层次的安全体系以及发达的网络，突出在卫生、能源、环境、基础科学等领域的应用成为 2010 年的热点，这些都是为促进经济的复苏和长远发展。

（二）欧盟的 ICT 战略政策

2010 年 5 月，欧盟发布了“数字议程”五年计划。欧盟认为，过去 15 年来欧洲生产力增长的一半源于信息通信技术的推动，并且这一趋势可能会加速。以此为背景，数字议程提出了 7 个优先领域，分别是：（1）创建一个数字市场；（2）提供更好的互操作性；（3）促进互联网认证和安全；（4）提供更快的互联网接入速度；（5）加大对研究和开发的投入；（6）提高公民数字技能和数字融合；（7）利用 ICT 解决社会所面临的气候变化、人口老龄化等挑战。数字议程是“欧盟 2020 战略”7 项旗舰行动的第一项行动，明确了利用 ICT 实现欧盟 2020 战略目标的重要作用。该议程的总体目标是通过基于高速互联网及互操作应用的数字市场实现可持续的经济效益与社会效益。

数字议程提出，欧盟必须向研发提供更多的投入，以确保好的理念能够成为市场产品。欧洲对ICT研发的投入无论从占总研发投入的比例还是从绝对数量来说，都比美国低。由于ICT在欧洲优势产业的附加值中占有很大的比例（在汽车领域占25%，在消费类电子产品领域占41%，在健康和医疗领域占33%），ICT研发投入的不足使整个欧洲的制造业和服务业面临威胁。为此，数字议程提出要通过战略性地应用商业前采购措施和开展公私合作，鼓励更多的私营投资；利用研究和创新结构基金，在第七框架计划期间使ICT研发经费至少保持每年20%的增长率。其他措施包括：加强欧盟各成员国和行业的资源协调与汇集，在欧盟对ICT的研发支持中更注重需求驱动和用户驱动；在2011年提出快速获得欧盟ICT资助经费的措施，使之对中小型企业和年轻研究人员更具吸引力；确保ICT基础设施和创新集群得到足够的财政支持，建立欧盟云计算战略；与利益相关者合作开发新一代的基于网络的应用和服务，包括多语言内容和服务，通过欧盟资助的项目支持标准和开放平台；到2020年，使年度ICT研发资助的公共投入翻番，从目前的55亿欧元增长到110亿欧元，同时也使私营投入从35亿欧元增长到70亿欧元；在竞争和创新框架计划资助的与公共利益相关的领域，开展大规模试点，测试和开发创新性和可互操作的解决方案。

2010年7月19日，欧盟第七框架计划宣布将在2011年度投资64亿欧元推动研究和创新。其中ICT研究获得12亿欧元，以实现数字议程中提及的ICT资助经费的年增长率。6亿欧元将用于下一代网络和服务基础设施、机器人系统、电子和光电器件以及数字内容技术。超过4亿的经费将支持利用ICT解决低碳经济、老龄化社会、可适应和可持续工厂等重大挑战。7月20日，欧盟发布了2011年ICT研究项目招标。此次招标的项目具有明显的公私合作特征。招标项目共有4项，分别是未来互联网公私合作关系计划、用于高能源建筑的ICT、用于纯电动车的ICT和面向未来工厂的ICT。其中未来互联网公私合作关系计划着重于开发开放网络和服务平台，其他3个合作计划将确保ICT发挥积极作用，帮助实现欧盟2020战略所确定的目标。

从2010年到2013年，欧盟第七框架计划对ICT的年度研发资助水平将提高50%。欧盟ICT研究计划的主要原则是支持欧洲产业界的竞争力，与欧盟的私营经费投入进行平衡，加强整个欧洲私营和公共部门的协同合作。为了实现与私营经费投入的平衡，欧盟将把研究经费的投入重点放在那些市场失灵、可能阻碍进一步投资的高风险领域。它们将对市场产生平均5至10年的影响，并可能导致全球ICT基础设施和市场结构发生巨大变化。

（三）日本的ICT战略政策

日本政府认为，ICT能给人类生活带来便利，快速提高经济活动的效率并推动碳减排。为了加强 ICT 国际竞争力和推行 ICT 国际标准化战略，日本总务省于 2010 年 3 月 26 日发布通告，公开征集从 2010 年度起执行的研究开发课题。征集范围主要突出三大方面，11 个重点领域和 19 个重点课题。政府对每个课题的研发经费支持为 3 000 万～1 亿日元。同时每个课题还要配以不低于 70% 的配套经费。

三大方面分别是：下一代网络技术、安全的 ICT 系统、无障碍的交流。重点领域分别是：网络基础建设、移动网络、ICT 新发展范例、网络移动平台、网络安全、ICT 基础设施构建与空间遥控、ICT 移动平台与通用设施、ICT 的高度创新、技术分析与市场流通、利用 ICT 技术的交流、超临场感交流、地球环境保护领域。重点课题分为两组，一组是具有国际竞争力的 ICT 重点课题，分别是：下一代网络技术、光子网络技术、电波资源技术、下一代移动通信系统、纳米/生物 ICT 网络技术、脑信息接口技术、移动服务平台、网络机器人技术、ICT 可靠性分析、语音翻译技术、超高清晰影像技术、立体影像技术；另一组是与社会生活基础有关的重点研发课题，分别是：卫星地面通信技术、信息安全、环境信息通信技术、电磁环境保护技术、信息可靠性分析技术、环保能源管理系统。

总体来看，日本 ICT 研发的重点在于网络、安全和环保。政府对 ICT 研发的支持很多都与民生有关，同时又着眼于长远的发展。在过去 10 年中，ICT 政策已经发生了显著的改变。它们现已成为强化增长，增加就业职位，提高生产力，改善公共和私人服务水平，应对气候变化，提高能源效率，改善就业和社会发展等领域，实现社会经济目标的主流政策。随着 ICT 应用和服务的无所不在，它们已经成为确保整个经济体可持续性的关键。为确保政策设计和实施的效率和效果，政策评估比以往更加重要。

三、物联网技术研发与产业示范同时推进

物联网是新一代信息技术的重要组成部分。虽然物联网的概念早在 1999 年就已提出，但直到 2009 才成为各国关注的 ICT 热点问题。到了 2010 年，物联网已经从概念走向应用，技术研发与产业示范同时推进，重点领域包括智能电网、智能交通等。

（一）智能电网发展态势

智能电网涉及相互关联的多个领域，边界十分模糊。智能测量和通信厂商成

为智能电网各层间建立连接组织的领导者。在竞合关系中，各领域厂商的收购和合并将在未来数年持续出现。智能电网的商业环境将更加成熟。

根据美国调研公司的报告，智能电表已经成为智能电网投资的焦点。2010年，美国先进电表市场的产品消费可能达10亿美元，大部分收入流向电表硬件供应商、通信供应厂商和电表数据管理软件供应商。配电系统方面的创新主要由传统的电力系统供应商所驱动，他们开发设备及应用软件，从而提高效率，改进性能，更好地控制配电系统。配电系统主要改进包括馈线和子站的自动化、配电管理系统安装、控制和优化应用软件。预计2010年美国市场中配电系统产品收入将达14亿美元，推动实现更智能的电网管理。

美国能源部于2009年11月宣布拨款6.2亿美元建设智能电网技术的示范项目。项目经费来源于《美国复苏法》，另外还将带动私营部门10亿美元的投资。示范项目共32个，包括大型能源储存、智能电表、配电站和输电系统的监控设备及一系列的智能技术。它们将作为更大型的综合智能电网系统的模型。这个示范项目将用于展示如何把智能电网技术应用到整个系统，以促进消费者节约能源，提高能源效率，促进风能和太阳能等可再生能源的增长。据美国电力研究所的分析估计，通过实施智能电网技术，到2030年能减少4%以上的用电量。

2010年8月，美国能源部发布了“2010—2014智能电网研发计划”。该计划的重点是配电系统和消费者设备，包括与输电和发电系统的接口与集成。该计划的内容包括制定、维护和协调用于实现分布式能源资源的国家和国际标准；确定智能电网中相关各方的责任；研究成功的应用模式；研发智能电网相关的传感、测量、通信、安全、组件、系统、控制等技术；对智能电网资产的运作、性能和成本进行精确建模；对智能电网的部署、投资、应用和影响等进行全面评估，找出问题和补救措施；开发用于测试和评估新组件及系统的协议和方法；评价目前产业界、实验室和政府的测试能力。

2010年9月，美国国家标准与技术研究院确认采用国际电工委员会制定的5套基本智能电网互操作性和网络安全标准。这些标准关注信息模型和协议，对可靠有效的电网运营和网络安全至关重要。这些标准的功能包括：为电网设备和网络间的数据交流提供一个必要的通用信息模型；促进变电站的自动化和通信，以及通用数据格式之间的互操作性；促进控制中心间的信息交流；解决由标准定义的通信协议的网络安全问题。

2010年4月，欧洲“智能电网技术论坛”发布了《智能电网：欧洲未来电网战略部署》的最终版本。该文件提出了6大优先部署事项，分别是：优化电网运行和利用；优化电网基础设施；整合大规模间歇性发电；信息和通信技术；主动配电网；市场、用户和能源效率。这6个优先部署事项主要针对2020年以前智能电网的部署。文件认为，如果没有足够的产业化、实施和部署，仅靠研究成果将无法提供有效的产出。

为了推进欧盟智能电网技术的研发与应用，欧盟于2010年5月发布了《欧洲电网计划2010—2018年路线图暨2010—2012年实施计划》，对欧洲智能电网未来9年的发展作了整体规划，并详细介绍了2010—2012年的资助项目及其评估方式。项目9年的整体资助额预计为20亿欧元，其中2010—2012年约为10亿欧元。研发经费与示范经费的比例约为3∶7。输电网络的经费为5.6亿欧元，配电网络的经费为12亿元。

欧洲电网计划开发了智能电网模型，以确定智能电网的功能和需要完成的工作。该计划从发电、输电网、配电网、智能整合、智能管理、用户6个层面界定了智能电网的功能。每个层面又结合各自的活动分为不同的子项目。根据网络运营商的规划、投资、运营和电力市场等工作，输电网络活动分为14个项目。这些项目与欧盟目前支持的在研项目密切相关，如岸上风力一体化、实时网络模拟、互联电力市场的模拟工具、输电投资的成本/效益分析、在欧盟实现大范围风力整合的示范电网等。这些现有项目最快将在2012年推出首批研究成果。

（二）智能交通发展态势

2009年12月，美国交通部发布了“智能交通系统战略研究计划：2010—2014”，对未来5年智能交通系统的研发制定了战略规划，每年的研究经费是1亿美元。该计划的目标是利用无线通信建立一个全国性的、多模式的地面交通系统，形成一个车辆、道路基础设施、乘客的便携式设备之间相互连接的交通环境，最大程度地保障交通运输的安全性、灵活性和对环境的友好性。该计划还安排了一些需要解决的软课题。第一，智能交通系统所需要的应用是否可获得，能带来何种利益，需要什么样的基础设施。第二，智能交通系统的安全性、可靠性和互操作性，以及相关的国际标准问题。第三，为保证整个系统的研发和运行，需要哪些政策、管理措施和资助；为保证该系统为公众所接受，如何解决隐私问题。

欧洲的智能交通项目“车辆基础设施合作系统”（CVIS）旨在开发、演示和评价城市和城市间环境下的参照系统，以及货运和公共交通管理系统。项目预算超过4 000万欧元，其中2 000万欧元来自欧盟。创建和实施一种被普遍理解的允许汽车和基础设施合作与共享信息的通信语言，将使交通部门和人们获得巨大的益处，它不仅能够缓解交通拥堵和污染，同时能够改善交通安全、缩短旅行时间甚至减少对汽车的维护。发达国家已预留了一部分频谱用于这一合作系统，在美国和欧洲是5.9千兆赫，在日本是5.8千兆赫。

参与CVIS项目的研究人员来自欧洲15个国家的62家研究机构和公司。他们已经开发了一个开放的、创新的智能交通系统平台，能够在包括可移动设备到路边系统的多种设备上运行。研究人员将合作开发一系列核心技术，以形成一个集成的、开源的汽车网络。汽车网络可以带来一套基于协作技术的道路系统，可以使交通系统的每一个元素通过积极合作创造出一个更安全、更高效的交通环境。

研究人员还通过硬件、协议、标准、中间件、应用编程接口和跨平台集成开发了一套完整的通信基础设施，以及一个可利用现有卫星通信、红外线和WiFi等通信基础设施的平台。一个可扩展的、开放的软件链和可扩展的硬件链也已开发成功。该软件链能够管理CVIS框架中的不同部件，包括汽车与汽车的通信、移动汽车数据搜集、交通管理等，还建立了一系列的应用编程接口。该项目通过多次大型试验测试了这些组合技术，项目组已制定了详细的渐进式开发计划，将指导这些技术在短期、中期时间内得到部署。

尽管物联网应用潜力巨大，但也蕴含一些风险。2010年4月，欧盟网络和信息安全局发布了一份报告，分析了物联网技术应用于航空可能存在的风险，并提出了政策、研究和法律方面的建议。报告指出，尽管智能设备使航空公司明显提高了运作效率，但还有许多有待确定和深入考虑的关键问题。例如设备、传感器、旅客、行李、网络基础设施互动过程中会产生大量敏感信息，这些信息有可能会泄密，因此需要进一步调查系统的安全性，数据的敏感性、使用和管理等各个方面，以及解决实现物联网环境中遇到的所有问题。为了减少风险，报告提出了相关建议。例如建议航空运输企业和机构主动规划，设计引进新的商业模式，使用用户友好的设备和程序；开展相关研究，加强安全和隐私保护，开发多模式身份识别技术，制定加密协议标准等。

四、绿色ICT持续成为热点

经合组织2010年的报告认为，ICT是所有经济部门实现“绿色”增长、解决环境挑战和减缓气候变化的主要技术手段。ICT系统使整个经济中各个领域的生产和消费更具可持续性，从特定的产品到整个系统都是这样，例如应用ICT提高汽车的能源效率和智能化的交通管理。

由欧洲电信网络经营商协会和世界自然基金会进行的一项研究表明，在欧洲利用非旅行方式（例如远程会议）取代20%的商业旅行，每年就能减少约2 200万吨的二氧化碳排放量。远程办公能大大减少温室气体的排放。每百万欧洲远程工作者每年能减少约 100 万吨的二氧化碳排放量。美国的一项类似研究表明，390 万名远程工作者已能减少 1 000 万至 1 400 万吨的二氧化碳排放量，因为美国的交通距离相对更远。利用电子物品代替实际物品在减少温室气体排放中具有重要的作用，它能减少甚至完全去除制造和运输需求。在智能交通系统中，停车指导系统能使更多的驾驶者将车停在最合适的地方，减少引擎运作时间；GPS 导航或车辆调度能减少行程时间；基于 RFID 的公路收费机制能鼓励人们更多地利用公共交通。

国际电信联盟正致力于开发能获得一致认同的用于测量 ICT 碳足迹的方法，以此简化 ICT 碳排放影响的计算方法并支持有意义的报告和比较。国际电信联盟的统一方法将协助促进商业绿色化，支持气候友好的商业采购。由国际电信联盟实施的各种策略可将能耗降低近一半，如统一充电器标准可减少约 5.1 万吨的多余充电器，每年减少 1 360 万吨温室气体排放量。下一代网络将有效地减少能量消耗——对于大型网络交换中心可减少约 40% 。国际电信联盟的下一代网络全球标准行动是世界上迄今最大的标准化协作项目。ICT 设备的节能模式可以减少碳排放量。数字电视和数字广播的引入相比于传统广播设备而言，能减少近 9 成的天线耗能。

通常，发展中国家受气候影响最严重，而 ICT 在监测及早期预警系统中具有重要的作用。在非洲，联合国已与移动电话公司和其他伙伴联合，安装了 5 000 个新的气象站。它们将监测气候变化的影响，通过短信尽快地将消息转发到农民的手机上。这对非洲人民而言是一项极其重要的服务，因为他们中有 70% 的人直接以农业为生。利用卫星监测获取农业需求，这能减少约 97% 的二氧化碳排放量。

2009 年 12 月，国际数据公司（IDC）在哥本哈根发布了一份报告，分析了利用信息通信技术实现碳减排的可能性，称如果合理利用信息通信技术，到 2020 年可以帮助减少 58 亿吨的二氧化碳排放。IDC 还发布了它的第一份“ICT 可持续性发展指数”，对 G20 集团利用 ICT 来减少二氧化碳排放的能力进行了评价。评价结果显示，日本名列前茅。

该报告针对能源生产和供应、交通、工业和建筑 4 个主要的经济部门，分析了 17 种 ICT 技术在减少二氧化碳排放方面的潜力。IDC 认为 ICT 应用于能源生产和供应部门具有最大的减排潜力，其中可再生能源管理系统为减排创造了最佳的机会。在这方面中国的机会最大，有望减少 2 亿吨的二氧化碳排放。交通部门则应投资于利用 ICT 来优化供应链物流和私营运输。在这方面，IDC 认为美国的机会最大，有望到 2020 年减少 5 亿吨的二氧化碳排放。基于 ICT 的建筑物解决方案也有很大的减排能力，能源管理系统和智能建筑设计可为所有 G20 国集团节省 12% 的能源消耗。在能源管理系统中利用软件解决方案应该是所有 G20 国集团的重点，而工业部门则可以通过利用智能电动机控制系统实现节能，在这方面中国的机会最大。

报告认为，随着ICT越来越强大并被更广泛地用于支持减排，ICT本身所排放的二氧化碳以及他们的供电成本也在增加，因此任何减少二氧化碳排放的计划都应包括对ICT基础设施排放量的评估，其中包括ICT基础设施的废物管理、回收、再制造。

美国信息技术和电信设备每年消耗的电力接近1 200亿千瓦时，占全美用电量的3%。如果不提高能源使用效率，这些产业将面临成本增加、温室气体排放和电力服务可靠性的挑战。2010年1月，美国能源部宣布将拨款4 700万美元资助14个项目开发新技术，以提高信息通信技术部门的能源效率。私营企业还将提供7 000万美元的配套资金，从而使整个项目经费达到1.15亿美元。数据处理、数据存储和电信产业是美国信息经济的支柱，它们的快速发展将消耗大量电力，改善这些部门的能源效率可以大幅降低能耗和成本。能源部此次提供的资金将主要用于开展设备和软件、电力供应链以及冷却技术领域的研发和示范项目。

加拿大先进研究及创新网络2010年投入240万加元资金资助4个绿色IT项目，目标是降低ICT产业的碳排放。资助的最大绿色IT项目是绿星网络，整个项目由加拿大领先的IT企业、大学和国际合作方参与。该项目投入200万加元资金，用于开发世界首个网络节点完全由风力和太阳能驱动的互联网，并使其可靠性与目前的互联网一致。绿星网络采用了许多低碳技术，包括用风力和太阳能等可再生能源驱动的网络、虚拟化技术、碳量化规程以及确保ICT的碳排放保持在可控范围的相关工具。

欧盟的报告显示，ICT产品排放的二氧化碳数量已占全球总排量的2%。由欧盟资助的“可持续环境影响IT联盟”获得了第七框架计划318万欧元的研究经费支持。项目团队希望找到一种通过创建能耗感知层的插件来降低能量消耗。重要的是，该设计不需要降低服务水平协议和服务质量。研究人员决心将直接服务和网络设备的能量消耗降低至少20%，而制冷耗电量减少30%。

五、宽带建设健康发展

随着高带宽数字内容和应用的快速发展，对高速宽带连接的需求日益显著。国际电信联盟于2010年10月发布的统计数据显示，过去5年来全球因特网用户增加了1倍，有望在2010年超过20亿，其中家庭用户的数量从2009年的14亿增加至2010年的16亿左右。发展中国家的因特网用户急速增加，2010年新增的2.26亿用户中有1.62亿用户来自发展中国家。到2010年底，发达国家和发展中国家的在线人数分别占总人口数的 71% 和 21% 。地区差异也很显著，欧洲的因特网用户占比为 65% ，而非洲仅有 9.6% 。

在过去一年，固定宽带用户出现强劲增长。到 2010 年底，全球固定宽带普及率将达 8% ，然而发展中国家的普及程度仍然很低，每 100 个人中只有 4.4 个宽带用户，而发达国家的相应数字是 24.6。移动电话开始变得无处不在，全球移动网络的用户高达 90% 。预计到 2010 年底全球移动用户将达 53 亿，其中 38 亿来自发展中国家。发展中国家的移动电话普及率为 68% ，而发达国家的移动市场已接近饱和，2009 年至 2010 年的增长率仅有 1.6% 。与此同时，使用 3G 服务的用户从 2005 年的 7200 万激增至 2010 年的 9.4 亿，提供商业 3G 服务的国家达 143 个，而 2007 年为 95 个。过去一年，移动宽带发展迅猛，特别是欧洲和美国，部分国家已经开始提供更高速度的商业宽带服务，开始向下一代无线平台转移。移动应用开始从语音向数据转移，过去 3 年短消息服务或文本消息发送量上升了 3 倍，2010 年竟高达 6.1 万亿条，平均每秒发送的文本信息接近 20 万条。

总体而言，ICT 服务的价格在下降，但高速因特网使用费依然高昂，尤其是在低收入国家。按购买力平价计算，2009 年，发展中国家固定宽带的准入门槛为月均 190 美元，发达国家为 28 美元。移动电话费用则要亲民得多，发展中国家为 15 美元/月，发达国家为 18 美元/月。相对而言，非洲的 ICT 使用费最贵，而固定宽带普及率仍然不足 1% 。

随着 IPTV、网络游戏等服务的流行，高速宽带网的需求在不断增长，因此在经济下滑的 2009 年，全球宽带市场依然能健康发展。过去几年，全球宽带网服务市场收益保持持续增长趋势。据 ABI 市场研究公司的数据，2009 年全球固定线路宽带服务的收益为 1 640 亿美元，2008 年这一数字为 1 450 亿美元。不断增长的宽带需求带来了更多的用户和收益，全球固定线路宽带收益预计在 2014 年可超过 2 100 亿美元。在各项宽带网技术中，DSL 仍然占有最大的市场份额。2009 年 DSL 宽带服务的收益将近 1 000 亿美元。ABI 预计 DSL 宽带服务将以 0.6% 的年复合增长率从 2009 年增长至 2014 年的 1 030 亿美元。光纤宽带服务收益将快速增长，预计 2009 年至 2014 的年复合增长率将达 23.3% 。ABI 预计 2010 年光纤宽带服务的收益将达 244 亿美元。

在大部分经合组织国家中，至少有 3/4 的公司和 50% 以上的家庭已经接通高速宽带。此外，大部分经合组织国家的政府已把 100% 的家庭接通高速互联网作为一个近期和中期目标。这些趋势刺激着数码内容的开发和使用。大部分领域正以两位数的速度增长。就游戏、音乐、电影、新闻和广告产业而言，互联网正在改变现有的价值链和商业模式。

美国总统奥巴马 2010 年签署了第二轮宽带发展经济刺激资助计划，将提供共约 8 亿美元用于农村及其他地区的宽带发展，另外私营部门将为此提供 2 亿美元的匹配资金。这批资助经费将通过美国农业部和商业部提供给 66 个项目，将为 900 所医疗保健机构和 2 400 所学校提供服务。此外，企业、图书馆、交通运输中心也将受益。奥巴马称期望通过这些项目创造 5 000 个工作岗位。美国经济刺激法案总共将为宽带发展提供 72 亿美元的资助，其中商务部的“宽带技术机会项目”占 47 亿美元，农业部的“宽带计划”项目占 25 亿美元。

欧盟 2010 年通过了 3 项促进超高速宽带发展的配套措施，分别涉及下一代接入网、无线宽带和超高速网络的投资。这些措施旨在帮助欧盟实现“数字议程”的承诺，使每个欧洲公民可以在 2013 年接入基本宽带，到 2020 年接入高速和超高速宽带。目前欧洲是世界上平均宽带使用率最高的地区（24. 8%），但宽带网络还需要进一步发展和升级。例如，目前只有 1% 的欧洲人可在家里通过高速光纤网络直接上网，而这一比例在日本和韩国分别达到了 12% 和 15%。

世界航天领域发展前景广阔

2010 年，世界经济从金融危机的影响中缓慢复苏，虽然未来经济发展仍不明朗，但主要航天大国仍将航天作为重点领域，纷纷出台相关的政策和计划，旨在抢占未来航天科技和经济领域的制高点。全年近 70 次的航天发射表明，世界航天领域的发展态势仍然十分活跃。其中，美国和俄罗斯仍然保持着航天领域的领先地位，中国追赶的步伐不断加快，其他国家和地区也在力求有所作为。2010 年，美国的 3 次航天飞机任务，以及俄罗斯稳定的载人和货运飞船任务为国际空间站建设提供了有效的保障。在空间科学探测领域，中国的“嫦娥二号”探月卫星、日本“拂晓号（AKATSUKI）”金星探测器和美国“太阳动力学天文台（SDO）”观测卫星分别升空，继续推进着人类探索宇宙的步伐。在卫星领域，军用卫星和商用通信卫星仍是各国发展的重点，科学观测卫星也日益受到重视。随着中国“北斗”导航系统建设不断加快，以及日本的“准天顶（QUASI－ZENITH）”系统的加入，导航卫星领域的竞争更加激烈。此外，航天经济在世界经济形势并不乐观的情况下保持了较好的发展势头，未来的发展前景依然看好。

一、各国纷纷推出新航天政策和计划

2010 年，世界主要国家虽然尚未完全走出金融危机的影响，但仍将航天作为重点发展的领域，纷纷加大支持的力度，完善管理体制，推出相关政策和计划，力求在世界航天科技与产业领域占据一席之地。

（一）美国总统奥巴马公布新太空探索计划和新航天政策

2010 年 4 月 15 日，美国总统奥巴马宣布新的太空探索计划。新太空探索计划提出登陆火星，并取消了前总统小布什提出的重返月球的“星座计划”。根据新计划，21 世纪 30 年代中期，美国将实现载人送上火星运行轨道，并安全返回地球，然后再实现登陆火星。美国政府将在今后 5 年内向国家航空航天局（NASA）注入 60 亿美元资金用于新太空探索计划。此外，该计划还提出，美国政府将在航天飞机退役后邀请更多私营企业参与太空探索，研制运载火箭等太空运载工具。

2010 年 6 月 28 日，美国总统奥巴马公布《美国国家太空政策》报告，确立了新的航天政策，明确了美国未来太空活动的原则、目标和实施措施。与上届政府军事色彩较浓的航天政策有所不同，在奥巴马政府的新太空政策中，除了强调确保美国在太空中的领导地位外，还提出要在和平目的的基础上加强太空领域的国际合作。新太空政策还将 2010 年 4 月公布的新太空探索计划纳入其中，提出寻求与私营部门合作开展载人航天活动，并于 2025 年开始以火星为目标的新的载人飞行。

2010 年 10 月 11 日，美国总统奥巴马签署立法，批准了国家航空航天局 2011 财年 190 亿美元的经费，用于资助额外的航天飞机任务，加速发展深空探测所需的重型火箭，推进使用商业运输飞船运送宇航员进出国际空间站等计划。

（二）俄罗斯将建设远东航天中心

俄罗斯总理普京于 2010 年 7 月表示，俄罗斯政府决定在未来 3 年拨款 8.11 亿美元在中俄边境阿穆尔地区建造东方航天中心，用于取代哈萨克斯坦的拜科努尔发射场。东方航天中心将成为俄罗斯第一个民用国家航天中心，用于承担载人运输系统、新一代火箭、未来星际任务等航天项目。东方航天中心总计需要建设资金 4 000 亿卢布（约 136 亿美元），将有 3 万多人投入到发射场建设中去。俄罗斯航天署副署长维克托·列米舍夫斯基 11 月 12 日表示，预计到 2020 年后，俄罗斯每年约 45% 的航天发射任务将由东方航天中心承担。

普京 7 月还宣布，2010 年俄罗斯航天工业将从政府预算中获得大约 950 亿卢布（约 30.6 亿美元）拨款。其中，670 亿卢布（21.6 亿美元）用于实施“联邦航天计划”，包括发送俄、美宇航员到国际空间站，制造和发射多用途实验室、枢纽舱和两个动力能源舱，到 2015 年前完成国际空间站的全部俄罗斯舱段的建设等。此外，279 亿卢布（9 亿美元）将用于实施俄罗斯的“格洛纳斯”导航系统计划。

（三）欧洲着力推动航天事业发展

2010 年 11 月，欧洲公布了其新太空开发战略，欧盟的 29 个成员国均将参与该战略的实施。战略中提出要加强与美国的合作，主要目标包括实现 2016 年登月，以及登陆火星取回土壤样本等。与此同时，欧洲一些国家均在加强管理制度建设的基础上，制定了相应的政策与计划，着力推动航天事业的发展。

2010 年 3 月 23 日，英国宣布成立新航天局，并于 4 月 1 日正式开始运作。新成立的航天局负责管理政府部门和科学投资机构为航天任务提供的经费，并整合分散在多个政府部门和研究机构的职能，如卫星人机器人技术研发，以及代表英国开展航天领域国际合作等。英国政府同时宣布成立一个国际航天创新中心，以有效利用各方资源促进航天技术发展。

2010 年年初，法国政府公布了其 2020 航天远景，提出法国要在其他欧洲国家的帮助下，力求在现有基础上到 2020 年具备对地观测、预警、通信和信号情报等方面的能力。

2010 年 11 月 30 日，德国联邦政府宣布太空探索开发新战略，确定了未来数年德国太空技术研发方向。这项新太空战略更注重实际应用，如优化使用气象卫星和通信卫星、开发太空垃圾回收技术等。为落实新太空战略，德国联邦政府计划到 2014 年将其太空项目年度拨款从目前的 12 亿欧元提高到 14 亿欧元。此外，德国将参与多个国际太空科研项目，如 2011 年 2 月开始在国际空间站使用阿尔法磁谱仪寻找反物质和暗物质的研究等。

2010 年 9 月，意大利通过了一份新的航天战略计划。该计划提出，意大利将在未来 10 年内加强对该国民用航天项目的投资，提高项目透明度，并加强与其他国家航天局的合作。这项面向未来 10 年的战略计划有望获得约 70 亿欧元（100 亿美元）的投资，与目前的投资水平大体相当。此外，意大利政府还表示将合并意大利航天局和宇航研究中心。

（四）日本加大航天产业投资

2010 年 5 月 25 日，日本航天政策战略司令部会议提出一份旨在推动私营公司参与研发太空技术的计划。计划提出在未来 10 年内，日本对国家航天工业的投资将从目前的 767 亿元美元提高到 1 643 亿美元。该会议还提议日本政府各项计划要利用官方研发补助，用于帮助新兴经济体建造卫星，研制紧凑型助推－运载火箭，并鼓励大学和公司研发低成本卫星技术。日本政府还计划拓展潜在的观测数据市场，并与海外公司合作发射数枚小型测量卫星。

2010 年 8 月 27 日，日本航天政策战略司令部决定，日本将继续参与国际空间站项目，直到 2016 年甚至更远的时间。战略司令部还决定将于 2014 年发射接替“隼鸟”探测器的“隼鸟 2 号”探测器。为此，日本教育科学省已经将用于开发“隼鸟 2 号”探测器的 30 亿日元的申请列入 2011 年财政申请预算拨款估计中。

（五）印度增加航天预算

2010 年 2 月 26 日，在印度财政部长公布的 2010 年国防预算中，印度太空研究组织（ISRO）获得 500 亿卢比。其中，印度载人航天计划预算大幅增加，约 15 亿卢比，主要用于研制一种能将两名宇航员送上太空并安全返回的太空飞行器，印度政府已经批准了项目的预研工作。“月球初航”和“月球航行 -2”获得了 10 亿卢比的预算，用于机器人登陆月球，完成月球表面试验。印度本土的全球定位系统印度区域导航卫星系统（IRNSS）的预算也有所增加，达 26.2 亿卢比。该系统由 7 颗卫星组成的卫星星座，预计将为印度本国及周边提供类似 GPS 精度的定位服务，首颗卫星计划 2011 年发射。此外，印度的“太阳神（ADITYA）”任务也获得了 4 亿卢比的资助，该项目旨在发射一颗太阳观测卫星，用于对日冕变热、太阳风加速和日冕喷射等物理过程进行科学观测。

（六）其他国家力求占据一席之地

据 2010 年 7 月报道，以色列计划在未来 5 年投资 7 750 万美元启动一项航天计划，希望推动形成价值 100 亿美元的民用航天工业。以色列有关官员表示，希望该航天计划能涵盖在 2011—2012 年的国家预算中。2010 年 10 月 18 日，哈萨克斯坦政府通过了一份 4 年太空计划草案。按照新计划，政府将为航天局和进行应用科学研究的科学家们投资，进一步发展科学技术知识。哈萨克斯坦还希望拓展其固定卫星通信和卫星导航服务。另据 2010 年 8 月报道，非洲联盟也在积极推动建立非洲航天局，以期推动非洲大陆民用太空领域的发展。

二、国际空间站建设进入最后阶段

2010 年，国际空间站建设已开始进入最后阶段。美国航天飞机执行了最后

5 次国际空间站任务中的 3 次，加上俄罗斯载人和货运飞船任务的支持，有效地保障了空间站建设任务的顺利进行。美国“发现号”、“奋进号”和“亚特兰蒂斯号”3 架现役航天飞机将在完成所有 5 次国际空间站任务后全部退役。用于未来国际空间站运输任务的新一代飞船的研制与发射试验也在稳步推进。

（一）美国航天飞机任务即将完成历史使命

2010 年 2 月 8 日，美国“奋进号”航天飞机成功发射升空，开始了 2010 年首次航天飞机的飞行任务，也是美国航天飞机最后一次为国际空间站运送重大施工部件。在为期 14 天的任务期间，宇航员们进行了 3 次太空行走，为空间站安装了“宁静号”节点舱和一个便于宇航员对地球、其他天体及航天器进行全景观测的观测台。此次任务完成后，国际空间站的建设任务已完成 90%。

2010 年 4 月 3 日，美国“发现号”航天飞机发射升空，开始执行美国航天飞机 2010 年的第二次飞行任务，为空间站运送了重约 8 吨的各类物资。在为期 15 天的任务期间，宇航员共进行了 3 次太空行走，为空间站更换了液氨冷却罐，并拆卸了一个旧速度陀螺仪。4 月 20 日，在经历一番波折之后，“发现号”航天飞机终于成功降落在佛罗里达州肯尼迪航天中心，完成了此次精彩又曲折的国际空间站建设之旅。

2010 年 5 月 14 日，美国“亚特兰蒂斯号”航天飞机升空，开始了其最后的飞行任务，为国际空间站送去了一个俄罗斯制造的小型试验舱等关键部件和货物。在为期 12 天的任务期间，宇航员进行了 3 次太空行走，为空间站太阳能电池板安装了 6 块新电池，为空间站冷却系统连接了新电缆，安装了碟状天线，还为空间站上名为“德克斯特”的双臂机器人连接了一个储物平台等。5 月 26 日，“亚特兰蒂斯号”航天飞机圆满完成计划中的“绝唱之旅”，安全降落在佛罗里达州肯尼迪航天中心。

（二）俄罗斯载人国际空间站任务进入十周年

2010 年，俄罗斯共执行了 7 次国际空间站任务，其中包括 3 次“联盟号”载人飞行和 4 次“进步号”货运飞船任务，有效地保障了国际空间站的运输任务。其中，2010 年 10 月 7 日发射升空的“联盟号”是俄罗斯首艘经过数字化改进的载人飞船。迄今为止，俄罗斯“联盟号”载人飞行任务已进入十周年，成为国际空间站任务中最可靠的载人飞船，为国际空间站的科学考察和建设任务做出了重要的贡献。2011 年美国航天飞机退役后，在其他载人飞船投入使用之前，俄罗斯的“联盟号”也将成为唯一可运送宇航员往返国际空间站的载人飞船。

（三）新运输设备研制进展顺利

随着美国航天飞机退役，新一代国际空间站运输飞船的研制也在进行之中。其中，由美国太空探索技术公司（SpaceX）研制的“龙”系列货物运输飞船取得了较大的进展。2010 年 6 月 4 日，美国太空探索公司成功利用“猎鹰 9 号”运载火箭将“龙”系列飞船的一个模型送至相应轨道。该飞船模型将在轨道上停留 1 年，然后在返回大气层时焚毁。12 月 8 日，该公司再次利用“猎鹰 9 号”火箭将首个“龙”系列航天器发射入轨，并成功回收，从而使该公司成为第一次成功回收从低地球轨道再入航天器的商业公司。此次成功的飞行试验为“龙”系列航天器用于商业运输服务迈出了重要的一步。根据美国国家航空航天局与美国太空探索技术公司间的服务合同，航天飞机退役后，该公司将至少执行 12 次向国际空间站运输货物并返回的飞行任务。美国新一代载人航天器“猎户号”飞船经重新设计后，其逃逸系统测试设备 PADABORT - 1 于 5 月进行了成功试验。日本宇宙航空研究开发机构 2010 年 8 月 11 日在一份计划中提出研制名为 HTV - R 的新太空货运飞船，并计划于 2016 年发射可回收的新无人太空货运飞船。日本宇宙航空研究开发机构还希望通过研发 HTV - R 积累技术，进一步开发出载人飞船。另据俄罗斯航天局局长表示，俄罗斯也正在研制更加先进的载人飞船，预计于 2015 年进行试飞，2018 年进行首次载人飞行。

三、空间科学探测有喜有忧

2010 年，在空间科学探测领域，中国的“嫦娥二号”探月卫星和日本的“拂晓号”金星探测器使得深空探测再次引起世人关注。另外，继 2009 年多台空间望远镜升空后，美国的“太阳动力学天文台”于 2010 年发射升空，为开展太阳的科学探测和研究提供了又一重要的工具。

（一）中国“嫦娥二号”奔月成功

2010 年 10 月 1 日，中国探月二期工程先导星“嫦娥二号”在西昌点火升空，准确入轨，开始了为期半年的探月任务，为“嫦娥三号”在月球软着陆做准备。“嫦娥二号”卫星是中国自主研制的第 2 颗月球探测卫星，继 2007 年“嫦娥一号”一举实现中华民族千年奔月梦想之后，“嫦娥二号”的成功发射，标志着中国探月工程又向前迈出重要一步。嫦娥二号卫星重量为 2 480 千克，共携带了 CCD 立体相机、激光高度计、X 射线谱仪、γ 射线谱仪、微波探测器、太阳高能粒子探测器和太阳风离子探测器 7 种科学设备。“嫦娥二号”任务包括获取分辨率优于 10 米的月球表面三维影像、探测分析月球表面元素含量与分布、探测月壤、探测地月与近月空间环境 4 个科学目标。“嫦娥二号”任务总经费投入大约 9 亿人民币，共由卫星、运载火箭、发射场、测控和地面应用 5 大系统构成。根据中国探月工程“三步走”的战略，在发射完“嫦娥二号”卫星以后，就要发射一个月球着陆器和月面车，对月球表面进行探测。

（二）日本“拂晓号”探测器入轨失败

2010 年 5 月 21 日，日本使用 H－2A 火箭将其首个“拂晓号”金星探测器发射升空，使日本成为继俄罗斯、美国、欧洲航天局之后，世界上第 4 个发射金星探测器的国家。按计划“拂晓号”金星探测器进入金星轨道后将用两年左右时间研究金星大气。遗憾的是，“拂晓号”虽然于 2010 年 12 月 7 日按计划到达金星上空 550 千米处，但却未能成功进入预定轨道，未来前景堪忧。“拂晓号”探测器重 480 千克，采用了姿态轨道控制等多项新技术，携带了从红外到紫外 6 种不同波长的 5 台相机，用于研究金星云层以下可视大气循环的基本过程，分析云层的动态和雷鸣的放电机理；认识大气逸散的机理和超级循环的机理；测绘地面辐射率和探索活火山活动；搞清楚子午面循环的结构等。

（三）美国太阳动力学天文台发射升空

2010 年 2 月 11 日，美国耗费 8.5 亿美元研制的“太阳动力学天文台（SDO）”发射升空，运行在 36 000 千米的地球同步轨道，运行寿命为 5 年。SDO 是美国宇航局“与日同在（LWS）”计划中发射的第一颗探测器，“与日同在”计划的目标是了解太阳这颗磁场变化的恒星，测量其对地球上的生活和社会的影响。SDO 卫星携带了大气成像组件、日震与磁成像仪和极紫外变化实验仪 3 台科学仪器，科学目标是在小尺度的时间和空间下以多波段研究太阳大气层，以了解太阳对地球和近地球太空区域的影响。SDO 将能研究太阳的磁场如何产生以及磁场结构，如何储存电磁能量与能量如何以太阳风、高能粒子和多种波长的辐射等形式释放进太阳圈和外太空。SDO 项目的科学家认为，SDO 在人类认识太阳方面带来的革新将如同哈勃太空望远镜为天体物理学带来的变革。

四、卫星领域全面发展

2010年，世界航天竞争最为激烈的卫星领域全面发展。商用通信卫星和军用卫星仍然保持着较快的增长势头，科学卫星也呈现出良好的发展态势。在导航卫星领域，美国的GPS、俄罗斯的“格洛那斯”和欧洲的“伽利略”三大导航系统建设有喜有忧。随着中国“北斗”导航系统建设的不断加快，以及日本“准天顶”导航系统的加入，导航卫星领域的竞争将更加激烈。不过，包括印度国产最大通信卫星GSAT-5P和GSAT-4实验通信卫星，韩国STSAT-2B科学卫星，以及俄罗斯3颗“格洛纳斯”导航卫星发射失败也给2010年卫星领域带来了些许遗憾。

（一）商用通信卫星稳步增长

2010年，世界商用通信卫星数量仍在不断增长。其中，美国在商用通信卫星领域仍独占鳌头。2010年美国发射升空的商用通信卫星主要包括：提供家用直播服务的INTELSAT-16和INTELSAT-17电信卫星；提供电视直接服务的ECHOSTAR-14和ECHOSTAR-15电信卫星；提供直播服务的SES-1电信卫星；提供数字音乐和娱乐游戏的XM-5广播卫星；为手机用户提供服务的SKYTERRA-1移动通信卫星；一箭6星发射的GLOBALSTAR第二代移动通信卫星。

2010年，有多颗卫星采取了“一箭双星”的方式发射升空。其中包括欧洲的ASTRA-3B电视直播和宽带卫星、德国的COMSATBW-2军用通信卫星；非洲的ARABSAT-5A通信卫星和韩国的COMS-1气象、海洋观测试验卫星；非洲的RASCOM-QAF-1R通信卫星和NILESAT-201广播电视直播通信卫星；欧洲W3B通信卫星和日本BSAT-3B电视直播卫星，其中W3B卫星成功发射后失去了联系；以及与美国INTELSAT-17卫星结伴升空的欧洲HYLAS-1卫星等。

2010年其他国家发射升空的商用通信卫星还包括：阿拉伯国家的BADR-5直播通信卫星，中国也有“中星6A”和“中星20A”两颗通信卫星发射升空。

（二）军用卫星不断增加

2010年世界各国均在不断加大军用卫星的部署。8月25日，美国AEHF-1

先进极高频军用卫星发射升空，可为美军提供高度安全的通信服务；9 月 26 日，美国空军首颗 SBSS 天基监视系统卫星发射升空，这是第一颗能够从太空探测并追踪轨道物体的卫星；11 月 19 日，美国成功地进行了一箭多星的发射，将 7 颗主要用于军用任务试验的卫星送入轨道。11 月 21 日，美国将 NROL－32 绝密间谍卫星送入轨道，该卫星重约 7～11 吨，是迄今为止世界上最大的卫星。

俄国斯也有多颗军用卫星发射升空。1 月 27 日，俄罗斯 RADUGA 军用通信卫星发射升空；4 月 16 日和 4 月 27 日，KOSMOS－2462 光学侦察和 KOSMOS－2463 军用导航与通信卫星分别发射升空；9 月 7 日，两颗军用卫星随 GONETS 导航卫星发射升空；9 月 30 日，一颗军用预警卫星发射升空。11 月 1 日，MERIDIAN 军用通信发射升空，用于保障俄罗斯在北极地区从事科考任务的轮船和飞机与地面基站的通信，同时还将扩展俄罗斯在西伯利亚与远东地区的卫星通信网络。

另外，6 月 22 日，以色列的 OFEQ－9 侦察卫星发射升空，增强了以色列的军用监视能力；11 月 5 日，意大利的 COSMO-SKYMED－4 合成孔径雷达卫星发射升空，是全球第一颗分辨率高达 1 米的雷达卫星。

（三）科学卫星发展迅速

2010 年，科学卫星增长十分显著，包括中国在内的多个国家均发射了科学实验卫星，为开展相关的科学研究提供更多有力的工具。2010 年 3 月 5 日、8 月 10 日和 9 月 22 日，中国分别将“遥感 9 号”、“遥感 10 号”和“遥感 11 号”卫星送入轨道，主要用于科学试验、国土资源普查、农作物估产和防灾减灾等领域。6 月 15 日，中国将“实践 12 号”卫星成功送入太空，主要用于开展空间环境探测、星间测量和通信等科学与技术实验。8 月 24 日，中国将“天绘 1 号”卫星成功送入轨道，该卫星将主要用于地图测绘等诸多领域。10 月 6 日，中国成功通过“一箭双星”将“实践 6 号”04 组两颗空间环境探测卫星送入太空，主要进行空间环境探测、空间辐射环境及其效应探测、空间物理环境参数探测，以及其他相关的空间科学试验。11 月 5 日，中国成功发射第二颗“风云 3 号”卫星，该卫星将与第一颗“风云 3 号”卫星组网运行，进一步提高中国气象观测能力和中期天气预报能力。

3 月 4 日，美国价值 5 亿美元的 GOES－P 新型气象卫星成功送入预定轨道，它将成为美国地球环境同步卫星网络中的一颗备用卫星。4 月 8 日，欧洲首颗专门研究地球冰层任务的 CRY OSAT－2 卫星发射升空，将以新的视角向人们展示在地球系统中地球冰层对气候变化的作用。

（四）导航卫星领域竞争加剧

2010 年，导航卫星领域竞争更加激烈，其中以美国 GPS 系统、俄罗斯“格洛纳斯”系统和欧洲“伽利略”系统为代表的三大导航系统进展不一，而中国的“北斗”导航系统部署不断加快，日本的第一颗导航系统卫星也发射升空。

2010 年 5 月 27 日，美国的 GPS 系统首颗新一代 GPS 2F－1 导航卫星发射升空，为 GPS 的继续稳定运行提供了重要的保障。俄罗斯的“格洛纳斯”系统则有喜有忧，除成功发射可为“格洛纳斯”系统提供中继的 GONETS 卫星外，2010 年俄罗斯计划有 9 颗“格洛纳斯”卫星升空，其中 6 颗顺利升空，但于 12 月 5 日发射的 3 颗卫星不幸失败，使该系统建设遭受重大损失。欧洲的“伽利略”系统则进展不大，2010 年没有新的卫星升空。

2010 年，中国的“北斗”导航系统建设速度不断加快，共有 5 颗“北斗”系统导航卫星发射升空，使“北斗”导航系统卫星增加到 7 颗。按计划，“北斗”卫星导航系统将于 2012 年前具备亚太地区区域服务能力，2020 年左右具备覆盖全球的服务能力。

2010 年 9 月 11 日，日本成功发射了其“准天顶”系统的首颗“向导(MICHIBIKI)”导航卫星。虽然该系统主要目标是辅助和增强美国的 GPS 系统，但完全有可能升级成为日本独立的卫星导航系统。

五、航天经济前景良好

2010 年，尽管世界经济的发展仍不乐观，但许多研究机构的研究结果表明，航天经济仍保持着良好的发展态势。2010 年 4 月 12 日，美国航天基金会公布的《2010 年航天报告》显示，过去 5 年全球航天经济总量增长了 40%，2009 年虽然受全球金融危机的影响，全球航天产业却一直保持稳定增长态势，2009 年全球航天产业的收入和政府预算增加 7%，达到了 2 616.1 亿美元。其中，商业卫星服务收入比 2008 年增长了 8%，预计市场规模可达 905.8 亿美元，占整个航天经济收入的 35%。2009 年全球各个国家的政府航天预算均有大幅增长，增长率达到 16%，总计达到 861.7 亿美元，占航天经济的 33%。商业航天基础设施收入占 32%，达到 836.3 亿美元。报告预计，未来 10 年航天活动将会扩展到全球范围，商业航天的地位将更加稳固。随着越来越多国家意识到航天的战略地位和经济价值，更多新的国际组织和国家航天局将会组建，从而使航天投资进一步扩大。

2010 年 5 月 11 日，世界著名的德勤咨询公司发布了全球宇航及防务工业财政绩效研究，对 2009 年全球 91 家收入超过 5 亿美元的宇航及防务公司进行了评估。评估结果显示，虽然 2009 年经济仍然萧条，但被评估的公司有所恢复，全球防务、安全、人道主义援助，以及商业航空旅游长期发展的需求依旧强劲。

2010 年 6 月 8 日，美国卫星产业协会发布《卫星产业状态报告》显示，尽管遭受全球经济危机，但卫星产业收入在 2009 年仍然增长了 11%，与 2007—2008 年的增长 19% 相比有所下降。2009 年，卫星产业丧失了约 1.5 万个岗位，占整个工业劳动力的 5.5%。地面设备领域裁员最大，丧失 8 000 多个，发射工业裁员 400 多。

美国宇航咨询公司蒂尔集团在 2010 年 6 月发布的一份研究中称：过去 4 年发射的纳卫星和皮卫星比过去 16 年发射的此类卫星总和还多，纳卫星和皮卫星的国际市场未来 5 年还将增长 40%。研究称到 2014 年将有 416 颗皮/纳卫星搭乘 184 枚火箭进入近地轨道。

欧洲咨询公司 2010 年 9 月发布的《2019 年前卫星建造与发射世界市场调查》预测，未来 10 年全球将建造发射 1 220 颗卫星，平均每年 122 颗，比上一个 10 年年均发射 77 颗的数据有显著提高，意味着政府管理者与商业运营商对卫星能力有更大的需求。报告中指出，未来 10 年全球相关企业从制造和发射这 1 220 颗卫星中获得的收入将达到 1 940 亿美元。

英国航天局 2010 年 11 月 8 日发布委托伦敦经济研究机构完成的《英国航天工业规模与健康状态》报告显示，在经济衰退期，英国航天工业已经增长了将近 8%，价值超过 75 亿英镑。报告结论证实，面对困难的经济条件，英国航天工业保持良好势头，下游公司平均增长超过 11%，上游公司平均增长为 3%，而国家的 GDP 增长为 0.3%。除了直接惠及就业与收入，航天部门的发展也对全国其他领域和业务带来间接影响。如果考虑到供应商合约的间接价值，以及雇员和供应商的纳税收入，英国航天领域 2008/2009 年对 GDP 的贡献估计可达到 62 亿英镑。

此外，在太空旅游领域，2010 年 3 月 3 日俄罗斯宣布将中止太空旅游计划，并集中精力培训将在空间站工作的宇航员。2010 年 10 月 10 日，美国维珍银河公司进行了其商业亚轨道太空船“维珍企业号”的首次有人驾驶滑翔飞行。维珍银河公司正在建造火箭动力的“太空飞船 2 号”，它可以承载 6 名乘客及 2 名飞行员进入太空，进行亚轨道起伏飞行。乘客票价将初步定在每个座位 20 万美元左右，维珍银河公司已经收到了来自 370 名潜在客户约 5 000 万美元的定金。

2011 年，世界航天领域将继续保持快速发展。国际空间站的建设 2011 年将继续推进，美国航天飞机将执行最后两次国际空间站任务后退役，俄罗斯的运输飞船将承担起更加重要的国际空间站运输任务。另外，美国太空探索技术公司的

“龙”系列商业运输飞船和轨道科学公司的“天鹅座（CYGNUS－1)”飞船将分别进行飞行试验，而日本的HTV－2和欧洲的ATV－2等运输飞船也将于2011年开始执行国际空间站运输任务。在深空探测领域，美国的“朱诺号（JUNO)”木星探测器将于2011年发射升空，计划对木星大气层中水及氨的含量，以及大气对流情况、磁场起源和极地磁层等进行探测研究。美国的重力恢复和内部实验室（GRAIL）月球探测任务的双飞船也将于2011年发射，计划在月球轨道上对月球重力进行研究。2011年卫星仍是航天的热点领域，将有数量众多的商用通信卫星、军用卫星和科学卫星发射升空，其中美国海军的NROL系列军用卫星和研究气候变化的GLORY气溶胶传感卫星，以及法国的PLEIADES－1高分辨光学卫星颇为引人注目。此外，经历了2010年年末发射失败的俄罗斯“格洛纳斯”导航系统也计划有新的卫星发射升空，而欧洲的“伽利略”系统也将于2011年迎来新的成员。

第三部分

主要国家和地区科技发展概况

本部分介绍了美国、加拿大、巴西、智利、德国、法国、英国、俄罗斯、西班牙、瑞典、丹麦、比利时、瑞士、芬兰、爱尔兰、意大利、奥地利、波兰、保加利亚、欧盟、日本、韩国、印度、以色列、新加坡、南非、埃及和澳大利亚等国家和地区2010年的科技发展概况，包括最新出台的科技政策、计划、举措，重点发展领域与产业动向，以及国际合作政策等。

美　　国

2010 年对于奥巴马政府来说属于多事之秋，医改、墨西哥湾漏油事故以及中期选举等耗费了奥巴马政府的大量精力，而美国民众最关心的经济与就业问题的解决却不令人满意。美国经济虽已开始缓慢复苏，但增长乏力，失业率仍居高不下。

在此形势下，奥巴马政府仍继续将加强创新和创业作为其优先政策之一，呼吁延长、简化联邦研发税收优惠的政策，并使之永久化；同时加强基础研究和教育，并重点通过发展新能源等新兴产业来创造新的经济增长点。

奥巴马 2010 年初在国情咨文中强调，要振兴美国经济、促进就业、扩大出口、发展清洁能源、鼓励创新、投资教育、加快医疗改革。这些正是奥巴马政府 2010 年的施政重点。

一、科技发展概况

（一）国际竞争力有所下降，但仍是世界头号科技强国

1. 国际竞争力排名有所下降

历史经验表明，每一次全球经济危机都会引发国家格局的重新洗牌，一些国家实力下降，一些国家实力上升。美国虽拥有庞大的经济规模、强劲的商业领导地位与高超的科技水平，其竞争力却日渐减弱。瑞士洛桑国际管理学院（IMD）2010 年 5 月发布的 2010 年《世界竞争力年度报告》显示，向来排名第一的美国，此次被新加坡与中国香港超越，落到第 3 位；世界经济论坛 2010 年全球竞争力年度调查结果也显示，美国自 2009 年失去龙头地位，被瑞士超越后，2010

年排名又下降两位，位于瑞士、瑞典和新加坡之后排名第四。该组织的研究还指出，金融危机和危机的后续影响可能会给美国经济的竞争力造成长期危害。

2. 美国仍是世界头号科技强国

虽然这次金融危机对美国经济造成重创，使其整体实力有所削弱，竞争力排名有所下降，但美国仍是世界头号强国，特别是科技实力仍没有国家能与之匹敌。其巨大的科技投入、世界一流的学术研究机构以及杰出的劳动力使其在研究、创新及成果产出方面居世界领导地位。2010 年发布的《2010 年科学与工程指标》报告认为，美国在大多数科技活动中仍然保持世界领先地位，但同时也指出美国在很多具体领域科研优势呈减弱趋势。

在科技投入方面，美国仍是世界上最大的研发活动执行国。2007 年，全球研发经费为 1.1 万亿美元，其中美国为 3 690 亿美元，占 33%，比第 2 名日本的 13% 多出 20 个百分点，超过同期亚洲地区的 3 380 亿美元和欧盟 27 国的 2 630 亿美元。

在科技论文发表方面，虽然近几年美国发表的论文数占世界论文总数的比例有所下降（2009 年为 29%），但根据美国汤森路透集团对 2000 年 1 月到 2010 年 8 月 31 日期间各国家和地区在汤森路透索引期刊上发表论文的最新统计数据，美国以 2 967 957 篇论文和 46 796 090 次被引用把其他国家远远抛在后面，位居世界第 1 位，单篇论文引用次数为 15.77，仅次于瑞士排在第 2 位，比世界平均水平高出 40%。总的来看，美国科技论文的影响力最大，各科技领域论文的被引频次最多，高被引论文的数量也最多。

从专利产出来看，美国的专利产出数量多年来一直稳居世界首位。在 2008 年美国专利和商标局批准的发明专利中，美国占 49%；根据世界知识产权组织（WIPO）发布的数据，2008 年，美国申请的 PCT（专利合作条约）专利 53 500 多件，占当年专利申请总量的 32.7%，遥遥领先于排名第二的日本和排名第三的德国；2009 年世界知识产权组织共收到国际专利申请 15.59 万件，其中美国有近 4.58 万件，继续占据霸主地位。2010 年前 8 个月，世界专利合作协定专利申请总数为 10.4 万件，美国以 2.9 万件排在第 1 位，占世界总数的比例为 27.88%，比排在第 2 位的日本高出 8 个百分点。

在高技术制造业领域，美国在通信和半导体领域所占全球份额为 29%，在医药领域所占份额为 32%，在航空领域所占份额为 52%。

美国的科技实力还体现在其创新能力以及人们的创业精神和创业活动上。在创业方面，美国的初期创业活动是全世界最活跃的。随着美国经济开始复苏，一大批创业公司也如雨后春笋般涌现，这些新一代的创业公司将引领下一个十年全球科技的发展。

（二）继续加大研发投入

美国是世界上最大的研发活动执行国，科学研发（R&D）是美国极端重要的投入领域，联邦政府在国家研发投入中占有重要地位，其政策对研发机构产生深刻的影响。奥巴马执政后，发誓在十年内要使美国的基础研究经费翻番，在十年内要投入1 500亿美元用于清洁能源研发。在2009财年研发拨款创新高后，2010财年研发拨款继续加大，并在2011财年研发预算建议中提出进一步增加研发投入，最终实现其承诺的全社会研发投入占GDP 3%的目标。

1. 2010财年研发投入再创历史新高

从总体上看，2010财年美国联邦研发拨款再创历史新高。据美国科学促进会（AAAS）2010年4月测算，2010财年联邦研发预算将达到1 485亿美元，比2009财年实际拨款额增加28.95亿美元，增长1.95%。

按用途来分，基础研究增长较多。2010财年研发预算中，基础研究部分为291.39亿美元，比2009年增长3.4%；应用研究部分为309.53亿美元，比2009年增长2.5%；实验开发部分为838.52亿美元，比2009年增长1.5%；设备和装置部分为45.56亿美元，比2009年下降2.1%。

从领域看，国防、卫生、空间、能源和基础研究仍是美国政府研发拨款的重点领域。2010财年非国防研发拨款621.81亿美元。以美国国家卫生研究院（NIH）为代表的卫生领域研发拨款304.38亿美元；空间领域研发拨款93.24亿美元；以能源部（不含原子能相关的国防研发部分）为代表的能源领域研发拨款67.45亿美元。上述3个领域2010财年研发预计拨款分别比2009财年增加6.86亿美元、5.36亿美元和2.69亿美元，增幅分别为2.3%、5.7%和4.0%。、

三大机构投入十年倍增计划稳步推进。在2010财年联邦部门研发拨款中，以美国科学基金会（NSF）、能源部科学办公室和国家标准与技术研究院（NIST）三大机构为代表的基础研究主体的研发拨款朝着十年内翻番的目标稳步前进。NSF、能源部科学办公室和NIST的研发拨款分别为50.68亿美元、44.70亿美元和5.80亿美元，比2009财年分别增加3.01亿美元、9 800万美元和2 700万美元，增幅分别为5.9%、2.2%和4.7%。

2. 2011财年研发预算申请总额稳中微降

2010年2月1日，奥巴马总统向美国国会正式提交2011财年预算建议。在致美国国会全体议员的信中，奥巴马再次重申了其在首个国情咨文演说中强调的

振兴美国经济、促进就业、扩大出口、发展清洁能源、鼓励创新、投资教育等方面的施政重点。

根据奥巴马提交国会的2011财年预算建议，2011财年美国政府研发预算总额为1 480.71亿美元，比2010财年减少4.29亿美元，降幅为0.3%。

二、出台一系列科技计划及战略措施

2010年，美国以新能源领域为重点，同时加强资源与环境、气候变化、医药卫生等领域的研究与开发，在空间、交通、信息通信、先进制造、材料等领域也出台了一系列新的计划与政策措施。

（一）大力发展清洁能源技术和产业

2010年，美国继续在经济刺激计划的支持下致力于贯彻奥巴马政府的清洁能源战略和优先领域，以各种方式加强清洁能源技术的研发并大力扶持新能源产业。

1. 形成完整的能源研发体系，全面开展能源研发

2009年末部署的以能源先进研究计划局、能源前沿研究中心和能源创新中心为代表的新的能源科学研发体系已经在2010年正式开展工作。2010年预算中对这3个机制分别投入4亿美元、3.7亿美元和1亿美元。全面工作将于2011年开展。3种能源研发机制从点、线、面全方位涵盖了从能源技术基础研究到商业推广、从小团队攻关到大兵团作战、从原始创新到集成创新的各个层面。

2. 为发展碳捕集与封存（CCS）定调

2010年2月，白宫发布了《CCS发展备忘录》，计划拟定一系列具体措施，以加快CCS技术的商业化发展，并成立由能源部和环保局牵头、14个联邦机构参与的CCS部际工作组以促进这项工作的开展。8月，CCS部际工作组向奥巴马总统提交了《CCS部际工作组报告》。报告认为，美国未来大范围部署CCS是可行的，现有的技术、财政等因素不会成为阻碍CCS发展的根本障碍。报告提出了CCS商业化发展的规划目标，即到2016年左右开展5～10个商业化项目。报告还强调，发展CCS的关键是明确和保证碳交易价格，认为这将对CCS的发展产生巨大的市场驱动力。

3. 大力发展能源领域的新型战略产业

为应对气候变化和就业压力的双重挑战，美国开始致力于发展能源领域的新型战略产业，包括基于本土的风电机、太阳能电池、汽车电池制造业等。以汽车电池为例，美国目前新能源汽车的电池 98% 产自亚洲，奥巴马提出，今后几年要把美国汽车电池的自给率提高到 40% 。同时，美国政府还通过补贴、贷款担保等形式促进绿色能源产业发展。

4. 公布参议院版《美国能源法》草案

2009 年 6 月，美国众议院通过了《美国清洁能源与安全法案》，随后提交参议院投票。由于两党分歧较大，参议院则另起炉灶，由民主党参议员约翰·克里、独立参议员约瑟夫·利伯曼共同起草参议院版本的气候法案讨论稿。2010 年 5 月 12 日，历经 7 个月讨论的参议院版《美国能源法》（American Power Act）终于公布。法案规定：以 2005 年排放量为基准，美国温室气体排放到 2020 年减少 17% ；到 2030 年减少 42% ；至 2050 年减少 83% 。

5. 实施一系列计划、项目，促进能源技术的研发和产业化

2010 年，美国以能源部为主实施或宣布实施了一系列计划项目，以构建美国清洁能源经济基础，创造新型产业及就业岗位，减少美国对他国的能源依赖。重点包括：5 年投资 2 亿美元的太阳能和水电技术投资计划；7 600 万美元的先进节能建筑技术研究计划；《2010—2014 美国智能电网研发多年项目计划》。

（二）医疗卫生领域

医疗卫生是获美国联邦政府投入最多的领域，2010 财年卫生部与人类服务部获研发拨款 311. 73 亿美元，接近非国防研发拨款的一半，其中国家卫生研究院（NIH）获 304. 38 亿美元。2010 年，美国政府发布了一系列医疗卫生的战略措施，并以 NIH 为主要实施单位，开展了大量医疗卫生领域的基础研究工作。

1. 发布首个国家卫生安全战略

2010 年 1 月 7 日，美国卫生与人类服务部（HHS）发布了美国首个国家卫生安全战略。该战略指出，在未来 4 年内，美国将利用信息技术在发生大规模紧急事件的情况下保护美国人民的健康，包括改进与卫生相关的公众信息通信系

统。该战略明确提出了两个宏大目标，一是要培养社会团体的抵抗力，二是要加强和维持卫生及应急响应系统。

2. 公布首个抗击艾滋病国家战略

美国目前有大约110万人感染艾滋病病毒，每年新增感染人数约为5.6万。2010年7月13日，美国政府公布了首个抗击艾滋病国家战略，力争今后5年把国内新增艾滋病感染人数降低25%。此外，新战略还着眼于在病人确诊感染艾滋病病毒的3个月内为他们提供相关治疗，在全国范围内加强预防艾滋病的宣传与教育等。美国卫生与人类服务部（HHS）将从医改法案设立的疾病预防基金中划拨3 000万美元用于艾滋病预防。

3. 启动基因型－组织表达研究计划

2010年10月9日，美国国家卫生研究院（NIH）宣布启动基因型－组织表达研究计划（GTEx），研究基因变异如何控制基因活动及其与疾病之间的关系，创建疾病遗传易感性研究资源，为未来生物学研究建立组织资源库。GTEx计划为期两年，由NIH的共同基金资助。

4. 通过《2010年干细胞治疗与研究再授权法》

2010年10月，美国国会通过了《2010年干细胞治疗与研究再授权法》。该法将给予C. W. Bill Young干细胞移植计划5年的再授权，建设包括成人骨髓捐献者的国家注册库以及周围血液（成人）干细胞、脐带血装置以及国家脐带血目录（NCBI）。

（三）环境与气候变化

1. 发布《2011—2015财年环保局战略规划》

2010年9月30日，美国环保局向国会及管理和预算办公室提交了《2011—2015财年环保局战略规划》，提出了5个方面的战略目标：采取行动应对气候变化并提高空气质量；保护美国的水资源；净化社区、促进可持续的发展；确保化学品安全，并防止污染；加强环境立法。规划还提出了5个交叉基本战略：扩大环境保护主义对话；保护环境正义和儿童健康；促进科学研究和技术创新；加强州、部落和国际伙伴关系；加强环保局员工队伍和能力建设。

2. 应对气候变化

在2009年12月哥本哈根召开的联合国气候变化大会上，奥巴马总统表示，作为世界最大的经济体和第二大排放国，美国应该承担并决心承担自己对气候变化的责任；美国将会履行承诺，到2020年实现减排17%的目标，并在2050年实现80%的最终减排目标；美国将会参与到快速启动的筹资活动中，到2012年将筹资超过100亿美元，以帮助发展中国家应对气候变化。

虽然未能获得国会的法律授权，联邦政府无法形成强有力的气候政策，但美国各界在适应和应对气候变化方面的脚步却没有停歇。“美国的气候选择”项目、“总统气候行动计划”、机构间气候变化适应特别工作组以及NSF等机构分别发布报告或实施工作计划，敦促政府采取行动，并为政府应对气候变化出谋划策。

据奥巴马提交的2011财年预算建议，美国全球变化研究计划（USGCRP）2011财年研发预算达到26亿美元，比2010年增加4.39亿美元，涨幅达到20.3%。

（四）发布新的国家空间政策

奥巴马总统于2010年6月28日发布了新的国家空间政策。作为美国今后开展航天活动的指导性文件，该政策旨在进一步强化美国在空间探索方面的领导地位，为世界各国和平利用太空创造稳定、有效的环境。

美国新国家空间政策的要点如下：

（1）继续坚持长期以来所奉行的太空探索原则，认为所有国家都有和平开发、利用太空的权利，使太空为全人类带来福祉。

（2）呼吁所有国家以负责任的态度开展太空活动，避免太空事故、误解和不信任。

（3）扩大航天探索的国际合作。美国将最大限度地开展合作活动，合作领域包括：太空科学与探索、对地观测、气候变化研究、环境数据共享、太空减灾和救援、碎片监测与观察等。

（4）建立强大、有竞争力的太空工业基础。

（5）充分认识稳定太空环境的必要性。

（6）以新的、更为积极的方式进行太空探索。

（7）坚持利用太空系统为国家与国土安全提供支撑。

（8）全面利用太空系统以及来自这些系统的信息与应用，研究、观测全球气候变化与自然灾害，并为应对全球变暖和自然灾害提供支持。

（五）加强信息通信领域的立法和实施

1. 众议院通过《加强网络安全法》

2010年2月4日，美国众议院通过了《加强网络安全法》。该法提出：要壮大高素质的网络安全队伍；增加联邦政府在网络安全领域的研发投入；促进网络安全技术的商品化和市场化；加强网络安全教育，提高全社会对网络安全的认识。

2. 出台高速宽带发展计划

奥巴马政府认为普及高速网络对于经济增长、创造就业、增强全球竞争力来说是非常必要的。美国在互联网的覆盖范围和传输速度方面已经落后于欧洲和亚洲的一些国家，为此，2010 年 3 月 16 日，美国联邦通信委员会（FCC）正式对外公布了未来十年美国高速宽带发展计划，其目标包括将目前的宽带网速度提高 25 倍，并扩大覆盖范围，为所有美国人提供“买得起”的互联网服务，释放 500 兆赫频段用于无线服务等。

此外，继 2009 年批准 72 亿美元经济刺激资金用于宽带发展计划，2010 年 6 月，奥巴马总统又签署了第二轮宽带发展经济刺激资助计划，将提供总计 7.95 亿美元用于农村及其他地区的宽带发展，私营部门将为此提供 2 亿美元的匹配资金。

3. 加强对网络安全的组织和协调

2010 年 5 月 29 日奥巴马公布了网络安全评估报告，宣布设立美国政府网络安全协调员一职，统管美国网络安全事务，并任命网络安全专家霍华德·施密特担任第一任网络安全协调员；6 月 25 日，白宫发布了《网络空间中可信身份的国家策略》草案，旨在增强网上安全与隐私保护；美国国防部部长盖茨 6 月 23 日正式下令组建网络司令部，以统一协调保障美军网络安全和开展网络战等与计算机网络有关的军事行动；此外，美国是世界上第一个引入网络战概念的国家，也是第一个将其应用于实战的国家，美国还建立和发展了新的军种——网军；9 月中下旬，美国与其他国家联合开展了名为“网络风暴 3”的演习，推动网络安全工作。

（六）材料与先进制造领域

1. 稳步推进纳米技术研究

美国于 2001 年实施《国家纳米技术行动计划》（NNI），至今已有十年。十年中，美国对纳米研究的投入稳步增长，取得了丰硕的研究成果。

2010 年 3 月 25 日白宫科技政策办公室（OSTP）公布了总统科技顾问委员会（PCAST）向总统和国会提交的《国家纳米技术行动计划》（NNI）第 3 次评估报告。报告认为，在过去的十年中，美国 25 个联邦机构参与了纳米相关研究，共投入120亿美元，对美国纳米技术创新能力的增长起到了“催化和显著提升的作用”。报告同时指出，如果不解决一些关键问题，如通过增加对产品商业化和技术转移的投入，确保新的纳米技术方法和产品进入市场；加强纳米技术在环境、卫生和安全等领域的开发，美国在纳米技术领域的领导地位将受到影响。

作为国家纳米技术计划（NNI）的一部分，国家科学基金会承诺对纳米技术的社会影响研究予以支持。2010年10月，国家科学基金会宣布延长与亚利桑那州立大学纳米技术社会研究中心以及加州大学纳米技术社会研究中心的合作协议，未来五年为这两个中心分别投入650.7万美元和607.6万美元，意在用总计超过1 200万美元的投入撬动对纳米技术的伦理、法律、经济与政策影响研究的更大投入。

2. 重振制造业，向实体经济转型

美国是世界制造业头号大国，强大的制造业奠定了美国在20世纪很长时期经济繁荣的基础。然而，20世纪90年代后期以来，随着全球化和技术进步，以及发展中国家工业化进程的加快，美国制造业的竞争力受到日本、德国、韩国等工业化国家以及中国、印度等新兴经济体的挑战。特别是近年来，美国过度依赖以金融业、房地产业为代表的虚拟经济，使得其制造业开始走下坡路，制造业国际竞争力不断下滑。《2010年全球制造业竞争力指数》报告显示，美国目前在全球排名第四，至2015年，其排名将下滑至第5位，是唯一居于高位而排名预计将下跌的国家。

此次金融危机，美国经济遭受重创，使其深切体会到了金融业、房地产等虚拟经济的脆弱性，在反思之余，美国目前正在把注意力转向以先进制造为代表的实体经济，通过一系列措施力图重塑制造业的优势地位，向实体经济转型。这些措施主要包括：①加强振兴制造业的有关立法；②通过教育和培训提高劳动者素质；③鼓励和推动制造业研发创新及商业化；④大力培育新兴先进制造业；⑤为制造业提供积极的金融支持；⑥加大出口，促进制造业发展。

三、开展以新能源为重点的国际科技合作

国家利益至上、国际合作服务国内需求是美国开展国际合作的一贯原则。当前，美国正试图通过发展新能源产业重振美国经济，并把新能源产业打造成美国未来经济的新增长点。因此，奥巴马总统执政以来，国际科技合作主要围绕新能

源领域开展，2010 年亦是如此。

（一）"中美清洁能源联合研究中心"开创合作新模式

作为世界上两个最大的能源消费和温室气体排放国，美中在新能源领域的合作是双方各自发展的需要。2010 年，中美双方在能源领域的合作势头未减，积极推进中美清洁能源联合研究中心（CERC）机制下的合作。目前，双方均已遴选出各自在清洁煤、清洁汽车和建筑节能 3 个研究领域的产学研联盟，并按议定书要求落实了资助经费。密歇根大学、西弗吉尼亚大学和劳伦斯伯克利国家实验室将分别领导美中清洁能源中心（CERC）美方清洁汽车技术、清洁煤技术（包括碳捕获与封存）和能效建筑技术研究团队开展工作。

另外，在电动汽车领域，双方的实质性合作进展较快，2010 年分别在北京和美国阿贡国家实验室召开了电动汽车标准研讨会和电动汽车与电池技术研讨会。

（二）美加合作研究清洁能源材料

2009 年 9 月，美加两国在华盛顿联合发布了主题为"向低碳经济转型"的"美加清洁能源对话"行动计划。2010 年 6 月 30 日，美国和加拿大联合宣布了"清洁能源对话"框架下的一项合作协议，将重点开展清洁能源的研究和开发。该协议的合作机构为加拿大能源技术中心材料技术实验室（CANMET-MTL）和美国能源部橡树岭国家实验室（ORNL），主要支撑清洁能源和能源高效材料的科研工作。

（三）美印合作研发清洁能源技术

作为奥巴马访问印度成果的一部分，美国与印度于 2010 年 11 月 8 日达成清洁能源研发合作协定，包括页岩气和清洁能源。

两国将在印度设立清洁能源研发中心，未来 5 年将与民营企业每年共同提供 1 000 万美元资金。奥巴马指出，美印合作研发清洁能源技术的具体措施包括：在印度设立研发中心，并联合研究太阳能、生物燃料、页岩气和提高建筑物的能源效率等。研发中心的最初重点发展领域是太阳能、第二代生物燃料和建筑物能效。合作协议为 10 年。

（四）宣布美洲能源与气候伙伴关系新合作计划

2010年4月15日，美国能源部部长宣布作为美国与南美能源与气候伙伴关系计划的一部分，发起新的合作计划与建立新的合作伙伴，帮助南美地区发展清洁能源和加强能源安全。此次合作项目的重点是：清洁能源项目合作、技术援助与资金援助、可再生能源、电力基础设施与地震预防等。新的合作计划与伙伴关系包括：推进加勒比地区电网建设；美洲开发银行发起能源创新中心计划，美国能源部和美洲开发银行签署建立能源创新中心协议，双方将协调30亿美元融资渠道，促进区域项目和活动。

（五）美法日三国将加快研究第四代核反应堆

2010年10月5日，法国原子能署、美国能源部和日本原子能署共同签署了一份在第四代核反应堆模型和实物示范领域的合作意向书，法美日三国当前规划的第四代反应堆将必须满足可持续性、竞争性、安全性、可靠性和可防止核扩散等明确的标准。该三方联盟标志着美法日三国将加快在可持续核能发展这一战略领域的合作。

（执笔人：赵俊杰）

加拿大

科技创新仍然是加拿大政府促进经济复苏、增强持续竞争力的重要手段。政府高度重视科技发展，哈珀总理2010年内多次亲自出席重大科技活动并做重要讲话，制定出台一系列促进经济增长的新科技计划。同时，加拿大社会各界也广泛关注支持科技创新，加拿大竞争和繁荣研究所公布了题为《贸易、创新和繁荣》的研究报告，建议政府拓展贸易关系、投资基础设施、整合移民、开展投资教育、帮助工人转行等。民间团体“加拿大创新行动联盟”于2010年10月也发布创新研究报告，针对提高生产率、创造就业机会、提高收入水平等提出了具体行动计划建议。

一、加大科技投入

加拿大科技投入逐年增加，2010—2011年度联邦政府科技投入再创历史新高，达到117亿加元，占联邦政府2010—2011年度预算总支出的4.2%，比2008—2009年度增长了10.4%。从资金用途看，74亿加元用于研究和开发费用，43亿加元用于数据收集和综合、信息服务、政策教育等。从资助领域看，3/4的资金用于自然科学，1/4用于社会科学和人文科学。

从资金分配看，其中59亿加元将拨付给联邦政府部门和机构，而包括大学、企业、非营利组织和国外团体在内的其他部门将获得58亿加元的支持。加拿大三大科技拨款机构：自然科学与工程研究理事会（NSERC）、卫生研究院（CIHR）和社会科学与人文研究理事会（SSHRC）分别获得1.087亿、9.77亿和6.83亿加元的拨款。科技支出最大的4个联邦部门是：工业部（8.84亿加元）、国家研究理事会（7.67亿加元）、加拿大统计局（7.90亿加元）、自然资源部（7.72亿加元）。工业部仍然是联邦政府职能部门中科技支出最大的部门。

开展研发的主要联邦部门是工业部、国家研究理事会、加拿大原子能公司、加拿大农业与农业食品部以及航天局。

二、深入实施以刺激经济为核心的新科技计划和战略

（一）开展大型科学设施计划，加大知识基础设施建设

加拿大一直不遗余力地加强知识基础设施建设，营造世界一流的科研环境。2010 年 10 月 22 日，加拿大科技国务部部长古德伊尔宣布实施大型科学设施计划，为大型科学设施提供长期、稳定、可预期的资金支持。加拿大在全国遴选了数个大科学计划或称之为主要科学设施，为全加拿大乃至全球科研人员使用前沿技术和设备、开展前沿研究提供了平台。在此之前，加拿大大型科学设施一般由一家或几家机构共同拥有，向全加拿大研究人员开放。这类设施通常规模巨大且复杂、运行成本高，独家机构难以负担。根据科技和创新委员会等机构的建议，加拿大政府保证将稳定、持续提供资金，并强化责任和监管。加拿大政府将向加拿大创新基金拨款 1.85 亿加元，支持未来五年大型科学设施计划的运行费，加拿大创新基金则向有资格的设施（一次性获得过 2 500 万加元投资的设施）提供全部运行费的 40%。

（二）实施加拿大创新商品化计划，促进中小企业创新

2010 年 10 月初，加拿大政府根据 2010 年度预算启动实施“加拿大创新商品化计划（The Canadian Innovation Commercialization Program）”，投资 4 000 万加元鼓励政府部门采购中小企业开发的产品和技术，促进中小企业开展创新。该计划由加拿大政府公共工程及服务部负责实施，中小企业办公室负责具体执行向加拿大中小企业的采购。

加拿大创新商品化计划的目标是：①缩小创新商品化之间的鸿沟；②支持加拿大供应商；③为商品化前的产品和服务提供实用评估；④改善政府运作效率和提高工作实效。

（三）制订数字经济战略，抢占领先地位

2010 年 5 月 10 日，加拿大政府发布了《数字经济战略》咨询文本，将在充

分征询公众意见后正式出台。加拿大政府制订《数字经济战略》的目的，在于凝聚朝野以及学术界在发展数字经济方面的共识，确定未来发展重点，切实推进施政报告和2010年预算案中将加拿大定位于世界数字经济领导者地位的承诺。

数字经济战略主要包括5个要点：一是提升数字技术创新应用能力；二是建设世界级数字基础设施；三是发展信息通讯技术产业；四是开创加拿大数字媒体（数字内容）优势；五是加强未来数字化技能建设等。

三、进一步加快发展科技优势领域

（一）能源与环保领域

2010年10月6日，加拿大政府出台了第一个国家可持续发展战略，提出要进一步加强对绿色能源经济的投入，5年内要通过清洁能源基金在清洁能源技术，包括碳捕获与储存技术的研发与示范方面资助10亿加元，通过绿色基础设施基金在可持续能源项目方面支持10亿加元。除已公布的超过8亿加元的碳捕获与储存项目外，加拿大联邦政府还向纸浆和造纸业提供为期3年总计10亿加元的经费用于改善其能源效率和环境。政府的强力支持提升了加拿大能源项目的吸引力，根据安永会计师事务所的最新可再生能源国家吸引力指数分析，加拿大已成为可再生能源项目投资最有吸引力的目的地之一。

（二）卫生及生命科学领域

加拿大2011财年新增的科技经费中，用于卫生及生命科学的也占了较大比重。一是加拿大基因组研究所（Genome Canada）新增了7 500万加元的经费，主要用于区域基因创新中心针对特定森林和环境问题的研究工作。二是加拿大卫生研究院也新增1 600万加元，用于资助与卫生有关的研究开发。三是进一步解决CHALK River核反应堆关闭带来的医用同位素紧缺问题。未来两年内，加拿大联邦政府将通过自然资源部共投入3 500万加元用于支持同位素生产新技术的研究开发，向加拿大卫生研究院提供1 000万加元用于支持同位素和影像技术进入临床应用，向加拿大卫生部提供300万加元支持其与有关方面一道优化医疗系统同位素的使用。

（三）航空航天及汽车产业

加拿大航空航天产业居世界第5位，主要设计并制造支线飞机、飞行模拟器、小型汽轮发动机、直升机、起落装置以及环境控制系统等，2009 年产值达到 220 亿加元。在 2010 年 7 月英国法恩伯勒举办的国际航展上，加拿大航空航天参展企业表现不凡，已经拿下了 14 亿美元新合约，标志着加拿大航空航天企业成为世界重要供应商，在该领域处于国际靠前地位。加拿大联邦政府和魁北克政府宣布，共同支持利勃海尔集团（Liebherr Group）在魁北克省的拉瓦尔投资，为庞巴迪 C 系列飞机制造起落架。此前加拿大联邦政府魁区经济发展署已经为该项目贷款 65 万加元。加拿大工业部还宣布，英国 BAE 系统公司与加拿大 AVCORP 工业公司签署 5 亿美元合同，在卑诗省生产 F－35 战机变型舷外翼。加拿大政府已向联合攻击战斗机（JSF）计划投入 1.68 亿加元，而加拿大国内的企业、大学和研究机构目前已从该计划获得了总价值 3.5 亿的合同，预计该计划最终将为加拿大产生 120 亿加元的收益。

四、不断深化国际科技合作

2010 年是加拿大国际事务年，加拿大成功举办了温哥华冬奥会、八国集团和二十国集团领导人峰会，推出“马斯科卡协议”和“明智主权观”，充分发挥了在国际事务中的领导作用。加拿大政府进一步通过加强国际科技合作促进科技发展和开拓国际贸易，在以欧美科技合作为重点的基础上，积极拓展与新兴市场国家的科技合作。中加科技合作随着中加关系持续升温不断深入，成效明显。加拿大政府实施的走向全球创新计划（Going Global Innovation），已支持了 170 多个企业和科研机构的研究人员建立和发展与国外伙伴的科技合作关系，中国已经成为该计划的第一大合作伙伴。

（一）强化以欧美为重点的发达国家科技合作

加美保持着稳定的特殊关系，重启波弗特海划界谈判，共同合作绘制北极海床地图。双方在气候变化问题上协调立场，同时提出 17% 的量化减排目标，并就能源合作问题进行深入会谈。加拿大－加利福尼亚创新战略伙伴计划得到进一步支持，投入 100 万加元资助涉及碳储存、新生物燃料和节能计算机等领域的 15 个项目。加拿大太空署和美国航空航天署合作开展“Pavilion Lake 湖底微生物化石探测计划”，在训练太空人驾驶潜水器的同时，可让科学家展开湖底微生物化石的研究，为未来太空人登上月球或水星做准备。

自 2010 年 1 月以来，加拿大与欧盟进行了多轮会谈，推进彼此间在航天航空、化学、铝、汽车零配件、能源等领域的深入合作。加拿大和瑞典于 5 月签订了科技合作谅解备忘录，双方将扩展在卫生、高技术、农业和绿色技术等领域的合作，进一步推动两国的科技发展。加拿大外长、国际贸易部部长、工业部部长和科技国务部部长分别对土耳其、希腊、意大利、英国进行了成功访问，与各国间的科技合作进一步增强。

（二）拓展以中国为重点的新兴市场国家科技合作

在保持与欧美等发达国家传统合作的同时，加拿大进一步重视与新兴市场国家的科技合作。在2010 年度财政预算中，加拿大联邦政府两年内将新增拨款 800 万加元作为国际科技合作伙伴计划的种子基金，用于支持与中国、印度和巴西等国的研究开发活动。

随着中加关系进入新的发展阶段，中加科技合作也不断深入。2010 年 6 月，胡锦涛主席访问加拿大，双方强调将致力发展中加战略伙伴关系，并在科技、环保、卫生、核能、新能源等领域进一步加强合作。科技部万钢部长、王伟中副部长对加拿大进行了成功的访问，有力地促进了双方的科技合作。在上海召开的第三届中国—加拿大科技合作联合委员会会议上，双方同意在联委会框架下增加信息通讯领域工作组，并就近期 6 个领域工作组的规划、推动科技成果产业化、青年科学家交流等广泛交换了意见。科技部与加拿大阿尔伯塔省续签了科学技术合作谅解备忘录，通过与加拿大安大略省共同主办科研资金管理研讨论坛深入开展科技合作。

与印度、巴西等发展中国家的科技合作也进一步加强。加拿大科技国务部部长率领大学代表团于 2010 年 11 月初访问印度，分别与印度科技部长查万、印度政府首席科学顾问拉贾戈帕兰等进行了会谈，讨论了关于科技、创新和知识转移的问题，进一步推进相互间的研究合作。与巴西共同投资 370 万加元实施 6 个科技项目，涉及光学纤维、生物降解塑料、卫星技术、地理信息、无线通讯和纳米技术等领域。

继续支持发展中国家的环境、卫生医药和社会发展等方面的合作项目。哈珀总理在 2010 年 7 月亲自宣布支持与非洲的科技合作，拨款 2 000 万加元帮助非洲建立 5 个科学、数学和科技中心。环境部部长普伦蒂斯宣布投入 4 亿加元继续支持发展中国家应对国际气候变化，新成立的“加拿大重大挑战”组织发起了总投入 2 000 万加元的加拿大新星计划，鼓励年轻科学家参与应对全球卫生问题，通过创新解决发展中国家的卫生健康问题。

（执笔人：驻加拿大使馆科技处）

巴　　西

2010 年是巴西总统卢拉任期的最后一年，也是《科技创新行动计划（2007—2010）》的收官之年。作为新兴大国，巴西在各领域的发展为世界所瞩目。2010 年，巴西继续重视科技创新，增加科技投入和研发投入规模；召开了第四届全国科技创新大会，对《科技创新行动计划（2007—2010）》进行总结，并谋划未来几年的国家科技战略，酝酿出台下一阶段重大科技计划。

一、科技发展概况

（一）科技投入继续增加

根据巴西科技部最新公布的统计数据，2009 年巴西科技投入达 511.687 亿雷亚尔，占 GDP 的 1.63%，比 2008 年增长 15.7%。研发（R&D）投入为 390.527 亿雷亚尔，占 GDP 的 1.24%，比 2008 年增长 15.14%。其中，联邦政府和州政府的公共 R&D 总投入（占总量的 52.78%）仍略高于企业（占总量的 47.22%）。2010 年巴西联邦政府预算增长明显，公共投资预算达 1 519 亿雷亚尔，比上年增长 37%。同时，联邦政府支持科技项目计划的力度加大，科技部预算拨款 76 亿雷亚尔，比 2009 年增加 45%。2010 年巴西国家科技发展基金（FNDCT）规模为 31 亿雷亚尔，预计 2011 年将增至 38 亿雷亚尔。

（二）学术论文数量持续上升

据汤森路透集团的统计数据，巴西 2009 年发表科技论文 32 100 篇，比 2008 年增加 5%，位列世界第 13 位。其中，在农业科学、动植物科学领域发表论文分别占到世界总量的9.89%和7.04%，表明巴西在这些领域的科研实力和国际影响力十分突出。

二、重要科技计划和科技政策

（一）重要科技计划取得进展

2010年5月26日至28日，巴西召开了第四届全国科技创新大会。大会以“探讨国家科技创新政策，促进可持续发展”为题，对《科技创新行动计划（2007—2010）》的实施情况进行全面回顾，并对下一阶段国家科技创新政策提出建议，为制定2011—2014年“行动计划”提供重要参考。会议期间探讨了科技创新促进可持续发展、创新在企业运营中的地位、巴西在基础科学研究领域面临的挑战、教育与科技创新、科技创新推动社会平等及加快社会融合、巴西在新的世界科技创新版图上的位置等议题。

巴西科技部还推出了“《科技创新行动计划（2007—2010）》2007—2009年主要成果报告”，对照“行动计划”的目标，对计划实施情况进行了全面总结。报告认为，这三年巴西国家科技创新体系得到进一步完善，各相关部门、领域之间的协调得到加强，企业科技创新积极性得到提升，战略领域研发创新取得新进展，科技创新正在更好地服务于社会发展。

（二）出台优惠政策鼓励企业创新

为鼓励企业加大自主创新投入，巴西于2010年7月19日出台了具有法律效力的“495号临时措施”，对在本国开展科技研发投入的企业和科技型中小企业在政府采购及资助基金方面给予优惠和差别化对待，其中还规定在政府采购公开招标中对于有创新投入的本国企业给予最高25%的优惠。

（三）巩固企业创新网络建设

巴西联邦政府于2007年通过6.259号法令提出构建巴西技术体系（Sibratec），旨在支持和促进本国企业技术开发，提升企业竞争力。到2010年已形成由14个创新中心网络、20个技术服务中心网络以及22个技术推广中心网络组成的技术体系。

三、重点领域发展及国际合作

（一）航空航天领域

2010 年，巴西继续探索本国航空航天领域发展，巩固并深化已有国际合作关系，并寻求与更多的国家开展合作。

“Fogtrein Ⅰ”和“Fogtrein Ⅱ”行动是由巴西 Avibras 航空航天公司和巴西高等研究院（IEAV）航空分院共同发起的火箭科学实验行动。作为“Fogtrein Ⅰ”和“Fogtrein Ⅱ”2010 行动的组成部分，巴西 2010 年在阿尔坎特拉火箭发射中心共发射了 4 枚科学实验火箭，包括两枚“基础实验火箭”（FTB）和两枚“中介实验火箭”（FTI）。巴西希望借此检测火箭发射流程，探索低成本火箭生产。

2010 年，中巴地球资源卫星 CBERS－2B 卫星停止运行。CBERS－2B 卫星于 2007 年发射，3 年多来，共为巴西用户传回 27 万多张图片。中巴双方拟于 2011 年在中国发射 CBERS－3 地球资源卫星，继续两国在航天领域的合作。

2010 年 8 月，巴西－乌克兰合资的阿尔坎特拉旋风空间公司（ACS）启动“旋风”4 号（Cyclone－4）火箭项目，预计于 2012 年在巴西阿尔坎特拉火箭发射中心发射“旋风”4 号运载火箭。

（二）生物技术及生物能源领域

巴西于 2007 年通过法令出台了“生物技术政策”，计划未来十年投资 100 亿雷亚尔，力争在 10～15 年内，推动巴西成为全球生物技术领军国家。2010 年，巴西生物技术和生物能源领域继续快速发展。

1. 农业生物技术发展前景广阔

联合国粮农组织在 2010 年 6 月发布的《2010—2019 年全球农业前景报告》中称，今后十年内，巴西将成为全球最大的农业生产国。到 2019 年，巴西农产品产量占全球比例将由目前的 26% 提升到 35% 。

2009 年，巴西转基因作物种植首次超过阿根廷，一举成为继美国之后全球第二大转基因作物生产国。巴西是世界第二大大豆生产国，大豆产量约占粮食产量的 40% ，占全球市场的 30% ，占本国农产品出口的 20% 。为进一步提高中西部地区大豆产量，巴西农牧业研究院正着力研发适合于稀树草原土壤种植的大豆品种系列。该院已启动53个基因改良项目，其中包括玉米、向日葵、西番莲等品种的基因改良。

2. 加强生物乙醇原料研发试验

巴西继续加强生物乙醇原料研发试验。2010年上半年，巴西甘蔗技术中心科研人员研制出高糖转基因甘蔗，可使生物乙醇燃料产量提高30%～40%。2010年4月，巴西农牧业研究院向议会农牧业委员会建议利用甘蔗生长期加工和销售高粱乙醇。这是由于高粱具有生长周期短、吸水量少和机械化收割程度高的特点，高粱乙醇产量也比较高。

3. 提高生物柴油原料多样性

目前巴西生物柴油80%以大豆为原料，在巴西现有48家生物柴油生产厂家中，以大豆为原料的有42家。巴西政府认为，应提高生物柴油原料多样性，提高利用其他植物生产生物柴油的比例。为此，巴西科研人员正加紧研究如何解决提高油棕榈生物柴油产量的瓶颈问题。2010年5月，联邦政府推出“油棕榈生产可持续发展计划”，准备投资6 000万雷亚尔，以扩大和更新当地农业基础设施，培养和优选种子和种苗，并采取有效措施鼓励北部和东北部地区农业生产者改种油棕榈，达到保护环境和提高农民收入的目标。

4. 成立农业能源研究所

巴西最权威的农牧业研究机构——农牧业研究院于2010年12月成立了由能源生物技术、生物质开发加工、副产物技术和信息管理4个专题实验室组成的农业能源研究所，旨在整合资源，提升巴西在农业能源领域的研发创新实力。

（三）纳米领域

2010年11月，巴西科技部下属的重要综合性研究机构——巴西技术研究院（INT）成立了纳米中心。该中心将为深化技术研究院在纳米领域的研究提供有力支撑。

基于巴西与西班牙签署的科技合作谅解协议，两国于2010年8月推出了为期3年、总额300万雷亚尔的科研人员研发创新项目资助计划，并将纳米领域列为优先资助领域。从事优先资助领域研究的符合资历条件的巴西科研人员可向国家科技发展理事会提交项目材料并申请经费。

（四）信息和通信技术领域

巴西科技部和国家科技发展理事会于2010年12月推出了一项总额350万雷亚尔的“软件人才培训资助计划”，旨在提升巴西软件及信息技术服务企业的国际竞争力。目标是促进该领域从业人员深入掌握软件工程知识，提升软件开发水平，同时，培训一批零起点或相近专业人员充实到技术人员队伍中来。

巴西与欧盟于2006年和2007年签署了科学技术战略合作协议。在这一协议框架内，2010年巴西与欧盟签署了信息通信技术合作计划，双方将各向该项目注资500万欧元，用于促进研究人员技术交流和企业间尖端信息通信技术合作。

（执笔人：王莹石　蒋德华）

智　利

智利政府高度重视科技创新，通过科技创新提高竞争力是其促进经济社会发展的重要施政理念之一。2010 年 3 月智利政府更迭，右派政府取代执政近 20 年的左派政府，对国内外政策做出较大调整，但对历届政府大力支持科技创新的政策持继承和发展的态度，支持基础和应用科学研究，制定 2010 至 2020 年度创新与竞争力议程，并重视创新人才培养，加强国际交流与合作，在科技创新工作方面取得了新的进展。

一、大力扶持科学技术研究

2010 年 1 月新年伊始，智利国家科委即宣布投资 8 000 万美元支持 2010 年度优秀科研项目，这些项目都是经专家委员会评选确定的，共 412 个。其中，比重最大的为生物学项目，共 66 个，占总数的 16%；其次为工程学项目，51 个，占 12.4%；占第 3 位的是医药学项目，43 个，占 10.4%。继此之后，9 月智利国家科委又宣布资助 42 项应用科研项目，168 项基础科研项目。其中，42 个应用科研项目资助资金总额 130 亿比索（约合 2 600 万美元），主要侧重解决国家发展面临的突出问题，建立科研机构与生产企业的联系，重点是健康和生产制造领域。168 个基础科研项目资金总额为 84.87 亿比索（约合 1 700 万美元）。项目选择侧重增强国家基础科研能力和青年人才培养，每个项目一般为期 2 ~ 3 年。其中，62 个为自然科学及精准科学项目，占 36.9%；52 个为技术项目，占 31.0%。项目的承担人主要为 40 岁以下的年青人，比例达 81.5%。

二、制定2010至2020年度创新与竞争力议程

智利政府的经济发展目标是2021年达到发达国家水平。而在此过程中，创新十分重要。为促进科技创新，智利政府委托创新促进竞争力国家委员会在广泛征求各届意见的基础上，于2007年制定了国家创新战略报告第一部，于2008年制定了国家创新战略报告第二部，提交总统供决策参考。2010年3月，右派皮涅拉政府上台后采取了继承的态度，以两部战略报告为基础，制定了2010至2020年度创新与竞争力议程，其具体内容如下。

（一）加强企业创新

一是促进智利企业靠近技术前沿。加强有关机构识别国际先进管理实践和技术、评估现有差距、采纳并推广适用技术的能力；刺激企业吸收前沿技术的积极性，通过专门的咨询机构、推广成功样板、对能力培训提供补助、对购买特殊机器和装备给予帮助等来扶持和鼓励，最终目的是扶持企业通过研究与发展提高竞争力。

二是发展促进企业创新的生态系统。通过提供税收优惠鼓励创新；对创新者提供咨询和培训；促进大学知识的转移，促进副产品技术推广；创建研究所、技术园、孵化器，加强大学与企业的联系，使创新者接近国际创新网络；加强对创新的财政支持等措施，创造促进创新的整体氛围。

三是发展真正的创新集团企业。在国家具有战略意义的领域，即具有比较优势、增长潜力大的领域，重点扶持，促进其创新。

（二）增强具有战略导向的科学能力

作为创新与发展的平台，智利必须增强知识能力，这应该通过两个途径来实现：一是加强高级人才培养，二是加强科学研究。这就要求不断加大创新投入，资助更多的科研项目，培养更多的科研人才，特别是在国家社会和生产领域面临挑战的领域。

（三）全面培养高层次的人力资源

要应对知识经济的挑战，取得持续增长和平等，其关键在于人力资源通过知

识解决问题的能力、提高生产力和改善生活水平的能力。为此，初等、中等和高等教育都是重要的，但更重要的是要建立终身学习的理念。而国家也应提供更多的学习和进修机会，为学生深入学习提供方便，如互认学分点等；对企业人员培训提供帮助；对低收入人员学习和进修提供补贴。

（四）加强和发展大学的第三职能

大学的第三职能就是其在知识经济中的作用。大学要在知识经济建设中发挥主导者和催化剂的作用。国家要调整大学资源的分配标准，要刺激大学向生产领域倾斜，根据其对国家经济，特别是生产领域创新的贡献情况，决定国家的资金分配。改变以前僵化的、一成不变的分配标准。

（五）加强创新机构建设

进一步明确国家创新部长委员会的作用，加强其创新的综合协调作用；从法律上明确创新促进竞争力国家委员会的地位；进一步理顺和完善国家科委和经济部生产促进协会的管理职能；加强地方创新机构建设；争取每年创新投入不少于国民生产总值的0.9%。

三、确定科技创新人才培养思路

智利政府高度重视人才培养，认为没有人才就没有国家的发展。其人才培养的思路是建立一套既相互关联而又富有弹性的人才专业培养和技术培训系统，使之既符合劳动力市场需要，又与国际系统接轨。基于此，形成智利人才培养的3条主线：（1）建立终身学习系统；（2）确保教育与培训质量并符合社会需求；（3）扩大教育与培训的覆盖面并侧重于低收入人群及技术层面。

（一）向建立终身学习系统的目标迈进

建立终身学习系统就是通过教育、培训和工作使劳动者终身获得知识和技能。其具体措施，一是强化劳动力竞争力定义与认证系统，吸收生产领域的人员参加，因为他们是真正人才培养方向的决定者。二是强化不同教育与培训系统间的联系。三是强化教育与培训系统的信息系统建设，给予教育与培训单位指导与信息反馈。

（二）确保教育与培训质量并符合社会需求

智利高等教育机构间的质量差异较大，但由于大学都属自治性质，政府干预权力有限，智利政府主要是通过认证和倾斜性资金扶持来引导提高高等教育水平。在培训领域着重解决的是信息不对称问题，因为多数培训机构为小企业，不掌握劳动力市场需求和素质要求，使培训和需求脱节。智利政府采取的应对措施主要有：加强高等教育质量认证系统；将国家财政直接扶助资金转化为稳定、透明、根据接受单位表现进行分配的基金；加强和完善高等教育基金竞争分配模式；根据劳动力市场需求整合技术培训市场。

（三）扩大教育和培训的覆盖面，重点倾斜低收入阶层和技术培训

针对智利低收入阶层接受高等教育的比例远远低于中高收入阶层的问题，政府主要采取3项措施来加以解决：一是强化高等教育助学贷款，使其面向所有高等教育机构，倾斜低收入阶层；二是强化奖学金系统，重点倾斜低收入阶层；三是增强对低收入阶层工人培训的支持力度。

四、扩大国际交流与合作

2010年，智利政府与相关国家的科技合作十分活跃。6月，智利国家科委宣布将与瑞士教育与研究部合作开展4项科学研究，分别集中于能源和气候变化领域。在气候变化领域的3个项目为：（1）“智利中南部淡水生态系统中的气候变化：从湖水沉积物看气候变化的影响”；（2）“季节性高山积雪与气候变化关系模型：智利中部干旱、半干旱安第斯山地区实地观测研究”；（3）“从安第斯山冰核研究大气污染和气候变化的变迁”。在能源领域的研究项目为：“瑞士与智利能源发展：公共政策与可再生能源”。同月，智利国家科委宣布，将与德国研究协会共同资助合作科研项目，重点领域为人类疾病的基因及分子基础研究、天文学及天体物理学、地理学及地震学等。

7月，智利国家科委宣布，面向全国征召科研项目，加强与德国、阿根廷、巴西、哥伦比亚和墨西哥之间的科技合作。对入选项目将提供往返国际机票及15～30天的生活开销支出。与德国合作项目重点支持：生物技术、可再生能源基础研究及自然资源的可持续利用；与阿根廷合作项目重点支持：生物技术、水产与渔业、信息和通讯技术；与巴西合作项目重点支持：生物技术、信息通讯、

能源与纳米技术；与哥伦比亚合作项目重点支持：生物技术、教育、海洋科学、能源与矿业；与墨西哥合作项目重点支持：生物技术、健康、信息通讯技术及天文学。

9月，智利国家科委组织食品、农业、渔业和生物技术方面的专家，参加了欧盟在布鲁塞尔召开的主题为“以知识为基础的生物经济”会议，积极参加欧盟第七研究与技术发展框架。11月，智利国家科委主任阿吉莱拉先生率智利代表团一行11人访问北京，与中国科技部副秘书长王志学等8人组成的代表团举行了第八次中智政府科技合作混委会，商谈了在地震、生物科技、新能源、电信等领域加强科技交流与合作的问题，并签署了会议纪要。智利代表团还参观访问了中国国家地震局台网中心、中科院基因所和新能源所、中关村高科技园区等，与相关单位专家和管理人员进行了交流和研讨。

智利政府高度重视科技创新在经济社会发展中的支撑和引领作用，积极扶持科技研究、大力加强科技人才培养、不断拓宽与周边及科技先进国家的交流与合作，其宗旨在于提高智利经济及其出口产品在国际市场上的竞争力，促进经济发展。近年来，智利经济持续、稳定、健康地发展，这与其重视科技创新和人才培养是密不可分的。

（执笔人：刘春龙）

德　　国

2010 年，德国经济实现复苏，并率先走出危机成为带动欧洲经济增长的火车头。“加大创新力度、调整产业结构、保持国际竞争优势”的政策取向是德国经济迅速走出危机的重要内因。德国研究与创新专家委员会在《德国研究、创新和技术评估报告 2010》中表示：2010 年，德国联邦政府适时加强了研究、创新和教育领域计划部署，德国国家创新体系在危机中表现出色。

2010 年 6 月，德国联邦教研部发布了双年度的《联邦创新与研究报告 2010》。报告认为：德国联邦政府的研究创新政策已成功完成了重组，并与高技术战略实现了集成；德国联邦政府和各联邦州政府通过实施三项“改革协议”，包括“精英倡议”、“高等教育协议”和“联合研究与创新协议”，增强了国家研究创新体系的能力，提升了德国在科研领域的国际吸引力；在德国联邦政府推动下，高技术战略、三项改革协议、科研国际化战略实现了互补。

一、研发投入持续增长

2010 年德国联邦政府研发经费支出保持了持续增长，为各类科技创新活动提供了有力支撑。2010 年德国联邦政府研发经费支出预计将达 127.07 亿欧元（其中不包括《经济振兴一揽子计划Ⅱ》所含经费）。2009 年到 2010 年，德国联邦政府年度研发经费支出增幅约为 4.5%。

从执行部门来看，2010 年德国联邦教研部掌握了约 58% 的研发经费，共计约 74.27 亿欧元；其他 14 个联邦部门掌握剩余 42% 的研发经费，其中排名前五位的部门是德国联邦经济技术部、德国联邦国防部、德国联邦农业部、德国联邦环境部和德国联邦交通部。从技术领域来看，空间技术、基础研究大型装备、创新与基础条件、医药健康和能源技术 5 个领域在 2010 年德国联邦政府研发经费支出中绝对量位居前列。2010年，航空技术、食品科学、信息技术、材料科学、海洋与极地技术等领域研发经费支出的年度增幅最大。

二、创新环境不断优化

（一）重视推动青年人才培养

目前，德国拥有一支高素质的科研队伍，从事各类研发创新活动的科技人员已达50.6万人。近年来德国联邦政府一直高度重视青年人才培养工作，根据《联邦青年人才培养报告》，德国联邦政府将逐步在以下几个方面进行改革：①帮助青年人才规划职业前景；②增强青年人才培养政策的有效性；③加强德国大学的国际化程度；④促进科研体制内外人才资源的自由流动。近年来，德国联邦政府在加强青年人才培养方面所采取的具体措施有：①在大学推广"非升即离"制度；②对因经济原因无法继续深造的青年人才给予支持；③加强青年科学家小组工作，设立更多青年教授席位；④加强大学、企业和政府部门合作，消除人才资源流动障碍，承认青年人才在大学外获得的技能；⑤扩大企业与大学联合培养项目；⑥将青年人才培养作为大学和科研机构考核的重要指标等等。2010年，德国联邦政府推出了新的《国家奖学金计划》，按照该计划将统一规范奖学金的申请与颁发标准，并将增强奖学金颁发力度，使奖学金覆盖面提高到8%。

（二）支持产业共性技术研发

德国联邦政府高度重视通过支持产业共性技术研究、组建中小企业产学研合作平台等措施，帮助企业特别是中小企业解决共性技术问题，提高产业竞争力，消除由于企业规模小带来的科研劣势。该领域主要有德国联邦经济技术部负责的《产业共性技术研究计划》，该计划由德国工业研究联合会具体组织实施。该研究计划每年资助约1 500个项目，其中约500个为当年新增，资助力度在20万到30万欧元间。按照德国联邦经济技术部规定，《产业共性技术研究计划》资助的项目属于应用研究，项目研究成果不为某家企业所独享，要以书面形式向其他企业开放，并通过多种途径促进其尽快实现市场转化和推广应用。2010年，《产业共性技术研究计划》总经费投入约为1.53亿欧元，比2009年增长了近20%。该研究计划有力保障了德国企业特别是广大中小企业拥有较强技术创新和市场竞争力。调查显示，目前德国约有11万家中小企业经常性推出创新产品，其中有3.2

万中小家企业从事不间断的创新活动。

三、出台多项促进科技发展的国家计划

2010 年 7 月，德国联邦政府发布了《高技术战略 2020：思路—创新—增长》。该战略为德国未来 15 年科技研发规划了新的发展路线。战略认为：伴随着危机，全球新知识竞赛速度将不断加快，面向专利、技术和市场引领地位的国际竞争将继续加剧，科学技术在未来必须为支撑德国经济发展发掘潜力、开辟新增长点。面对气候变化、人口增长、常见疾病传播、世界粮食安全、资源能源紧缺等全球性挑战，需要依靠科研、技术和创新寻求面向未来的解决方案。

2010 年 9 月，德国联邦政府发布了面向 2050 年的能源中长期发展战略——《能源规划纲要：致力于实现环境友好、安全可靠与经济可行的能源供应》，为德国未来 40 年的能源发展政策明确方向并制定了具体目标：①在温室气体减排方面，2050 年德国的温室气体排放量要比 1990 年水平降低 80% ~95%；②在可再生能源方面，2050 年可再生能源占德国终端能源消费的比例要达到 60%；③在能源效率方面，2050 年德国的一次能源消费要比 2008 年水平下降 50% 等。规划纲要表示，2011 年，德国联邦政府将发布面向 2020 年的《能源研究计划》（即第六能源研究计划）。

德国联邦政府 2010 年正式启动实施《可持续发展研究框架计划》。该研究计划的总体战略是：通过积极开展可持续发展领域基础研究，进一步深化对地球系统的整体认知，并在此基础上实现知识、技术和应用创新，从而在政治、经济和社会领域为实现可持续发展探索可供选择的行动方案。研究计划包括 5 个关键行动领域：①全球责任与国际合作网络化；②地球系统与地质科学；③气候与能源；④可持续经济与资源利用；⑤社会发展。该研究计划实施期限为 10 年。2010 年到 2015 年为第一阶段，此阶段总研发经费为 20 亿欧元。该研究计划的资助方向体现了 3 个新趋势：①重视与发展中国家开展合作；②积极与新兴市场国家在气候变化领域建立研究合作伙伴关系；③加强基础研究，深入了解地球系统。

2010 年 11 月，德国联邦政府发布了由德国联邦经济技术部编制的《信息与通讯技术战略：2015 数字化德国》。该战略面向 2015 年为实现“数字化德国”的总体目标规划了发展重点、主要任务和研究项目。德国联邦政府在该战略中制定的具体发展目标有：到 2013 年，德国联邦政府各部门能源消耗要降低约 40%；到 2015 年，德国要在信息通讯行业实现新增 3 万个劳动就业岗位等。该战略包括 6 部分内容：①通过推广应用信息通讯技术加强德国经济竞争力，实现经济增

长和就业增加；②建设适应未来需要的信息通讯网络设施；③集成新媒体技术，在未来网络中更好保护用户个人权利；④推动信息通讯技术领域研发创新，促进相关研发成果市场转化；⑤开展新媒体技术应用培训与能力建设；⑥解决信息通讯技术发展所面临的社会领域挑战，如可持续发展、气候变化、健康、交通、居民生活质量改善等。

2010 年 11 月，德国联邦政府发布了《生物经济 2030：国家研究战略》。战略制定的发展目标是：到 2030 年，将德国发展成为基于先进生物技术的可再生资源产品、可再生能源产品以及相关技术服务的国际研发创新中心，并在粮食安全、应对气候变化、资源环境保护等方面发挥国际领导作用。该研究战略包括 6 部分内容：①全球粮食安全，通过开展农业生物技术研究，确保全球粮食供应安全；②可持续农业，通过开展资源节约与环境友好型农业技术创新，应对气候变化，保护生态环境，实现可持续农业生产；③食品安全，通过开展消费导向型的产品和技术创新，实现健康、高品质和安全的食品供应；④可再生资源工业化应用，通过大力发展白色生物技术，实现可再生资源的工业化应用；⑤生物质能源技术，大力发展生物质能源技术，生物质能源将在未来德国复合型能源结构中发挥重要作用；⑥开展跨学科国际合作与社会领域研究等。

四、重要领域最新进展

（一）纳米技术

2010 年，德国联邦教研部在《纳米创新——2010 行动计划》和《工业与社会材料创新计划》（WING）框架下继续推进纳米技术领域研发。2010 年，德国联邦教研部新启动了总经费为 3 600 万欧元的“纳米自然”（NanoNatur）和“纳米护理”（NanoCare）两个研究项目，下设 20 个研究课题。

2010 年，德国在纳米技术领域取得了新进展：

（1）马普固体研究所利用隧道扫描显微镜研究锡纳米粒子，证实金属粒子呈纳米状态时获得超导性能的温度将会大幅增加，该发现为开发室温环境下的超导材料提供了新方向。

（2）莱布尼茨固体与材料研究所发现，通过在硅材料中嵌入锗纳米晶体可有效阻止热传导过程，该成果将可用于温差发电，开创了硅材料新应用领域。

（3）马普传染生物学研究所和生物物理化学研究所共同揭示了病菌组装致病因子运输系统基本机制，即纳米注射器组装机制，该发现对于研发更为有效的抗感染药物具有重要意义。

（4）弗朗霍夫材料与射线技术研究所利用碳纳米管技术研发出了低成本、操作简便、厚度薄（仅为几个纳米）的聚合物抗静电镀膜新工艺，该成果可用于汽车燃油管路防静电镀膜等领域。

（5）弗朗霍夫分子生物与应用生态学研究所研制出了新型可净化空气的地砖，该地砖表面喷敷了二氧化钛纳米粒子层，可有效将空气中氮氧化物等有害物质转化为无毒的硝酸盐。

（二）生物技术

2010 年，德国联邦教研部实施了总经费为 5 000 万欧元的《德国农业生物技术计划》，重点加强植物生物技术领域研发。从 2010 年到 2015 年，德国联邦教研部将陆续启动“系统生物学新方法研究”、“医药系统生物学”、“系统生物学计算网络研究”、“虚拟肝脏”、“老年健康系统生物学”等项目，项目总经费为 1.24 亿欧元。2010 年，慕尼黑“生物技术集群”在第 2 轮“尖端集群竞赛”中胜出，获得 4 000 万欧元经费支持；“生物技术创业竞赛”第 4 轮启动，到 2015 年该项目将为胜出者提供约 1.5 亿欧元的经费支持。在新建生物技术研究机构方面，2010 年德国联邦教研部新建了 2 家伯恩斯坦计算神经科学中心：“海德堡中心”，重点开展精神疾病遗传因素研究；“图宾根中心”，重点开展感知推理研究。至此，德国就拥有了 5 家伯恩斯坦计算神经科学中心，后续 5 年将获得 4 300万欧元经费支持。为了支持干细胞研究，德国联邦教研部投入 2 000 万欧元在明斯特建立了干细胞研究中心，重点开展多功能干细胞诱导应用技术研究。

2010 年，德国在生物技术领域取得了新进展：①马普进化人类学研究所成功破解了 2008 年在西伯利亚地区发现的古人类指骨化石中线粒体脱氧核糖核酸序列；②“1000 基因组”研究计划取得了新进展，研究表明每人平均携带着 300 个缺陷基因，其中约有 100 个与遗传疾病相关，该成果可用于探索基因变异体在发病过程中的作用；③马普分子生物医学研究所利用分子机理成功使实验鼠细胞“复位”过程变得更为有效，该成果将有助于患者自身干细胞修复；④布里斯托尔－康斯坦茨研究所首次研发出了不用水作溶剂的液态蛋白，新型液态蛋白可保持原有三维结构和特性，该成果为蛋白质生物化学研究带来了根本性创新，可广泛应用于生物医药领域；⑤马普分子细胞生物与遗传学研究所发现了与 DNA 双链断裂修复有关的基因，该成果将加速 DNA 修复基因的寻找速度，并将带来新的医疗应用可能。

（三）信息通讯

2010 年，德国联邦经济技术部继续推进《宽带战略》，提升德国信息通讯技术的国际竞争力。德国联邦经济技术部继续实施《智能网络倡议》，在智能交通、智能电网、卫生服务、电子教育、电子政务5个领域开展智能网络建设；该倡议还包括了《IPv6国家行动计划》。2010年，德国联邦教研部组建了“物联网创新联盟”，并在此创新联盟框架内成立了“数字产品记忆”、“使用语义技术的产品综合信息系统”和“数字物流联盟”3个研究联盟；德国联邦经济技术部实施了总经费为7 000万欧元的“中小企业自治仿真系统”和“综合智能家居系统”2个灯塔项目。在“服务网”研究领域，德国联邦经济技术部组建了“服务网创新联盟”，继续实施总经费为2亿欧元的《“特修斯”智能网络服务计划》，开发下一代网络搜索引擎。为了促进“云计算”技术发展，2010年9月德国联邦经济技术部启动了总经费为3 000万欧元的“可信赖的云计算”科技竞赛项目；并于10月发布了《云计算行动计划》，该行动计划包括推广云计算技术、通过示范项目发掘市场潜力、建设有利于云计算技术发展的创新环境、参与相关国际技术标准制订等内容。在信息安全技术领域，2010年10月，德国联邦教研部宣布未来5年将投入1亿欧元用于信息通讯安全技术研究，并将投入1 200万欧元开展更为安全的量子通讯技术研究。德国联邦教研部与德国联邦内政部联合实施总经费为3 000万欧元的《IT安全研究工作计划》进展顺利，德国信息通讯安全研究中心招标工作于2010年启动。在促进信息通讯技术产业化发展方面，继续通过《中小企业创新计划：信息通讯技术》等计划支持信息通讯技术领域中小企业开展相关研发创新活动，该计划每年为企业提供约1亿欧元经费支持。

2010年，德国在信息通讯技术领域取得了新进展：信息通讯技术行业为德国创造了80多万劳动就业岗位，7.2万家企业从事信息通讯技术领域研发创新、产品生产和技术服务等工作，行业规模接近1 200亿欧元。而且信息通讯技术的重要性和影响力远远超出了其行业自身，德国的众多支柱行业如汽车、机电、医药等，其研发创新高度依赖于信息通讯技术。在德国的出口产品中，信息通讯技术产品所占比例也很高，有近80%出口产品都与信息通讯技术相关。

（四）电动汽车

2010年5月，德国联邦政府召开了“电动汽车——保障未来之路”全德电动汽车峰会，德国联邦总理默克尔出席了会议，会后发表了联合声明并宣布成立德国“国家电动汽车平台”；该平台下设驱动技术、电池技术、基础设施与网络集成、标准化与认证、材料与回收、后续人才培养、框架条件制定7个工作小组。2010年，德国联邦教研部发布了《电动汽车电池科研战略》，该战略包括提升竞争能力、构建科研合作网络、在欧盟范围内组建合作联盟等内容，并表示未来电池技术研发重点是电池材料与电化学、电池生产、电池系统集成研究3方面；启动实施了“电动汽车关键技术研发”项目，开展整车系统、能源管理系统、电池技术与集成、车体材料等方面研究；“电动汽车系统研究”项目也取得初步进展，完成了两个测试平台的建设工作；实施期限9年的《国家氢燃料电池计划》在2010年底进入第二阶段，该阶段将获得约7亿欧元经费支持；为了进一步支持青年研发团队开展研发创新，德国联邦教研部新设立了“电动汽车研究奖”等奖励措施。2010年，德国联邦经济技术部实施的《服务于电动汽车的信息与通信技术》研究计划取得了新进展，由47家企业与科研单位承担的7个项目实施顺利，2011年上述项目将获得5 370万欧元经费支持，相关企业也将提供6 810万欧元配套经费。2010年，德国联邦交通部负责的《电动汽车示范区》计划进展顺利，总经费为1.15亿欧元的137个项目已经启动实施。

2010年，德国在电动汽车领域取得了新进展：①柏林工业大学与美国研究人员联合开发出了新型铂合金催化剂，该催化剂可大量节省贵金属铂，使汽车氢燃料电池生产成本降低约80%；②弗朗霍夫化学技术研究所开发出了新型热塑纤维复合车体材料，该材料不仅有良好的性能而且可重复回收利用，与传统材料相比可减少约50%的重量和生产成本；③奥迪公司研发的“A－2”型电动汽车一次充电后耗时7小时完成了从慕尼黑到柏林600多公里的运行，创造了电动汽车连续行驶600公里的新世界纪录；④宝马集团公司展出了公司第2款“Active-E”高效纯电动车，并在全球对600辆“Mini”纯电动汽车进行了道路测试，宝马公司还新增4亿欧元投资扩建位于莱比锡的生产基地，生产达到零排放标准的“Maga-City”电动汽车；⑤奔驰集团公司计划在2010年投放约200辆B系列“F-CELL”氢燃料电动汽车，公司与中国比亚迪公司签署了合作备忘录，计划联合创立新品牌、共同研发电动汽车。

（五）可再生能源与节能减排

2010年，德国联邦政府发布了《国家可再生能源行动计划》，对其现有促进可再生能源发展的相关法规和政策进行了整合，并制定了到2020年可再生能源消费量达到18%～20%的约束性指标。2010年9月，德国联邦政府发布了《能源规划纲要》，表示“可再生能源是未来能源供应的可依靠支柱”，并宣布将在2011年推出新一轮能源研究计划。2010年，德国联邦教研部在可再生能源技术领域研发经费支出约为1.26亿欧元，新启动了总经费为300万欧元、期限3年的“薄膜太阳能电池技术开发”项目。在二氧化碳捕获与封存技术（CCS）方面，2010年德国联邦经济技术部在《二氧化碳减排技术研究计划》框架下实施了10个研发项目，并开始规划建设3万千瓦级的碳捕获与封存技术试点电厂项目。在可再生能源产业化发展方面，2010年4月德国联邦政府发布了《加强德国光伏产业竞争力》报告，计划在未来3~4年时间内投入1亿欧元用于支持德国东部地区太阳能光伏发电产业发展。为了进一步推进海上风电发展，从2011年起德国复兴信贷银行（KFW）将推出《海上风电特别发展计划》，该计划提供的总信贷额度将达50亿欧元。

2010年，德国在可再生能源与节能减排领域取得的新进展有：①弗朗霍夫太阳能系统研究所贝特博士获得了欧洲技术与研究组织协会颁发的“2010年度创新奖”，其研究团队利用电池堆叠技术开发出了转化效率达41.1%的太阳能电池；②美因茨大学研制出了突破20%转化效率世界纪录的太阳能薄膜电池生产新技术；③德国微系统技术研究所与弗莱堡大学联合研制出了全球转化效率最高的混合太阳能电池，研究人员利用纳米粒子表面处理工艺使其转化效率超过了2%，而此前最高转化效率仅为1%~1.8%；④2010年4月，德国首个海上风力发电场项目“阿尔发风险投资（Alpha Ventus）”全面竣工并实现并网发电，该海上风电场位于德国北海地区，拥有12台功率5 000千瓦风力发电机组，年发电量约2.2亿千瓦时；⑤2010年，德国当年新建的太阳能光伏发电装机容量已超过4.8吉瓦，与2009年相比增长了300%。

五、国际科技合作与交流

（一）国际科技合作经费持续增长

近年来，德国联邦教研部国际科技合作经费投入保持了稳定增长：2010年，国际科技合作总经费约为2.61亿欧元，比2009年增长了6.1%。2010年，在《可持续发展研究框架计划》框架下，德国联邦教研部新启动了《面向可持续性气候、环保技术与服务国际合作计划》。该国际合作计划总经费为6 000万欧元，重点合作对象包括巴西、俄罗斯、印度、中国、南非、越南等国家。

（二）推进大科学工程国际合作

2010年，德国主导的欧洲X射线自由电子激光装置项目（XFEL）和国际反质子与离子加速器项目（FAIR）进展顺利。2010年，波兰正式加入了欧洲X射线自由电子激光装置项目，使该项目的国际合作伙伴国家增加至8个，项目的隧洞管道建设工程于当年8月在德国正式动工。2010年10月，欧洲反质子与离子研究中心在德国正式成立，来自德国、法国、芬兰、俄罗斯、罗马尼亚、波兰、瑞典、斯洛文尼亚、印度9个国家的代表就国际反质子与离子加速器建设运行签署了国际合作协议，项目的土建工作最快将于 2011 年冬季启动，装置计划在 2017 年投入运行。

（三）双边、多边与区域合作

根据德国联邦教研部统计：到 2010 年底，德国联邦政府已与全球 56 个国家签署了政府间双边科技合作协议或协定，与 100 多个国家开展了各种形式的科技合作；德国联邦政府还积极参与了世界经济合作与发展组织、欧洲尤里卡研究计划、欧洲科技研发合作网等众多多边或区域科技合作活动。

在双边科技合作领域。2010 年，德国联邦政府与巴西政府联合举办了“德国－巴西科技创新年”系列活动；德国联邦政府与印度政府联合组建“印德科技中心”，启动了总经费为 1 200 万欧元的“印度新通道”项目，用于资助两国间学生的交流互访；德国联邦政府与澳大利亚政府继续实施“国际科学联系项目”，开展了清洁能源、信息通信、纳米材料等领域的合作研究；德国联邦政府将向南非政府提供 7 500 万欧元无偿援助，用于帮助其发展可再生能源；德国联邦教研部与智利国家科委计划将共同资助 10 个合作研究项目，研究涉及能源系统、地学研究、机器人技术等领域。在中德双边科技合作方面。2010 年 6 月，两国签署了《中德政府间关于电动汽车科学合作的联合声明》，联合成立了“中德汽车联合研究中心”；7 月，德国联邦总理默克尔访华期间，两国发表了联合公报，表示支持“中德替代动力平台”建设，继续加强两国在电动汽车领域合作；11 月，中国科技部与德国联邦教研部在德国柏林召开“中德政府科技合作联委会第 21 次会议”，双方就近年来中德双边科技合作进行了回顾，并就进一步深化合作建立“中德创新平台”等工作达成了新的共识。

（执笔人：孟曙光　王志强）

法 国

后金融危机时代，法国同样面临调整产业结构、转变经济增长方式的挑战。法国决定实行相对财政紧缩政策，未来三年大幅削减公共支出，开源节流。但为增强未来竞争力，法国将继续加大对科研创新的投入力度，坚持推进国家创新体系改革，以此确保传统技术优势，保持综合国力。

一、继续加大科研创新投入力度

2009 年法国国内 R&D 投入为 432 亿欧元，占 GDP 的 2.26%，高于 OECD 国家均值（1.9%）。法国政府与私人部门 R&D 投入几乎相当，其中政府投入企业的 R&D 费用占企业 R&D 支出的 11%，居 G7 之首。法国对 R&D 投入税收优惠幅度为 OECD 国家之最。国防 R&D 投入占政府 R&D 总投入的 30%，在 OECD 国家中仅次于美国。百万居民专利申请 39 件（2008 年共 16 707 项）。人均新注册商标（百万居民 45 件）低于 OECD 国家均值（62）。2009 年，法国吸引外国直接投资为 600 亿美元，居全球第 3 位。

二、研究与创新体系出现革命性变革

法国研究与创新体系自 2005 年以来一直处于不断调整和完善的过程中，主要是为了使法国研究更加高效、更清晰简化、更具竞争力。2010 年，无论是组织结构还是国家拥有的手段等，都是法国研究与创新体系发生革命性变革的一年。这一年法国国家研究与创新体系改革的主要任务是落实国家创新战略，把改革规划付诸实践，从而有效地促进公共科研机构与高等教育机构、产业部门之间的联系，加快技术转移和科研成果商业化，为法国产业乃至综合竞争力的提升提供技术支撑。

（一）重新聘任“国家科学与技术高级理事会”成员

“国家科学与技术高级理事会”成立于1982年，是法国政府主要科学、创新政策咨询机构。2010年年初，法国总理菲永重新聘请了来自科学、技术、产业等领域的20名专家组成理事会新一届成员。

本届理事会成员的使命，将就以下领域为政府决策提供咨询建议：（1）国家面临的科技挑战及优先研发领域；（2）法国在欧盟及国际背景下的科技政策；（3）公共科研体制架构及重大科技投入方向；（4）强化科研与企业结合的措施；（5）研究与社会的关系，包括科学文化的传播。

（二）完善科研机构研发联盟建设

根据国家创新战略，针对研究与创新体系中存在的长期积弊（研究力量缺乏活力、资源分散、研究成果转化率低、公共研究部门与产业部门联系薄弱等），法国政府不断探索体制创新模式，相继推出新的举措，不断强化国家宏观协调和资源整合力度。

设立研发联盟是落实法国国家创新战略的重要举措，旨在对法国科研版图重新布局，以消除研究和创新主体之间的隔阂，促进伙伴关系，协调相关领域内主要研究和创新主体。研发联盟在科研部和国家科研署指导下，制定科学和技术路线图，负责相关领域科学计划的制定和实施。研发联盟简化管理体制，整合资源，提高效率，强化创新机构之间的有机结合。

2010年6月，“国家人文和社会科学研究联盟”组建完成，加上2009年相继成立的“生命科学与健康研究联盟”、“能源研究协调联盟”、“数字科学与技术研发联盟”、“环境研发联盟”，法国国家创新战略确定的各优先领域均已建立起了这种协调机制。研发联盟建设标志着法国政府探索更多基于协调和伙伴关系，落实国家创新战略已完成布局而进入实质性发展阶段。

（三）国家科研中心改革成效显著

作为欧洲最大的从事基础科学研究的机构，法国国家科研中心在国家创新体系中具有举足轻重的地位，其改革成功与否颇受关注。在2009—2013年国家目标合同签署一年之际，法国国家科研中心的各项改革取得新进展，国家目标明确，科研效率提高，产学研结合更加紧密，科研人员的积极性得到充分发挥。

改革之后的法国国家科研中心，设立有10个主题的国家研究院。围绕主题科研领域成立国家研究院，有助于围绕国家目标制定、实施长期科研计划，明确本领域的优先发展目标，从而快速整合资源高效落实。

法国国家科研中心是大学和科研机构之间联系不可或缺的伙伴。“联合实验室”（UMR）仍是与大学建立科学伙伴关系的基石。联合实验室是由国家科研中心与大学或其他科研机构所属的多个实验室联合成立的行政实体。一个联合实验室的存在一般为4年，可以在评估的基础上延续。这种联合实验室占国家科研中心90%的分支机构。国家科研中心90%的实验室建立在大学内，随着以加强科研为目标的法国大学改革不断深化，法国科研中心同大学之间的人事安排已进入议事日程。

法国国家科研中心最新数据显示，2009年，国家科研中心共签署16 663项工业合同，申请402项专利，创新45家初创公司。

（四）改善“竞争力集群”计划管理机制

“竞争力集群”计划，旨在调动并支持法国同一地区经济和研发主体的积极性，产学研用密切相结合，通过在法国不同地区培育竞争力集群，激发该地区在经济和科技领域的创造活力，加快技术转移，增强吸引力，遏止企业外迁趋势。该计划2004年11月拟定，2005年7月法国领土整治和发展部际委员会决定授予66个分布在全国各地的项目“竞争力集群”标签，2007年又增授5家。

2010年5月，法国政府宣布了促进“竞争力集群计划”实施的有关决定，主要内容包括：新命名6家生态技术领域的竞争力集群；重新给予2008年竞争力集群评估中需要整改的13家中的7家竞争力集群标签，另外6家则取消；通过2家竞争力集群的土地扩展计划；将竞争力集群计划实施期间延长一年至2012年；促进“大型国债”与竞争力集群计划的协调。调整后的法国竞争力集群总数仍然保持71家。2005—2012年间，法国政府对该计划的总体投入将达30亿欧元。2010年“竞争力集群”共实施4次项目招标。

（五）完善技术转移机制

法国科研部计划在完成改革的大学内启动设立10家“技术转移促进协会”，从而强化大学技术创新和科研成果转化能力，进一步完善知识和专利的流通机制。技术转移促进协会鼓励研究人员申请专利并提供便利化措施，作为大学实验室获取专利和联系外部创新主体及企业之间的“单一窗口”。

（六）开通“科研引擎”网站

根据法国高等教育和科研部的提议，法国国家科研署（ANR）开通了“科研引擎”免费网站。网站集中了所有公共科研信息，供涉及 R&D 活动的企业和研究人员，特别是创新型中小企业查询。通过网站，企业可以项目招标的方式向公共研发机构发出需要解决的科研难题。

网站的设立，更加便利了企业与公共实验室建立关系，并可以相互对话咨询。如实施伙伴 R&D 项目，某一主题相关的所有公共科研机构的图谱，了解公共科研机构的专利和技术，甚至招聘某一特定领域的博士等，均可以通过网站给予解决。

三、法国主要研究与创新政策及计划

法国政府为了落实国家研究与创新战略，制定多种扶持政策和各类研究与创新计划，并建立国家创新政策的系统评估机制，不断完善，确保国家创新目标的实现。

（一）创新平台的建设

法国建有比较完善的面向各行业的创新平台网络体系，并有一整套相对完整的管理体制和实施措施。创新平台主要是面向创新型中小企业，同时面向竞争力集群成员机构，为它们提供一个共享资源（设备、人员及相关服务）的开放平台。实施具有良好经济前景的 R&D 项目，直至产业化和市场阶段。实施创新、试验与测试、开发原型和（或）作为“应用实验室”或“生活实验室”（Living Lab）。2010 年创新平台计划再次实施项目意向征集，并于 2011 年初完成项目遴选进入实施。

法国原子能委员会（CEA）在波尔多市郊区建设的百万焦耳激光器模拟装置，将于 2014 年投入运行，工程造价 60 亿欧元（其中一半用于激光器的制造）。该工程目标是通过模拟和精确计算的方法再现核试验过程，确保法国核试验的可靠性、安全性和法国核大国地位。

CEA 位于艾松省的超大计算中心项目进展顺利。该中心主要负责由法国实施建设的未来欧洲千万亿浮点运算能力的超级计算机的建造和运营，这一超级计算机将于 2011 年底投入运行。

（二）基于创新的“投资未来”计划

在“投资未来”计划框架下，法国科研部投入77亿欧元实施“卓越校园”计划；投入107亿欧元用于“卓越设施”、“卓越实验室”、“大学－医院研究所”、“技术研究院”、“技术转移促进协会”等项目。其中，20亿欧元用于建设4~6所“技术研究院”，促进科研成果商业化；10亿欧元用以建设10家“绿色能源卓越主题研究所”；此外，25亿欧元用于低碳能源及未来汽车的招标计划；5亿欧元用以强化法国在航天工业的优势地位，其中2.5亿欧元用于阿丽亚娜－6的研究与开发，2.5亿欧元用于新的卫星计划，尤其是国际科技合作计划。

（三）国家科研署支持的各项计划

2010年，国家科研署（ANR）资助项目领域为：生物技术与健康；生态系统与可持续发展；可再生能源与环境；工程、过程与安全；信息通讯技术；人文及社会科学；伙伴计划和竞争力集群；跨领域项目等。根据科研部的规划，国家科研署逐步推进基础研究活动的自由化发展。2010年ANR支持“自由申请项目”的经费已经由总预算的25%提升至50%，同时维持申请项目的高选择性（25%）以确保项目质量。

（四）国家创新署支持的各项计划

法国国家创新署（OSEO）为处于生命周期中关键阶段（初创、创新、开发、业务转移/购买所有权等）的创新型中小企业及特小企业提供帮助与资金支持，通过分担风险，帮助创新型中小企业获取银行和股权资本投资人的资金。OSEO的一项重要使命是为技术转移以及具有良好市场化前景的技术创新项目提供帮助和资助（主要以补贴或应偿还预付款方式），促进企业创新，增加就业与经济增长。

“工业战略创新”计划。该计划面向重要的战略性合作计划，目标是通过资源整合、联合R&D，资助行业R&D联盟，开发出高附加值的创新产品，进而培育“冠军企业”。工业战略创新计划项目的实施机构至少应该有两家企业和一家科研机构。国家创新署以补贴或应偿还预付款方式，给予最高1 000万欧元的资助。

创新型中小企业融资平台。国家创新署专门设立网上创新型中小企业融资平台（OSEO pme Capital）。法国共有250万家企业，其中97.6%为中小企业。鉴于创新型中小企业在国家创新体系中的重要作用，创新署为创新型中小企业专设网上融资平台，目前已有近 6 300 家投资人、4 200 家公司、1 662 个项目注册。这项业务为创新型中小企业，特别是初创时期的创新型企业的发展起到了关键作用。

（五）吸引人才计划

法国 2010 继续实施激励措施，加大吸引高端人才的力度，国家科研署设立“优秀客座教授”计划以及专门吸引博士后回国和青年研究人员的计划，积极创造良好的科研和创新环境，鼓励博士后回国从事科研活动，对于成功应聘的博士后研究人员 3 年内提供60 万～70 万欧元，资助支持他们建立自己的科研团队。

四、对外科技交流与合作

国际化战略是法国国家创新体系的重要组成部分。法国政府设立激励性计划，鼓励法国科研团队与国外同行开展密切合作。法国还积极参与欧盟框架计划、重大国际计划以及支持发展中国家的国际投资计划等。

（一）积极参与欧盟第七框架研究计划

根据最新统计数据，以第七框架计划资助项目数量而言，法国的国家科研中心、原子能委员会（CEA）和泰雷兹集团（THALES）名列前十家研究机构中，无论是在总体项目数量，还是在获得资助资金方面，法国都名列前茅。

（二）积极拓展与新兴国家的深度合作，双边合作成效斐然

法国每年发表的科学论文近半数是与至少一个外国合作者联合完成的。根据法国科技观察研究所（OST）相关统计，从联合发表论文方面看，与法国开展密切科技合作的主要是美国、其他欧盟国家和日本。近年来，法国在不断加强与这三方传统科学伙伴合作的基础上，积极拓展与其他地区，尤其是新兴国家的深度合作。

在法国，无论是与欧盟国家还是与世界其他国家，双边科技合作往往是最有效的。法国与美国、德国、日本、英国、澳大利亚等科技强国分别建立了政府双边科技合作计划，支持公共及私人部门开展科技合作，合作形式包括：建立联合

实验室、举办专题研讨会、专家交流、博士联合培养、博士后研究等。

（三）中法全面战略伙伴关系进入新时期，科技合作日益深化

2010年4月和11月，中法两国首脑实现年内互访。双方签署了《中华人民共和国与法兰西共和国关于加强全面战略伙伴关系的联合声明》，达成核能、航空航天和高速铁路等传统领域的多项合作，进一步拓展环境与可持续发展、农业及食品加工和金融服务等重点领域的科技合作。双方积极支持和落实科技研发合作项目，共建研发机构，加强产学研和创新合作，强调在新能源、生物、新材料、电动汽车、循环经济以及低碳技术等新兴领域加强合作。

除中法政府间科技合作之外，中国科学院、国家自然科学基金委、中国工程院、高校等已与法国国家科研中心（CNRS）、法国国家科研署（ANR）、法国国家健康与医学研究院（INSERM）等多家研究机构均签署了合作协议，双方合作的广度和深度不断拓展。

（执笔人：夏奇峰）

英　国

2010 年英国大选产生的联合政府面对严重的财政赤字和缩减各项财政支出的压力，对科学研究经费和科技政策进行了重新定位。这一年也是英国基础研究成果极为丰硕的一年，在众多领域产生了一批重要研究成果，2010 年度诺贝尔生理学（医学）奖、物理学奖均被英国科学家摘取。

一、科技发展概况

（一）研发投入

1. 研发总投入

根据英国国家统计局 2010 年 3 月 26 公布的统计数据，2008 年英国研发总支出为 256 亿英镑，占 GDP 的 1.79%，其中民用领域为 233 亿英镑，国防领域为 23 亿英镑。从投入的绝对数量来说，2008 年的总投入较 2007 年增长约 3%；如果考虑通货膨胀等因素，实际投入与 2007 年大致持平。

从 2002—2008 年间研发投入及其占 GDP 的比例来看，英国研发投入从 2004 年以来逐渐回升，2008 年投入接近 1999 年和 2001 年的历史最高水平（1.80%）。

2. 经费来源和使用情况

从经费来源来看，企业为 116.5 亿英镑，占总经费的 45.4%；政府为 28.9 亿英镑，占总经费的 11.2%；研究理事会为 27.3 亿英镑，占总经费的 10.6%；高等教育基金理事会为 22.2 亿英镑，占总经费的 8.6%；高等院校为 3.1 亿英镑，占总经费的 1.2%；私营非营利为 12.6 亿英镑，占 4.9%；海外资金为 45.5

亿英镑，占总经费的17.7%。可见英国研发经费主要来自企业、海外资金以及政府（包括政府直接投入、研究理事会、高等教育基金会等）。

从经费使用情况来看，企业使用158.9亿英镑，占总支出的62%；高等院校使用67.9亿英镑，占总支出的26%；政府使用13.0亿英镑，占总支出的5%；研究理事会使用10.4亿英镑，占总支出的4%；私营非营利使用6.0亿英镑，占总支出的2%。

（二）科研产出

2009年9月英国商业、创新与技能部（BIS）公布的“英国研究基础国际比较报告”显示，英国科研在G8国家中仍保持领先地位。其中重要的表现在于：①2008年英国论文总数占到了全球的7.9%，仅次于美国和中国；②2008年英国科学论文的引用率占到了世界总引用率的12%，仅次于美国，特别是在目前世界经济不景气时期，英国单位研发（R&D）投入所产出的论文引用最高，在G8国家中排名第一；③在世界引用率最高的1%的论文中，英国所占比重比2009年又有一定提高，从13.4%上升到14.4%；④论文篇均引用率位于G8国家的第2位，仅次于德国，优于美国；⑤在国际合作方面，英国与其他一些国家的合著论文继续攀升，并获得较高引用率，其中与美国、德国和法国的合著论文引用率超过了英国平均引用率的50%。

二、2010年联合政府的重要科技举措

新政府施政伊始，就把2011—2015年期间削减政府公共开支作为联合政府上台以来最为紧迫的任务。在这种背景下，科技预算也成为2010年英国科技界的头等大事。

（一）大幅削减财政预算，保留核心科研经费

2010年10月20日，英国联合政府公布了财政预算案。在各部门预算大幅削减的严峻形势下（许多部门平均削减达到19%以上），联合政府仍将科学经费保持在原来的一年46亿英镑的水平（绝对数量），这意味着英国的核心科研经费在很大程度上得到了保证，对英国科学家来说无疑是一个好消息。英国的核心科研经费有大约27.5亿英镑，由各研究理事会支配，有16亿英镑由英格兰高等教育资助管理委员会支配，主要用于支持高质量的研究。如果把通货膨胀等因素考虑

其中，在4年的财政预算期，46亿相当于减少了10%。

目前仍有超过20亿的研究经费无法得到保证——其中包括研究理事会大约4.5亿用于科研设施建设和科研机构维持运营的固定支出。同时，其他政府部门的研究经费也被削减。

（二）收紧移民政策，设定技术移民限额

在2010年大选之前，三大政党的移民政策都是以限制和控制为主，只是在方式和侧重点上有所不同。联合政府执政后，即刻实施收紧移民政策，并已经采取更严格的签证审核措施。内政部宣布缩减2010年度非欧盟国家技术移民签证名额，降为21 700人，较2009年减少1/5以上。学生签证和配偶签证名额也将紧缩。英国政府希望，到2015年，把外来移民名额从目前每年数十万减至每年数万人。

此前的2010年10月7日，英国8名诺贝尔奖得主在《泰晤士报》上联名发表公开信，要求英国政府放宽对科研人员的签证政策。这些科学家在公开信中表示，英国长期以来都是吸引全球杰出科研人员的中心之一，但政府近来的移民政策将损害英国对科研人员的吸引力。但是，政府没有回应这一呼吁。

（三）发布国家基础设施规划

2010年10月25日，英国政府发布了《国家基础设施规划2010》，其总投资额超过2 000亿英镑。在这个时候宣布投入大量资金加强科技基础设施建设，彰显了以科技进步推动经济长期发展的思路。

该规划的重点是低碳经济、数字通信、高速运输系统和科学基础研究等方面的科技基础设施建设。该规划将吸引公共资金和私营资本两方面总共超过2 000亿英镑的资金在今后5年里投入基础设施建设，以帮助英国经济长期发展。

1. 建立技术创新中心网络

作为《国家基础设施规划2010》的一部分，英国政府将在未来4年里投资2亿英镑，创建一系列技术创新中心，以促进英国高科技产业的发展。这些技术创新中心将会作为英国大学和商业界之间的桥梁，促进本土技术商业化。新建的创新中心将具有极大的自主性，可以根据商业需要灵活反应，向英国企业提供专业的设备和人才，同时也会向工业界推荐极具潜力的新兴技术。这些创新中心将根据全球市场情况和英国本身特点而专注于不同的技术领域，塑料电子、再生医学、高附加值制造业将是优先考虑的领域。

2. 出台塑料电子战略

2010 年初，当时的工党政府为使英国在高速发展的塑料电子领域处于世界领先地位，出台了《塑料电子：英国走向成功的战略》，同时宣布将注入 2 800 万英镑的资金。

塑料电子技术改写了硅片集成电路的传统，它将允许集成电路刻在任何大小的表面上。这将突破当前单晶硅芯片的局限，不仅大大降低生产成本，还比原来的生产模式更为绿色环保。据预测，未来十年内，塑料电子将会以很快的速度占领市场，到 2020 年，其产值将超过 1 200 亿美元，将会成为英国新的经济增长点，带来 2 万个新的就业岗位。

英国的塑料电子战略从 5 个方面阐述了塑料电子产业发展：一是拓展英国本国制造业和出口市场，认准国际合作的潜在领域；二是通过鼓励、协调和创建有吸引力的投资环境和支持商业流通，保证英国成为塑料电子产业稳定的生产基地；三是大力宣传开发新产品，运用塑料电子技术的核心优势；四是开展新的培训项目，使未来的劳动力在塑料电子业迅速发展的形势下拥有相应的技能；五是成立塑料电子领导机构来管理该行业，以提升其总体统筹能力，并进一步做好行业与科研机构的协调和沟通工作。

3. 启动超快宽带计划

2010 年 12 月 6 日，英国政府宣布启动英国的超快宽带未来（Britain's Superfast Broadband Future）计划，将投入大量经费全面普及宽带网，在 5 年内让英国的每个社区都拥有“数字中心”。根据这一计划，英国政府将投入 8.3 亿英镑的资金，并鼓励私营资金进入宽带建设领域。政府还将在基础设施建设方面进行协调，例如让所有房屋建设方都考虑留下宽带空间。此外，政府还将协调为移动网络分配更多的无线电频谱。

（四）支持企业行动和计划

在全面削减财政经费之时，英国新政府认识到在当前全球化经济时代科技和创新对于未来经济复苏的重要意义，所以在刚刚削减经费后，就陆续推出了促进企业创新的有关人才、知识产权的政策和措施。

1. 绘制技术蓝图

2010 年 11 月 4 日，英国首相卡梅伦宣布了新的技术蓝图，让英国的高技术创新企业了解政府未来支持创新的方向。为了使英国成为世界上最有吸引力的创新科技投资之地，英国政府将采取以下3方面的措施：

第一，新的“创业签证”，鼓励外国人在英国创业。卡梅伦说：“我们会推出一个新的创业签证，创业签证意味着如果你有好的生意头脑，或有雄厚的财力支持，我们就欢迎你来英国创业。”卡梅伦曾表示，跨国公司的雇员不受政府移民上限的限制。

第二，对知识产权系统进行独立评估。为确保知识产权系统能够更好地促进创新和经济增长，英国政府启动了对知识产权系统的独立评估。该评估旨在找到知识产权体系中限制经济增长的障碍，包括知识产权如何产生、使用和保护的规定。

第三，启动“知识产权同行评议”系统。通过互联网众包技术（Crowdsourcing Technologies），利用技术专家对知识产权的原始性创新以及应用等进行鉴定，保证政府识别专利的真实度。英国认为互联网极大地改变了商业内容，并变革了许多创意产业。因此，知识产权体系必须跟上时代步伐，满足数字时代的需要。未来经济发展需要高技能、高技术的部门，这些公司中最有价值的财产是知识产权，不能让知识产权体系阻碍了公司发展。

2. 支持小企业计划

2010年10月1日，英国财政部，商业、创新与技能部以及内政部等联合启动小企业支持计划，以期通过对小企业的支持，将英国经济尽快引导到复苏和增长的轨道上来。目前英国有550多万家小企业，提供英国60%的就业岗位，创造50%的GDP。英国每年有40万人计划办小企业，但小企业在成长中往往面临许多困难，需要给予扶持。

为此，“小企业支持计划”主要从加大资金支持力度、鼓励参与公共服务和支持家庭小企业3个方面来支持小企业。

（五）筹建世界上第一个绿色投资银行

对于建立绿色银行，上届工党政府就有规划，并于2010年2月在当时的财政大臣授权下，成立了绿色投资银行委员会。目前，该委员会起草完成了《释放投资，实现英国低碳未来》报告，该报告成为建立绿色银行的基本框架。

建立绿色银行的主要目的是帮助政府实现《气候变化法》所规定的到2050年减排80%的目标，用公私共投模式解决低碳技术在商业化过程中特定的市场失灵和投资障碍，实现减排成本的最小化。主要采取以下四方面手段：①解决低碳技术特定的市场失灵问题，主要通过债务和产权投资市场发展金融产品和工具，建立风险减缓机制，促使更多私营投资进入这个领域；②精简和合并英国现存的投资机构和基金，对外形成一个统一的政府融资平台；③承担政府绿色投资、绿色政策的咨询和智囊作用；④在国际绿色投资中，承担国际协调作用。

三、国际科技合作政策与战略

2009 年 1 月，当时的工党政府出台了《英中合作框架》。这是英国政府有史以来首次发表专门针对英中关系的战略框架，将发展全面对华关系作为英国政府今后数年外交工作的“重大优先目标”。2010 年 11 月 9 日至 10 日，英国首相卡梅伦对中国进行了正式访问。在访问中，卡梅伦认为中国的快速发展给英中关系注入了新的动力，认为中国的崛起对于英国而言是机遇。英国对于中国的外交政策是选择接触而非隔膜，对话而非僵持，共赢而非零和博弈，伙伴关系而非保护主义。这一大的战略基调为中英科技合作进一步奠定了坚实基础。

（一）英国政府推出《科学与创新网络报告》

2010 年 10 月 4 日，英国外交部（FCO）和英国商业、创新与技能部（BIS）联合推出了《科学与创新网络报告》。该报告是由派驻在全世界 25 个主要国家或地区 90 名英国科技外交官在近两年工作的基础上形成的，主要介绍了英国对一些国家或地区科技发展的基本评价和合作态势。根据不同国家的特点，英国开展双边科技合作的目标各有侧重：最高层次是双边科技政策、创新政策的影响与协调，特别是在气候变化和环保领域；第二层次是开辟研究基地、利用和开发科学研究资源；第三层次是进行科学技术合作研究，实现技术突破；第四层次是科学家之间的交流与互动，联合发表论文；第五层次是把握市场机会，促进商贸和经济发展。为了清楚地描述英国在国际科技合作中的规模和水平，报告提出了“科学合作伙伴国”概念。相应地，报告中用科学家联合发表论文的数量评价这种科学合作的规模，并进一步用联合发表的论文影响力与各自独立发表的论文影响力的对比来评价这种合作的效果。

（二）英国研究理事会公布国际合作战略

2010 年 3 月，英国研究理事会公布了《国际合作战略》，旨在加强研究理事会在国际研究战略和政策发展上的影响，鼓励英国优秀研究人员参与国际合作，提高国际合作研究的价值和影响，承诺将参与解决世界公共危机。

英国科研水平在世界上名列前茅，其科学技术国际化的程度相当高。在 2008

年发表的9万多篇论文中，约一半是与其他国家合著，54%的研究生和16%的教师是非英国人，且呈上升趋势。每年掌管30亿英镑研究经费的英国研究理事会的使命，就是保证国内优秀的研究人员能够利用世界上最好的理念、组织和设施，使英国科研保持领先。新战略的目的是推动科研人员的国际交流和合作，通过国际合作来达到既有合作又有竞争的目的，提升英国的影响力，给英国带来巨大的利益。具体做法有：①加强英国研究理事会在国际研究战略和政策发展方面的影响力，营造良好的国际合作环境；②鼓励英国优秀研究人员参与国际合作，并健全国际合作制度；③提高国际合作研究的价值和影响；④承诺肩负起解决世界公共危机的使命。

（执笔人：王仲成）

俄 罗 斯

世界金融危机造成的全球经济衰退局面使依赖资源出口的俄罗斯经济受到更大的冲击。2010年，俄罗斯采取措施提升国家整体科研能力，以期在从资源依赖型向创新经济转型的经济发展道路上获得进展。这些措施包括整合科技管理系统，强化国家在高校和行业科研的投入，建立现代化研发和产业化中心等。

一、2010年政府科技投入

2010年，俄罗斯政府投入的科技经费为2 176亿卢布（约合72.53亿美元），与2009年（2 278亿卢布，约合75.93亿美元）相比降低4.47%。其中，民用技术研发投入（1 590亿卢布，约合53亿美元）与2009年（1 665亿卢布，约合55.5亿美元）相比降低了4.5%。在总体资金减少的情况下，2010年俄罗斯依然制定财政政策，坚持扶持科技重点领域的发展，具体包括：

（1）加大基础研究的支持力度。首先提高俄罗斯基础研究基金的额度，每年增加30亿卢布（约合1亿美元）；其次建立基础研究领域的俄罗斯国家研究中心，以便集中国家财政资源。如对俄罗斯第一个国家科学研究中心——库尔恰托夫研究院（科学中心）在3年内给予总额为100亿卢布（约合3.3亿美元）的财政支持，其中2010年为30亿卢布（约合1亿美元）。

（2）加大重点大学的支持力度。在2010—2012年期间共投入900亿卢布（约合30亿美元），对重点大学每年给予300亿卢布（约合10亿美元）财政支持，用于更新研究和试验基础设施、加强科研、吸引国外著名学者，包括旅居国外的俄罗斯科学家。

（3）加大创新项目的支持力度。预留19.97亿卢布（约合0.67亿美元），用于支持俄罗斯总统经济技术和现代化发展委员会所批准的创新项目。

二、国家重大科技政策措施

（一）整合俄罗斯政府科技管理职能部门

2010 年初，为优化联邦政府科技发展管理部门的机构设置，俄罗斯总统梅德维杰夫签署命令撤消原俄联邦教育科学部下属的教育署和科学创新署，两部门的职能移交和并入俄联邦教育科学部。这一机构调整消除了管理上的中间环节，使俄罗斯政府教育科学管理机构在组织结构上更加清晰，提高了管理效率，避免了科技政策制定与执行相脱节的情况。在制定科技发展相关国家政策的同时，教育科学部实施科技政策、国家专项计划执行的监督职能，加强了科技政策贯彻的力度和执行的目的性。

（二）加快国家科学研究中心的发展

为发展俄罗斯创新经济，形成创新基础要素，在科技管理、组织上应用现代方法，建立统一的机制，集中力量形成技术突破，将基础研究成果高效转化为有前景的工业化技术，2009 年 9 月俄罗斯政府开始实施一项新的国家科学中心战略，并授予国际著名的俄罗斯核科学研究机构——“库尔恰托夫科学中心”首个国家科学研究中心地位。作为加快国家研究中心发展的重要措施，俄政府在从 2010 年起的 3 年内对“库尔恰托夫”国家研究中心给予总额为 100 亿卢布（约合 3. 3 亿美元）的财政支持，用于纳米、生物、信息技术和人工智能科研项目的进行，以期在上述领域形成突破。

2010 年 7 月，俄罗斯通过了有关国家研究中心的专项立法，确定了国家中心设立的特点、国家财政支持的程序，以及特殊的法律地位。俄罗斯政府决定未来还将批准 5 ~7 个国家研究中心。

（三）大力加强高校科研能力的提高

俄罗斯从 2009 年开始新一轮的现有高校体制整合。包括成立联邦大学和评定国家研究型大学。目前为止，俄罗斯的联邦大学发展为 8 家，从 2010 年起在 4 年内对每个联邦大学每年给予 4 亿卢布（约合 1 400 万美元）的职业教育现代化专项拨款，总额为 112 亿卢布（约合 3. 8 亿美元）。对 2009 年 7 月评选出的 12 所和 2010 年 4 月评选出的 15 所国家研究型大学，在 2010 年至 2013 年期间对每所研究型大学给予18亿卢布（约合6 000万美元）的国家财政支持，用于购买科研教学仪器设备，发展高校的信息基础设施，制订计划通过进修培训提高大学师资的职业技能，完善高等教育和科研管理系统。

2010年，国家拨款900亿卢布（约合30亿美元）加大对高校科研的支持力度，采取一系列措施尽快使高校在科研领域成为俄罗斯科学院，乃至世界著名科研机构的有力竞争者。其中具体措施包括：鼓励高校与企业的合作，为此建立总额为190亿卢布（约合6.3亿美元）的政府专项资金，校企合作科研经费的50%由该专项资金承担，而高校则通过科研成果的应用获得收益。鼓励高校教师从事科研，为此建立总额为120亿卢布（约合4亿美元）的高校科研专项计划，专门成立白俄罗斯著名科学家组成的项目评审委员会。通过评审的高校科研人员可从该计划直接获得15亿卢布（约合500万美元）的项目资助，以此来吸引国内外的科学家到俄罗斯高校工作。俄罗斯总理普京强调指出，这一计划“不是为企业和高校设立的，而是为科学家本人从事课题研究设立的”。

到2012年俄罗斯政府将投入380亿卢布（约合12.7亿美元）用于发展高校科研、创新基础设施，其中具体包括：从2010年起在三年内投入80亿卢布（约合2.7亿美元）用于完善高校基础设施；建立高校工程研究中心、科研设备公共服务平台、孵化器；开展风险投资管理人才培养计划。

（四）建立“俄罗斯硅谷”

2010年3月，俄罗斯政府决定在莫斯科郊区斯科尔科沃建立超现代科学中心或科学城。按照俄罗斯政府的构想，科学中心或科学城将成为俄罗斯现代技术研发和产业化的中心，其中包括实施2009年梅德韦杰夫总统批准的5个优先领域的技术项目，即能源、IT、通讯技术、生物医药以及核能技术。

2010年4月，在总统经济技术和现代化发展委员会会议上，俄总统梅德韦杰夫宣布，将采取一系列的措施促进斯科尔科沃创新区的发展，使其成为在全球具有竞争优势的俄罗斯硅谷，具体包括：

（1）税收优惠。自在创新区注册登记之日起，十年内在年收入未达到10亿卢布及累计利润未达到3亿卢布的入住企业可享受税收优惠政策。这些优惠包括：免除利润税、财产税和土地税，减免增值税，减免企业为员工交纳社会保险的费率。

（2）吸收国外著名企业家参与创新活动的管理。英特尔公司前董事长克雷格·贝瑞尔将参与创新区的领导工作，负责对外联络；2006年诺贝尔生物学奖获得者、美国生物学家罗杰·科恩伯格将同诺贝尔物理学奖获得者、俄罗斯物理学家阿尔费罗夫共同担任创新区科技理事会的主席。

（3）修改俄罗斯《劳动法》，简化、逐步取消外国专家的工作配额、移民登记和劳动许可制度，以此来吸引国外高水平科技人才。

（4）划拨土地用于创新区办公、住宅和生产厂房的建设。修改现行的建筑标准，创新区的部分建筑将建成封闭节能型样板工程。

为此，俄经济发展部专门制定了相关法律，赋予创新区特殊的地位，包括：提供税收和海关优惠政策、简化建筑项目审批程序、简化卫生检疫和消防安全技术规范、增强国家机关的服务意识，加强与入驻企业的沟通联络。

创新区采用全新的运作模式：设立基金并作为法人从事管理工作，基金成立下属公司从事经营活动。创新区的 3 种法人机构（管理机构、科技创新机构和知识产权服务机构）将享受税收和海关优惠政策。斯科尔科沃创新中心的基础设施建设正在进行，已经得到多家公司入驻创新区的项目申请。俄罗斯硅谷的建设刚刚起步，从概念到成为现实还要经历一个过程，尤其是在一个经济环境并不甚理想的背景下，其困难可想而知，但毕竟开始了。

（五）改善国内的投资环境

为改善投资环境，加强国内投资并吸引外资，2010 年俄罗斯政府采取了一系列措施，包括：

（1）调整移民政策，取消雇用外国专家的配额限制；

（2）完善基本建设和生产厂房优先建设行政管理程序；

（3）优化企业获得国家基础设施使用权的手续；

（4）简化高新技术产品进出口的海关手续并完善非原材料产品出口退税政策；

（5）完善现有的科研经费行政管理机制；

（6）对创新企业给予税收优惠；

（7）减少政府在经济中的作用和部门之间的行政管理壁垒；

（8）完善司法护法和程序。

为此俄总统梅德韦杰夫专门要求大公司，特别是石油和天然气领域的大公司承担投资项目。他指出：“在经济危机期间，国家拿出储备金对大公司给予了支持，这些公司的资产不仅保值，而且得到增值，国家有权让这些公司从事投资项目。”

政府指定副总理舒瓦洛夫为投资环境改善问题具体责任人，并决定在俄经济发展部设立支持国内和国外大型投资者的专门机构。

一年来，所有这些措施的实施使投资者开始感受到俄罗斯经济、科技和研发投资环境的改善。

（六）出台支持国防工业青年人才的“千人计划”

经济危机情况下，俄罗斯采取措施挽救和保护本国国防工业的重要力量——国防工业高技能人才。按照2010年4月通过的俄罗斯总统《关于对俄罗斯联邦国防工业年轻工作人员提供国家支持措施》命令的规定：从2010年1月1日起，俄罗斯对国防工业所属单位35岁以下、工作满两年的年轻工作人员（工程技术人员、专家和高技能工人）进行评选，对获胜者在3年内每人每月提供2万卢布（约合700美元）的津贴，以奖励其在科技工作中的突出贡献。每年获得津贴的人数不超过1 000人，一人可多次获得。

在世界经济危机的情况下，俄罗斯采取各项措施促进国防工业的发展，这使得其2009年国防工业产品总量比2008年提高了4.1%，军事产品提高近13%。

（七）加强核能领域的发展

2010年，俄政府投入532亿卢布（约合17.73亿美元）用于加快本国的核电发展。作为具体的执行部门，俄罗斯原子能集团公司下属的“俄罗斯核电”康采恩本年度投资为1 633亿卢布（约合54.43亿美元），其中，1 017亿卢布用于新核电站的建设。除了国家财政投入外，俄罗斯原子能集团公司将自筹资金301亿卢布，并融资184亿卢布。

按照国家核电发展中长期计划，俄罗斯准备在2010—2030年期间安装26台核电机组，预计在2018年前核电领域的总投入可达1.47万亿卢布，其中国家投入为6 740亿卢布。在这方面俄罗斯正为9座核电站制造发电机组，已确定要新建的核电站具体包括加里宁格勒州波罗的海核电站，还有在托木斯克州、卡斯特罗姆州和车里雅宾斯克州等地新建核电站。与此同时开始了浮动式核反应堆的制造。上述建设计划的实施可使俄罗斯核电发电量达到世界领先水平，即到2025年达到总发电量的25%（现约为16%）。

在核能领域，俄罗斯与包括中国、印度、伊朗等在内的国家开展着卓有成效的国际合作。

（八）加快实施北极战略，应对全球气候变化

北极地区蕴藏着大量的石油和天然气，据预测，其储量为几十亿吨，约占全球储量的25%；另外，北极航道有可能开通。所以，北极地区的争夺愈演愈烈。为此，2010年3月俄总统梅德韦杰夫专门召开俄罗斯安全委员会会议商讨全球气

候变化问题以及俄罗斯的应对措施。10 月俄政府批准了实施新的《俄罗斯气候学说》的整套措施。在全球气候变化问题上俄政府的官方立场为，尽管全球气候变暖问题带有很大的不确定性，但不论从生态还是从经济上，建立现代能源体系，减少温室气体的排放对俄罗斯都是有利的。针对西方一些国家提出的实行石油天然气配额制度的建议，俄政府提出：发达国家在能源领域的关税保护政策是针对一个或几个国家的，会限制俄罗斯产品的出口，形成针对俄罗斯的不良竞争。因此需要采取权衡的方案，既要考虑到俄罗斯在抑制气候变暖和生态安全方面的贡献，又要保持俄罗斯重要产品在国际市场的竞争力。

就北极附近的一些国家试图限制俄罗斯开发极地矿产资源的做法，俄罗斯政府正式提出：全球气候变化不仅带来环境变化，而且会加剧全球在能源开采、航运和生物资源开发领域的竞争。这些国家加快本国在北极地区的科研、经济开发，甚至进行军事介入，同时试图限制俄罗斯极地自然资源的开发，在法律上是不允许的；从俄罗斯地理和历史观点上看也是不公正的。

三、科技发展成果

（一）建造强子对撞机

俄罗斯杜布纳联合研究所开始建造本国的强子对撞机，在该所现有的核子加速器的基础上完成新型强子加速器，预计 2016 年投入试验工作。该项目以希腊神话中的胜利女神——“尼刻”命名，项目完成后，可以在实验室条件下模拟宇宙大爆炸和太阳系的形成过程。

该新型强子对撞机可以研究基本粒子产生的机理。杜布纳联合研究所高能物理实验室主任科克利泽指出：“在性能上，该实验设备在世界上是独一无二的，其重要性不逊色于当年苏联发射的第一颗人造地球卫星。设备投入使用后可从事核子物理领域最前沿的科研工作，核子物理研究的中心将从欧洲转移到俄罗斯杜布纳。”

这一拟建的强子对撞机被称作欧洲强子对撞机的弟弟，引起了欧洲核子研究中心的强烈兴趣。欧洲核子研究中心将积极参与该项目，为该强子对撞机制造了漂移室并已运到杜布纳，同时与杜布纳核物理联合研究所签订了合作协议，拟开展宏大的联合研究计划。采用该漂移室可以对强子对撞后的产物进行照相，其作用类似于时间太空望远镜，以此来探求宇宙形成的奥秘。

（二）卫星导航定位系统覆盖全球

2010 年俄罗斯发射了 7 颗通信卫星：分两批发射了 6 颗格洛纳斯-M 型号卫星；单独发射了 1 颗格洛纳斯-K 型号卫星。格洛纳斯-M 型卫星的使用寿命为 7 年，而格洛纳斯-K 型卫星的使用寿命为 10 年。到 2010 年底，俄罗斯全球卫星导航定位系统格洛纳斯已完成覆盖全球，整套系统超过 28 颗卫星，不仅满足 24 颗星的最低运行要求，并且还有备份。现俄罗斯为该系统研发导航数字地图，预计两年后该导航系统将正式投入使用。

通过俄罗斯的格洛纳斯系统，使用便携式卫星导航仪就可以测定陆地、海上、空中目标的位置和运动速度，精度可达 1 米。系统采用数字地图，相应数据传输到导航仪上。该系统完成全球覆盖后，在导航应用上将对美国的 GPS 系统构成竞争威胁。

俄罗斯国防部的数万件格洛纳斯接收设备已投入使用，在俄罗斯航空、海洋运输、铁路运输等多个部门已经广泛使用，俄政府还采取进一步措施，加快格洛纳斯系统在更多民用方面，如市政交通、警察、急救机构、消防等领域的应用。

2010 年 4 月，在俄总统梅德韦杰夫对阿根廷进行国事访问期间，俄阿签署了在阿根廷建立格洛纳斯地面设施的协议，以此来推动该系统在国外的商业应用。

（三）建立研发成果统一信息系统

2010 年俄罗斯教育科学部开始建立全国统一的研发成果信息系统。此项工作将历时五年，预计 2013 年投入使用，国家将为此投入 2. 3 亿卢布（约合 760 万美元）。

该系统具备 3 个基本特点：首先，它将是一个空前的俄罗斯国家信息库，将涵盖俄罗斯所有涉及科技领域的信息，诸如俄罗斯国家专利信息库、俄罗斯国家财政信息库都将被集成进来。其次，除了最基本的检索功能外，这一系统还将具备信息分析功能，以便从浩如烟海的信息中分析提取出对政府部门有用的宏观指导信息；最后，在不涉及商业秘密和国家机密的前提下，这一系统将对所有承担政府预算投入项目的单位开放，既包括基本信息开放，也包括分析功能的开放。

（执笔人：张晓东　龚惠平）

西　班　牙

在经历了近两年严重的经济衰退之后，西班牙经济于 2010 年开始企稳。但由于国内市场萧条、内需疲软和欧元区轮番的债务危机冲击，其复苏前景仍不容乐观。面对复杂严峻的经济和就业形势，西班牙政府比以往任何时候都更加深刻地认识到科学技术对经济发展的重要性。无论在上半年担纲欧盟轮值主席国期间，还是在贯穿全年的本国《可持续经济法》和《科学、技术与创新法》立法行动中，都坚定地弘扬“科学是用于技术创新的各种知识的源泉，经济竞争力和社会福利大部分依赖于新知识的产生和应用”这一历史经验，坚持把推动科技创新，建立知识型经济实体，转变经济发展模式作为带领本国乃至欧盟各成员国走出经济困境的根本理念。

一、出台《科学、技术与创新法》

2008 年 4 月，伴随着新一届政府上台，西班牙科学与创新部成功组建。科学与创新部成立伊始，即宣布着手制定一部适应新时代、新变化和新要求的新法律《科学、技术与创新法》，以取代 1986 年颁布实施并沿用至今的《科学法》。

经过近两年的酝酿和反复修改，《科学、技术与创新法》（草案）于 2010 年 2 月定稿出炉，5 月 19 日提交议会审议，预计 2011 年 1 月将颁布实施。

该部新法律确立了西班牙科技体系的新框架，对科技发展的行动纲领、目标任务和实施手段以规范化、制度化和法律化的形式固定下来。重点在科技体制管理、人力资源的流动和职业化、推动知识生成和成果转化，以及开展国际合作和传播科学文化等方面制定了一系列政策措施。针对制约国家科技进步与创新的瓶颈问题，在体制、机制和制度方面都进行了法律创新。

《科学、技术与创新法》确定的国家科技发展战略、方针、政策和制度将为促进、引导、规范和保障西班牙未来科技和创新事业发展发挥重要作用。

二、启动《国家创新战略》

西班牙《国家创新战略》（E2i）于2010年年中颁布实施，其核心任务是以2010—2015年为期，实现国家创新能力建设的飞跃。其量化指标为：到2015年，新增创新型企业4万家，私营部门每年对创新的投入增幅达60亿欧元，新增中高级技术人员50万人，新的知识型经济实体对GDP的贡献率将超过10%，政府将有足够的实力确保关键领域的国际竞争力，全社会良好的创新氛围也将形成。

围绕“促进知识生成和成果转化，实现生产模式转变，引领可持续经济发展”这一宗旨，该战略确定了五大行动纲领：

（1）多渠道融资，为创新铺路。形成从银行融资→研究和创新投资基金→风险投资→选择性投资市场的资金流动，建立鼓励私营部门投资创新活动的专门渠道。

（2）市场化引导民间资金投入创新。①拓展创新领域：从社会需求出发，制定导向性政府采购政策，以此为创新的催化剂，推动知识型经济实体的建立和发展，如健康和社会福利事业、绿色经济、科学产业及现代化公共管理等；②进入事关国计民生的重要领域，如国防、旅游业及信息通信技术（ICT）等领域。

（3）扶持创新型企业实现国际化。制定并实施帮助企业与国际接轨的政策和措施，鼓励企业参与欧盟框架计划项目，推动企业进行技术和产品创新，将品牌打入国际市场；同时，广开合作之门，吸收和利用外资共建合资企业，汇聚国际力量为本土的创新项目注资。

（4）全国一盘棋，加强跨地区合作。凭借欧盟结构基金的资助，加上各自治区政府共计9.16亿欧元的投入，于2012年前在全国完成科学创新型城市建设蓝图，充分整合地方资源，营造高效互动的创新环境。

（5）人力资本积累和人才培养。面向企业需求，将人才的职业化设计和培养始于校园。通过大学教育、各种培训和就业计划实施人才工程。造就一大批面向企业，尤其是中小企业的具有创新技能的技术人才。

三、实施《国家科研、开发和创新计划（2008—2011）》

《国家科研、开发和创新计划》是西班牙政府统领科技行动的支柱之一。

目前正在实施的《国家科研、开发和创新计划（2008—2011）》是西班牙制订的第六个远景行动规划，其发展目标是：①吸引工程技术人员向生产部门流动；②促进国际合作和国内地区间的沟通与协调；③以项目为载体扶持企业的研发与技术创新活动；④为国家研发与创新的战略行动提供决策。

该计划制定了5个系列的行动计划：①人力资源；②研发与创新项目；③科技基础设施；④知识应用与技术转移；⑤体制内各机构间的协调及其国际化。这些行动计划正在通过13个类别的国家项目计划付诸实施。

该计划确定的十个重点创新领域分别是：①食品、农业和渔业；②环境和生态创新；③能源；④安全和国防；⑤建筑、设计与文化遗产；⑥旅游；⑦航空航天；⑧交通和基础设施；⑨工业部门；⑩医药。专门部署的5个国家科技创新战略重点是：①医疗卫生；②生物技术；③能源与气候变化；④电信与信息社会；⑤纳米科学与纳米技术以及新材料与工业过程。

2010年是执行《国家科研、开发和创新计划（2008—2011）》的第3年。虽然受经济危机的不利影响科技总投入有所下降，但由于西班牙的科研基础相对稳固，科研实力比较雄厚，科研人员的创新意识很强，加之政府对重点领域的科技创新依然保证了较大的投入，使《国家科研、开发和创新计划（2008—2011）》的年度进展顺利，西班牙的科技发展局面稳定，势头良好。

四、推进国际合作和人才流动

西班牙一直是建设欧洲研究区（ERA）的积极倡导者和参与者，与欧洲邻国的科技合作也开展得有声有色，颇有成效。

西班牙在大部分国际尖端科学领域和大科学工程项目中都占有一席之地。作为欧洲联合技术研究计划（JTIs）和欧洲研究基础设施计划（RI）项目的成员，西班牙参与了泛欧基础设施，如国际反质子与离子加速器（X－FEL）和欧洲X射线自由激光装置（FAIR）的建设。同时，一些重大科研装置，如欧洲散裂中子源项目（ESS）等也将陆续落户于西班牙。

西班牙除了合作承担欧盟框架计划和尤里卡（Eureka）计划项目外，还参加了诸多前沿探索性科研合作项目，如欧洲核子研究中心（CERN）（大型强子对撞机）、欧洲同步辐射装置（ESRF）、欧洲分子生物学实验室（EMBL）、欧洲空间局（ESA）的欧洲太空高科技计划、国际大洋钻探计划（IODP）等。

2010年，西班牙在继续全力推进欧洲研究区（ERA）建设的基础上，更将ERA影响力扩大到世界范围内，致力于巩固欧洲与拉丁美洲和加勒比海地区知识区（EU-LAC Knowledge Area）合作。此外，西班牙和葡萄牙两国政府共同倡议设立的伊比利亚国际纳米技术实验室（INL）已开始了科研活动。

2010 年政府间双边国际合作主要有以下内容：

（1）“一体化行动”（知识自由流动）项目，合作伙伴分别为：法国、丹麦、葡萄牙、意大利、奥地利、匈牙利、南非、阿根廷、新西兰。该项目的主体为科学家、博士后和博士生，提供每人 2 年最高 2 万欧元的资助，用于参会、交流及差旅。西班牙目前已考虑在 2011 年将此计划向中国和韩国等国家开放。

（2）在双边协议框架下，与日本（纳米技术与新材料）、印度（包括纳米科学与新材料在内共 5 个领域）、巴西（包括纳米科学在内共 6 个领域）、阿根廷（基因组研究）以及美国国家自然科学基金会（NSF）（材料和化学领域）进行合作。以上双边合作通过实施联合研究项目的方式进行，项目为期 3 年，资助金额为 10 万～25 万欧元不等。

2010 年政府间多边国际合作主要有以下内容：

（1）“欧洲研究领域网络（ERA-NETs）”专题联合研究计划；

（2）面向印度、日本和非洲的 ERA-NETs 国际合作；

（3）与法国、丹麦、葡萄牙和加拿大 4 国携手，共同参与以实现在欧洲建立以知识为基础的生物经济为目标的跨国界植物创新技术联盟（PLANT-KBBE）计划；

（4）国际肿瘤基因组协作组（ICGC）计划（中国肿瘤基因组协作组是其中一员）；

（5）再生医学领域的国际合作；

（6）伊比利亚美洲合作发展计划（CYTED）。

以上合作通过实施多边项目的方式进行，项目为期 3 年，资助金额为 10 万～40 万欧元不等。

（执笔人：驻西班牙使馆科技处）

瑞　　典

虽然由于全球金融危机的影响，2010 年瑞典企业研发投入比例大幅下降，但是瑞典政府按照“研究与创新预算法案”的目标，稳定地增加对公共财政中的研发投入，保障了瑞典基础研究能力和创新能力持续提高。瑞典除了在能源、生物医药、新材料和通信技术等原有优势领域开展高水平的研发之外，还在能源、海洋环境和高能物理等研究领域广泛开展着国际合作。

一、研发经费投入

瑞典是全球研发强度最高的国家之一，根据瑞典统计局 2010 年 12 月公布的数据，2009 年瑞典公共部门的研发支出为 65.93 亿瑞典克朗，高等院校与国有研究所的研发支出为 268.43 亿瑞典克朗，企业研发支出为 780 亿瑞典克朗，合计 1 114.3 亿瑞典克朗，占 2009 年 GDP 的 3.54%。与 2008 年相比，2009 年瑞典公共财政对研发支出增加了 20 亿瑞典克朗。

在中央财政预算之外，各地区政府也有一些研发资金，2009 年合计约 38 亿瑞典克朗，主要用于地区的健康和社会保障相关的研发。

二、科技政策的主要动向

（一）政府继续加强战略领域的研发投入

为了增强瑞典今后在一些重要战略领域的创新能力，继续保持瑞典传统的优势领域，瑞典政府于 2008 年决定加强对国家战略研究的资助力度，并于 2008 年

10月发布了“2009—2012年研究与创新预算”法案，宣布在未来4年将提供额外的50亿瑞典克朗支持公共研究与创新投入。这是迄今为止最高额度的预算分配，并制定了24个国家战略领域的研究计划（以下简称国家战略研究计划），其中已有20个领域公开。未来4年内，增加的资金主要有3个流向：一是投入15亿瑞典克朗额外资助给各大学；二是投入26.6亿瑞典克朗用于20个战略领域；三是增加共近8亿瑞典克朗投入给瑞典四大研究理事会和瑞典能源机构，以及瑞典航空署。

（二）增加重点领域的研发投入

1. 能源领域

在2010年瑞典政府预算中，能源研究经费达到13.31亿瑞典克朗，由瑞典能源署负责管理。2010年的预算，与2009年11.46亿瑞典克朗及2008年7.97亿瑞典克朗相比持续增加，可见能源研究越来越重要。能源研究的项目多是采用政府与企业配套资金共同资助的形式，企业提供的经费基本与政府持平。瑞典注重节能减排和可再生能源领域的应用和产业化，希望通过其低碳技术上的优势开拓海外市场。

2. 卫生与健康领域

瑞典约有30%的公共研发投入用于卫生与健康，主要领域包括脑疾病、肿瘤、心血管疾病、听力辅助设备、未来健康体系的创新等。2010年的预算主要包括：卫生部下属的劳动生活和社会问题研究理事会（FAS）的4.18亿瑞典克朗，瑞典传染病研究所和瑞典公共健康研究所的1.95亿瑞典克朗和1.32亿瑞典克朗，教研部负责的临床研究经费20.87亿瑞典克朗。这四项预算基本与2009年一致。

3. 环境与气候变化领域

瑞典环境部下属的环境保护署和环境农业和空间规划研究理事会（Formas）是支持环境与气候研发的主要机构，2010年财政预算分别为3.49亿瑞典克朗和5.42亿瑞典克朗，略高于2009年的3.36亿瑞典克朗和5.07亿瑞典克朗。

2010年9月瑞典宣布了一系列加强环境和气候变化方面的大型研究项目。Formas出资1.5亿瑞典克朗，用于能源可持续等6个重大研究项目研究。Formas、瑞典创新署（VINNOVA）和食品企业共同资助食品工业的可持续发展研究项目，经费总计达2亿瑞典克朗。Formas与能源署、环保署等联合资助3 300万瑞典克朗用于城市可持续发展的研究。

4. 信息与通讯技术领域

瑞典政府对信息与通讯技术领域的支持目前主要是通过国家战略研究计划实施。在该计划中，信息技术和移动通信包括通信和控制系统的未来解决方案是20个重点领域之一，由VINNOVA负责，在2010年经费预算为4 500万瑞典克朗。

瑞典信息与通讯技术的主要研发投入来自企业界。由于受2008年全球金融危机的影响，2009年瑞典爱立信通信设备公司研发投入比上年降低12.1%，但仍达到245亿瑞典克朗，研发投入占净销售额比例高达11.9%。其次，TeliaSonera公司在固定电话和系统方面的研发投入达到9.4亿瑞典克朗。除此之外，瑞典还有一批中小企业的研发投入也相当可观。

（三）以多种措施提升研究创新能力

1. 重视对各类卓越研究中心的长期支持

良好的研究环境和优秀的研究团队是吸引顶级研究人员的必要条件。瑞典研究理事会、Formas、VINNOVA和战略环境基金会等对约60个各类卓越研究中心进行5～10年的长期支持。每个中心每年能够得到500万～1 000万瑞典克朗，用于开展领先的基础研究，并积极拓展与工商业界之间的合作，争取实现商业应用。2008年瑞典创新署和研究理事会对被资助的卓越中心进行的评估显示，卓越中心在吸引国际人才，促进瑞典各大学的人员交流、企业与学术界的交流方面表现积极，在申请欧盟项目方面能力也有所增强。

2. 重视开展科技领域的国际合作

瑞典非常强调科研创新活动的国际化。瑞典国际合作重点首先是欧盟，积极支持欧洲研究理事会的工作。据VINNOVA统计，瑞典从欧盟第五框架至第七框架计划得到的项目经费都高于瑞典向欧盟缴纳的份额。

其次，瑞典与北欧国家之间的科研合作有长久的传统。2009年北欧委员会启动“北欧顶级研究计划”，为期5年，经费总额为4亿丹麦克朗（约合8 000万美元），是北欧规模最大的联合研究和创新举措。瑞典能源署、VINNOVA、Formas是瑞典牵头单位。

在欧洲之外，瑞典将美国、中国和日本作为科技合作的重点国家，特别是在生物能源、气候变化和环境等领域，印度、巴西等国将是瑞典新的合作伙伴。

3. 重视吸引国际科技人才

作为欧盟成员国，瑞典制定的一系列科技人才政策与欧盟政策保持一致。瑞典签署了欧盟研究人员宪章，认可科技人员签证和蓝卡，保障来自海外的研究人员的各项权益。另外，瑞典各研究理事会都有相应的国际人才招聘计划以及鼓励人才流动的计划。例如，瑞典研究理事会的博士后计划开始于2005年，为获得博士学位的研究人员在瑞典各大学从事博士后研究提供资助，申请人员不受国别和学科限制。

三、国际合作

欧盟委员会与北欧委员会的各种研发计划是瑞典开展国际合作的重要平台，其中医学、高能物理、气候变化和能源等领域都是合作重点。

2010年4月，瑞典参与发起了“里斯本战略”后欧盟成员国间首个“联合计划”，共计将投入200万欧元，开展神经性疾病的致病原因、预防、早期诊断和治疗方面的研究。同月，欧洲高级伽玛跟踪阵列（AGATA）项目启动，可用来研究原子核以及各种天体物理过程（例如超新星爆炸），还可用在医学领域的正电子放射层扫描术（PET）和单光子发射体层摄影术（SPET）上，或放射物质检测，瑞典参与其中并将投入约1亿瑞典克朗。

2010年11月，“欧洲中子裂变源（ESS）”中的下一代同步辐射装置MAX Ⅳ在瑞典隆德奠基开始建设。ESS利用中子探测物质结构，可为化学、纳米技术、能源技术和环境技术、生物医药等学科的研发提供世界级的高水平基础平台。瑞典将承担30%的建设费用和10%的运行费用。

此外，瑞典还参加了欧盟第七框架计划的“气候变化引起污染物的扩散对北极及其他欧洲地区人口健康影响的比较研究”（ArcRisk）项目和欧盟地区发展基金资助的“气候变化对城市和沿海水质的影响——扩散污染”（DiPol）项目，实施时间分别为2009—2013年和2009—2011年，经费分别为474万欧元和414万欧元。

瑞典参加的“北欧顶级研究计划”的“大型风电厂的整合”项目于2010年启动，共投入3 000万挪威克朗（约合3 600万美元），集中在电网方面、电力和能源方面、能源市场、运营和维护、寒冷气候影响和海上风力发电等。

（执笔人：段黎萍）

丹　　麦

2010 年，丹麦确立了“以研究促发展”的科技发展思路，科技政策保持延续，科研经费投入不断增加，优势科研领域实力持续增强。2010 年科研主管机构丹麦科技创新部进行了微调，新设国际教育署，以吸引更多优秀的海外留学生。战略研究方面继续以《研究 2015》计划（2008 年起实施）和《绿色研究》计划（2009 年起实施）为主导进行实施。在能源技术等方面，提出了新的目标和研究内容。

一、科技投入持续增长

近年来，丹麦提出了“以研究促发展”（research creates growth）的科技发展思路。在这一思路指导下，研发（R&D）经费投入持续增长。2009 年即完成了欧盟《巴塞罗那宣言》中公共财政 R&D 经费占 GDP 1% 的目标，2010 年预计将达到 1.07%，约 24.86 亿欧元。其中，中央财政研发预算占公共财政研发经费的 85%。

二、科技政策

2010 年，丹麦在能源发展和引进海外高层次人才等方面提出了一系列的目标和重要政策。

（一）能源目标与政策

2010 年 9 月，丹麦气候变化政策研究委员会发布题为《绿色能源——通往无化石燃料的丹麦之路》的研究报告，提出到 2050 年，丹麦社会将不再使用化石燃料（煤、石油、天然气），并在1990年基础上减排80%～95%，同时到2050年前努力实现以下目标：

（1）通过应用新型节能电器、隔热设备等，使家庭生活的能源消耗降低60%。

（2）通过电动汽车的应用，使交通领域的能源消耗降低60%～70%。

（3）工农业生产中的能效提高一倍。

（4）可再生能源生产的电能成为主体。目前丹麦20%的能源消耗来自电能，到2050年将达40%～70%。

（5）风电成为未来电能的核心。2050年的风电总量将达到约1万兆瓦至1.85万兆瓦，风电从目前占电力总量的20%提高至60%～80%（2008年底约3 150兆瓦）。

（6）交通领域以电力和生物质能源为主动力。

该报告发布的第2天，丹麦政府即宣布，将原先承诺的到2020年在1990年基础上温室气体减排20%的目标提高至30%。

（二）吸引海外人才

丹麦认为，吸引并留住高新技术人才将是实现丹麦经济持续增长的首要条件。因此，丹麦近年来出台了一系列政策吸引海外人才特别是高层次人才，主要有：

（1）个人所得税改革。外国劳动力（来丹麦未满3年）适用25%的个人所得税率。未满5年的和高收入外管（月收入8 900欧元）适用33%的税率。而丹麦国民的个人所得税按累进税率缴纳，最高税率为51.5%。

（2）移民法修改。通过修改移民法，使得具备高新技术的海外高层次人才更容易来丹麦工作。丹麦对研究人员开放劳动力市场，只要研究机构列明需要国外人才参与研究的原因，并提供具体的工作合同。一旦获得许可，外国劳动者可以携带一名配偶和子女，配偶有权在丹麦工作。工作签证一般给予3年有效期，续签可以给4年。2009年，通过此种方式申请通过的外国劳动者有3 500多人，而2006年以前，每年只有不到1 000人。

三、国际科技合作

（一）中丹合作

2010年，丹麦继续在其优势领域推进各类国际科技合作。与中国的合作主要体现在以下几个方面：

（1）召开第17届中丹科技联委会。2010年9月16日，中丹（麦）双边科技合作联委会第17次会议在江苏省常州市举行。两国科技部就中丹两国科技发展最新情况及双边科技合作的发展规划进行了交流和探讨，重点就科研人员交流计划、清洁可再生能源项目、生物医药项目等进行了深入的讨论，并达成广泛共识。会上还确定了一批中丹政府间合作项目和DANIDA交流项目。

（2）增设中丹研究中心。2010年，由丹麦国家自然研究基金和中国国家自然科学基金委联合资助的中丹质子引导中心在丹麦技术大学（DTU）成立。至今两国共建的研究中心达到了7所，双方资源共享，优势互补，合作前景广阔。

（3）加快建设中丹科教中心（SDC）。2010年4月12日，在中国国家总理温家宝和丹麦首相拉斯穆森的见证下，中丹科教中心共建协议签字仪式在人民大会堂举行。中心计划面向全世界招收300名硕士研究生、75名博士研究生和100名研究人员。中心每年约1亿丹麦克朗的运营费用将由中科院研究生院、8所丹麦大学和丹麦政府共同出资。目前，中心已确定在纳米科学与技术、可再生能源、水和环境、生命科学和生物医学以及创新和福利等领域开展研究生教育、科技创新、成果转移转化等深入全面的合作。

（4）联合开展极地研究。丹麦技术大学极地研究中心与哈尔滨工业大学建立了初步联系，拟共同开展极地研究。哈工大在寒冷地区的供暖技术应用和给排水技术方面有着丰富的经验，双方合作的开展，对探索极地尤其是北极航线通航后的对策研究有着重要意义。

（二）与欧洲国家合作

丹麦与欧洲国家主要在欧盟第七框架计划下开展合作。截至2010年11月，丹麦累计获得的欧盟第七框架项目资金达4.364亿欧元。

另外，2010年丹麦还参与了与欧洲核能研究组织（CERN）、欧洲空间署（ESA）等机构的合作。

（执笔人：魏杰钢）

比 利 时

2010 年比利时科技发展势态平稳，以科技创新体系建设为核心的科技政策不断完善，2009 年增加科技投入的目标得到落实，研发占国内生产总值的百分比有所增长，为 2.33%，其中企业投入占 73%。科技人力资源备受政府重视，横向联合的多元化科技活动日趋活跃。比利时为振兴经济采取的“人才回归计划”、“创新基金”、“比利时研究区”等一系列重要的科技计划和创新举措效果显现，各大区应对金融危机和可持续发展的计划顺利实施。

一、实施“绿色马歇尔计划”

为应对经济危机和气候变化的挑战，瓦隆大区于 2009 年制定了“绿色马歇尔计划 2010—2014 年”（PM2v），2010 年正式实施，总投资 16 亿欧元。该计划目标：第一是创造更多的就业机会；第二是开展最前沿的培训和教育；第三是促进可持续发展。为了更好地实现上述目标，2010 年瓦隆政府和法语共同体决定向“PM2v”追加 11.5 亿欧元的投入。“PM2v”更加强调就业和可持续发展，要求企业、科研机构、创新和教育都要为增加就业做出贡献。根据其优势领域和现有的产业基础，整合企业、科研机构、大学力量，力争在相关领域达到国际先进水平。该计划包括六大领域：航天和航空；农业和农业食品；生命科学；交通和物流；机械工程；就业与环境。围绕这六大优先领域，确定量化目标。特别是在研究与开发方面，该计划支持企业的创立和成长。在工业项目实施上，加大对中小企业的资金资助力度，分别为：政府资助大企业为 40%，中型企业为 50%，小企业为 60%；而在实验开发项目中，对小企业的资助是 60%，中型企业为 50%，大企业为 40%。

科研是未来发展的引擎，经济的可持续发展只能建立在不断创造优势的创新能力上，提高研发经费十分必要。瓦隆政府和法语共同体对“绿色马歇尔计划”中的研发方面投入为1.42亿欧元。

二、出台生态税，促进经济和社会的可持续发展

2009年9月比利时财政部出台了生态税（又称环境税）。生态税明确了主要目标，制定了43项措施，2010年开始实施。生态税的目标是：在不增加公民整体税收负担的条件下提高生态税，其核心是实现劳动税向能源税的转移；促进各项生态税发展，特别是能源税达到世界经合组织（OECD）成员国和邻国的平均水平；促进生态税制度化发展。

在能源领域，2010年比利时政府通过价格调控手段减少了化石燃料消费，车用柴油价上涨10.5%；家庭天然气价上涨2.7%；供暖柴油及电价均上涨10%以上。比利时决定从2010年起增收碳排放税。

在建筑领域，对建造低能耗房屋实施减息、减税措施，同时废除煤炭优惠税，大力发展太阳能传感器和热水泵技术。

在低能耗交通领域，大力发展电动汽车，出台一系列电动汽车优惠政策：

（1）购车补贴。2009年11月23日比利时政府发布政令，提出两项具体措施，一是对个人购买电动车、混合车和由电机驱动的面包车可减免30%购置税（最高不超过6 500欧元）；二是二氧化碳排放每千米为零的企业公车可享受120%税收优惠。

（2）鼓励安装电动汽车充电接头。凡个人在屋外安装相关设备的用户可免除30%投资税，企业免除21.5%，并在两年内折旧。

（3）扶持弱势群体，减少经济和社会负面影响。政府对低收入人群购置电动汽车提供直接补贴；对生产传统汽车的厂家予以补助，以帮助向生产电动车转型。

（4）支持购买电动自行车，减缓交通拥挤。

（5）加速研发电动汽车电池，目前的电池价高且必须靠充电才能继续使用。

（6）尽快制定有利于电动车充电设备安装和使用的相关法规，其中包括税率、付费、发票的行政监管等。

（7）制定统一的电动车充电接头标准，避免规格多样化。

（8）加强技术培训，提高电动车设计和制造能力。

（9）支持特殊单位优先使用电动汽车，如国营或半国营企业、邮局、出租车公司、救护车、公交车等。

三、积极参加欧盟第七框架计划

比利时科研机构积极参加欧盟第七框架计划（FP7）。比利时参与 FP7 的项目涉及航空航天、信息技术、生物医学、生物农业、新材料、气候变化等。在某些科研领域，比利时科研机构起主导协调作用，成为项目牵头人，例如比利时微电子校际研究中心（IMEC）主持 FP7 有关高级智能纺织品的整合应用平台的研发，大面积智能纺织品的应用包括体育及休闲服、安全和监控应用技术纺织品、医疗保健和监测目的纺织品等。IMEC 建立了 FP7 发展芯片实验室，用于隔离和检测血液肿瘤细胞。

（执笔人：任世平　韩丽娟）

瑞　　士

同世界上很多发达国家一样，瑞士把增加科技投入、以科技进步推动经济发展作为应对全球金融危机的重要举措之一。从2008年金融危机爆发以来，瑞士联邦政府有步骤地采取了一系列措施，制定和实施了清洁技术促进政策、建筑节能激励政策和计划，发布了教育与科研国际战略等，提前启动了2012—2016年科技发展规划制定工作，并部署对联邦科研促进法进行全面修订。所有这些措施的实施，使得瑞士的科技发展不仅未受全球金融危机的影响，反而更上了一个台阶，2009年、2010年连续两年名列全球创新能力第1名，在欧洲创新记分牌上的位置也稳居前列。

一、科技发展概况

（一）科研投入增长显著

根据瑞士联邦统计局2010年发布的统计报告，2008年瑞士科技投入占国民生产总值的3.01%，2004年为2.94%，2000年为2.53%。从1996年到2008年，瑞士科技投入年均增长4.1%，大大超过了国民生产总值的增长速度，同一个时期里国民生产总值的年均增长率仅为2.1%。特别突出的特点是，一方面瑞士科技总投入稳步提高，另一方面瑞士联邦政府的科技投入呈现下降的趋势，而私营部门成了研发创新的主要推动者，其中经济界在制药和机械制造部门的科技投入占瑞士科技总投入的50%以上。从2008年全球情况看，瑞士科技投入占国民生产总值的比例位列全球第6位。

（二）竞争力连续两年名列全球第一

据世界经济论坛公布的2010年全球经济竞争力报告，瑞士位列全球竞争力第一，这已经是瑞士连续两年名列榜首。

报告分析说，瑞士最大的优势是其突出的创新能力，拥有全球优秀的科研机构，企业积极投资技术研发，瑞士经济界和科研界合作十分密切。瑞士科技管理部门的效率和透明性是世界上最好的，瑞士的基础设施被认为“极其优良”。瑞士突出的竞争力还得益于灵活的就业市场、充裕的资金、稳定的经济运行环境等。

二、科技规划、重要政策和措施

（一）瑞士联邦政府组织修订科研促进法

从2009年底开始，联邦委员会委托内政部主持开展科研创新促进法（FIFG）修订草案编纂工作，首先向全社会各州、各政党和社会团体、经济界、科研界等广泛征求修订意见和建议，其次把各方面提出的修订意见和建议通过联邦委员会办公厅网站向全社会公布，第三是聘请各方面的专家学者对各方面提出的意见和建议进行评估分析。目前正在进行意见和建议评估，在此基础上将草拟新法案文本提供给各方面进一步讨论。

这项工作对瑞士的科技发展具有急迫的现实意义和长远的战略意义。在过去的十多年里，由于全球科技发展十分迅猛，瑞士联邦政府和议会对科研促进法有关条款进行了数次修改，针对具体事项增加了数十条新条款，科研促进法已经被改造得面目全非。此外，促进法的宗旨、总则和具有战略指导意义的措施等都已经过时，急需全面清理，使之系统化。同时，为了适应全球科技发展的趋势，必须重新从根本上对瑞士科技发展进行定位，确定中长期发展目标和战略。

（二）联邦政府发布科技教育国际发展战略

为了确保瑞士在教育、研发领域的领先地位和一流的国际竞争力，瑞士联邦政府发布了教育与研发国际战略，明确了3个优先发展重点任务和目标，力图通过持续不断的努力，使瑞士成为全球教育与研发首选国、全球最具创新性的国家。第一个优先发展任务是加强和拓展国际性的合作网络，第二个是支持教育出口和智力引进，第三个是提高瑞士的国际声望。此外，还第一次明确了要确定国际合作优先和重点国家。

为了确保全国各领域、各单位之间的充分的信息交流、协同与合作，联邦政府将成立一个独立的工作组，负责推动落实该国际战略。

（三）联邦政府出台清洁技术扶持政策

根据全球环境市场的发展和风起云涌的节能减排等环保浪潮，结合自身的环境科技优势，瑞士联邦政府把发展清洁技术产业确立为瑞士经济发展的长期战略重点之一，将采取一系列措施，推动瑞士清洁技术创新产品、制造技术及相关服务业全面发展，使瑞士能够以清洁技术创新领导者的身份从全球清洁技术市场发展中获得重要利益。

瑞士联邦政府经济部将 2010 年确定为全面整合推动清洁技术产业发展重点年，出台了大力整合力量、发展精干的专业技术队伍、建立团结协作网络、为企业出口创造有利条件这 4 项重大举措。

（四）联邦科研基金会发布 2012—2016 年科研规划纲要

瑞士联邦科研基金会于 2010 年发布了 2012—2016 瑞士科研规划，目标是优化瑞士科研环境，提高瑞士在国际上的科研竞争力。该规划主要关注如下几个方面：①为年轻科学家营造良好的具有吸引力的科研环境；②推动面向应用的基础研究发展；③根据不同层次科研人员、机构的需要提供与之相适应的资助；④加强科学研究对社会经济发展的重要意义的宣传，深化科研成果的推广；⑤对科研资金的使用和拨付采取持续性的办法，根据科学评估随时对科研项目进行资助。

为了实现这些目标，瑞士联邦科研基金会采取了一系列的措施，同时向联邦政府建议，在未来数年里科研投入年增长率应不低于 7% 。

此次发布的规划与以往最大的变化在于加强了对应用性基础研究的支持，重点领域是人体健康、教育、艺术、工程和经济学等，资助的对象扩大到了科技应用大学，但对纯粹应用性技术研究依旧排除在资助范围之外，其目的是确保战略性研究的发展。

三、国际科技合作深入发展

（一）瑞士同8个非欧洲国家的科技合作取得显著成效

2008—2011财政规划期间瑞士把同中国、俄罗斯、巴西、印度、南非、日本、韩国、智利8个非欧洲国家的科技合作列为国际科技合作重点，启动了全面合作计划。截止2010年初，瑞士已经同这8个国家全部签订了双边科技合作协议。根据国别特点，确定了各具特色的合作重点领域和合作计划、合作实施机制。为了统一协调对外科技合作，联邦政府指定8所大学作为双边科技合作协调单位，在这些大学里设立专门办公室，分别负责协调和实施同某个具体国家的科技合作计划，例如苏黎世高工专门负责对华科技合作，洛桑高工负责对印科技合作。

目前瑞士同这些国家有100多个科技合作项目，包括合作研究项目、合作研究计划等。这些项目都是通过双边途径，根据科学水平、是否有利于双边合作发展等标准严格评审出来的。项目的实施由合作双方共同对等资助。除了双边合作研究项目外，还有260多个科技交流项目，包括专家学者和学生交流、共享实验室和设备等，此外还有20多个教育、科研机构合作伙伴关系项目。在合作领域的选择中强调各自的关切、优先领域和需求，对合作国家自身的科技发展起到了重要推动作用。

瑞士联邦政府在双边科技合作中重点发挥引导者的作用，采取各种措施推动学术机构间自主合作。在联邦政府的支持下，近年来越来越多的教学和科研机构同其国外伙伴建立了长期、稳定和密切的校际、院际、所际伙伴关系。

通过双边科技合作，瑞士逐步建立起了一个全球性的科技合作网络。通过这个网络，瑞士在对其具有重要意义的科技领域有效地开展了国际合作。此外，国际科技合作凸显了瑞士科技创新领先的全球声誉，促进了各国对瑞士正面形象的认识，扩大了瑞士在全球的影响，加强了瑞士在国际事务中的作用。

（二）成立“瑞欧科技合作信息服务中心”

自从几年前与欧盟签订瑞欧科技合作协议以来，瑞士得以平等资格参加欧盟科技计划，不论是参加计划的广度还是合作项目的深度都取得了长足的发展，对瑞士科技长远发展起到了重要作用，瑞欧科技合作协议得到了瑞士各界的充分肯定。为了更好地促进瑞士与欧盟的科技合作，瑞士联邦内政部教育科研署向社会公开招标成立“瑞欧科技合作信息服务中心”，该中心将承担如下工作：推动瑞士参加以欧盟科研框架计划项目为中心的欧盟科研合作计划，提高瑞士参加的项目数量，提高瑞士科研人员参加各个科技合作计划项目的成功率；对进行中的科研合作项目给予咨询帮助；加强参加欧洲科技合作计划 COST 的宣传。

此外，该中心还将作为瑞士国家科技信息联络中心参加欧洲委员会建立的跨欧洲国家科技信息网络（NCP），根据与欧委会的协议和规定进行信息交换，传达委员会科技合作政策、计划和行动信息。

（三）中瑞第五次科技合作联合工作组会议召开

2010 年 9 月初在北京召开了中瑞第五次科技合作工作组会议，双方对两国科技合作发展情况，特别是联合研究项目的进展表示满意，经过深入研究探讨，双方对未来的合作定位达成了一致。双方决定，在未来的合作中将鼓励企业参与研发合作，加强产学研结合；在适当时候建立联合实验室/联合研究中心，以保证合作机制的可持续性。下一步的合作重点将放在生命科学、材料科学、可持续发展、先进制造、环境保护、公共卫生、先进通讯与信息技术等领域。

（执笔人：万秋山）

芬　兰

2010 年度欧洲的整体经济状况并不乐观，部分国家陷入主权债务危机。北欧国家虽然也受到影响，但由于基础经济状态较好和稳健的金融与财政政策，受到的冲击相对较小。相比之下，芬兰的经济形势比较乐观。在此背景下，芬兰在科技研发、创新和产业化方面仍旧保持着稳步发展的势头。2010 年的研发（R&D）投入不降反升，达到占 GDP 的 3.9%，继续保持着高比例投入，科技创新仍然保持着迅速发展的势头。这表明芬兰欲借助科技和创新来增强发展后劲和提高国家竞争力的战略思维。

一、研发投入

据芬兰统计局公布的数据，在 2010 年政府预算中，R&D 活动的拨款总额为 20.55 亿欧元。研发经费比上一年度（2009 年）增长 1.55 亿欧元，同时，公共研发资金占 GDP 比重将增长到 1.17%。教育部占政府 R&D 经费拨款的 45%，就业经济部占 37%。教育部对 R&D 资助拨款达 9.33 亿欧元，就业经济部为 7.63 亿欧元，比 2009 年度分别提高了 9 500 万欧元和 4 000 万欧元。由国防部拨款的 R&D 经费也上涨了近 2 200 万欧元。芬兰科学院 R&D 经费增加了 7 500 万欧元。芬兰国家技术创新资助局（TEKES）的拨款和支出上升了 3 600 万欧元，其 R&D 经费是 6.11 亿欧元。用于大学研发的资助总额为 5.06 亿欧元，比上一年度增加了 1 600 万欧元，也创下了历史记录。由各部委进行的 R&D 活动经费为 2.18 亿欧元，比上一年度增长了 3 100 万欧元。相比之下，政府研究机构研发活动的预算资金在 2010 年有所下降。

二、重大科技政策与战略

（一）芬兰发布“对华行动计划”

2010 年 7 月，为全面加强对华合作与交流，芬兰外交部在会同多部门（包括芬兰就业经济部、教育部等）协商的基础上，出台了《芬兰对华行动计划》，旨在全面审视中国对于欧盟和芬兰的影响，评价芬中关系，确定进一步发展和增进合作的机遇。

该计划对中国的科技研发活动给予了积极评价。报告说“过去十年，中国对研发的投入迅猛增加，并致力于跻身全球领先的研发和创新型国家行列。中国目前的研发投入占国内生产总值的比重仅为 1.5%，但其绝对值已紧随美国和欧盟位居世界第三。中国计划在 2020 年前将研发投入比例提高到 2.5%。为了掌握一些领域最新的发展，芬兰研究机构、大学和企业同中国研究机构开展合作十分重要。芬中正在环境、能源、信息通讯和纳米技术等多个领域开展科研合作项目。芬中科研资助机构需开展紧密合作支持科技发展。中国正致力于提高能效、发展新型可再生能源、升级换代能源基础设施、改善物流系统、发展房地产，这为芬兰公司提供了新的机遇。芬兰环境企业群需要了解中国的发展并及时根据需要做出调整。这一点很重要。”

报告在“能源环境和气候变化”和“研究、教育和创新”部分提出了对华合作的重点方向，包括：与中国开展清洁发展机制合作，减少温室气体排放；加强两国环境领域合作；各层次加强同中国环保部门的合作；促进芬兰绿色节能技术对华出口和在华应用；双边互访中增加环境、气候变化和能源议题；在芬兰感兴趣的领域全方位开展对华创新、科研及风险投资合作；发展芬兰有关方面同中国、研究资助方以及研发机构的联系；促进芬兰就业经济部、教育部、国家创新技术局，芬兰科学院，芬华创新中心，芬兰高校、公司及其他创新机构对华交往，开展在华项目及相关活动。

（二）国家研究与创新政策指南（2011—2015）

由总理担任主席的芬兰研究和创新理事会于 2010 年 12 月通过了关于教育、科研和创新政策的政策报告。报告规定了国家战略的指导方针和未来数年的发展计划，其目的是加强芬兰作为最领先的以知识和能力为基础的国家的地位。该计划将加速目前政府业已开展的研究和创新制度的改革。

报告认为，在一个开放和动态的经营环境中要想取得成功，需要发展新的工作方式和结构，以及实验和冒险。重要的是，芬兰决定支持在竞争领域的专业化优势。对于芬兰而言，至关重要的是能够识别具有广阔前景的研究、能力和业务领域，在一个更系统化的方式下考虑巨大的挑战。报告指出，公共部门的运作文化必须改变，以服务于总体发展行动。

1. 发展计划

发展计划的实施措施将导致更高质量的教育和研究，以及成功创新，创造新的就业岗位和新的业务增长。该计划将成为执行基础广泛的创新政策的手段。

一个针对公司 R&D 税收的激励计划即将推出。要进一步发展公共事业和创新服务，以更好地满足企业的需求。鼓励私人投资者自由投资于知识型企业。政策和法规框架以及管理系统将支持研究和创新活动以及试验开发。

国际化是所有教育、研究和创新活动的核心。要开展教育、研究和创新活动的资助和指导，以支持其国际化。高等院校和科研院所的招聘方式必须更加吸引国际学生、研究人员和专家。芬兰将对欧盟的研究与创新改革政策持积极态度，提高在经营环境中对欧盟计划的适应和对公司需求的反应能力。

评价活动将得到加强并使之国际化。评价结果应更好地服务和应用于决策。对国家技术局和芬兰科学院以及科技和创新战略卓越中心（SHOKs）的国际评估将持续进行到 2013 年。

将对高等教育院校及科研院所的指导和资助方式进行改革，以提高教育、研究、国际化、研究成果和专业化的应用等方面的质量；理工学院内在创新体系的作用将予以明确；将加强对公共研究机构的战略指导；在下一届政府的开始阶段，将制定公共研究机构的结构发展；政府将制订一项有关公益类科研机构部门的发展行动计划，该计划将延续到 2020 年。

专长知识中心计划（OSKE）的运作模式将会修订，这将导致引入更有效的工具和合作框架，可分为研究创新政策和区域政策。加强战略卓越中心（SHOKs）的活动，扩大他们的资助基数。政府决定在其任期开始时制定关于国家信息政策的基本方针，以促进公共数据资源的利用。

人口教育水平将得到进一步提升。为了满足教育的需要，有必要扩大招聘基础，使教育更国际化。这方面的核心将是以高水平的教育和研究为基础的国际化，以及提高研究事业的吸引力。政府将修订高等教育立法，以更好地促进教育发展。

2. 资助

芬兰的目标是将 R&D 经费维持在国内生产总值（GDP）的 4%，公共投资应占 GDP 的 1.2%。在报告中，理事会提出增加公共研究和创新的资助，以支持这一政策指南。按实值计算，用于研发的资金每年将至少增加 4.0%。最重要的资助目标是研究基础设施、基础研究和研究人员的职业发展、教育领域、国际最高水平的研究和创新活动、其他选中的重点领域、SHOKs 和国际化。创新资助的优先领域包括维护在商业和工业的优势领域以及公司的竞争力和创新，促进基于用户需求的创新活动和实验推广，支持业务增长。

（三）芬兰发布新的北极战略

据德国《明镜周刊》2010 年 3 月 30 日报道，加拿大外交部部长坎农邀请美国、俄罗斯、丹麦（代表格陵兰）以及挪威外交部部长前往加拿大，商讨北极地区的未来。除了上述 5 国外，没有其他在北极地区拥有利益的国家被邀请。此举激怒了芬兰、冰岛以及瑞典等北欧国家，北极土著部落也感到十分不满。芬兰外长斯图布正式向加拿大外长坎农提出了抗议。

芬兰是北极理事会（包括芬兰、瑞典、爱尔兰以及其他非政府组织以及一些永久观察员如德国）的成员。尽管这个理事会在政治问题上势力弱小，但在环境问题上，却有着很高声望。

在此背景下，芬兰政府于 2010 年 6 月正式出台了第一个北极战略——Finland's strategy for the Arctic region。该报告重申了芬兰在北极事务中的作用，表示将由芬兰科学院牵头开展相关的研发活动，以确保芬兰在北极研究中的竞争力；开展其他相关活动和国际合作，争取在北极事务中的发言权。

三、国际科技合作

芬兰非常重视科学研究的国际化和国际合作。一方面，芬兰非常重视参加北欧国家和欧盟的研究项目；另一方面，芬兰也非常重视同欧盟之外的新兴国家和技术研发大国之间的科技交流和合作。

首先，在参与欧盟合作方面，芬兰已经取得了巨大的成功，在北欧国家里名列前茅。在丹麦、爱尔兰、挪威、瑞士、芬兰、新西兰 6 国中，芬兰在参与国际合作、申请国际项目中排名第一。芬兰同样也是欧盟航天局（ESA）、欧洲南方天文台（ESO）和欧洲核研究组织的成员。

其次，在欧盟之外的国家合作中，芬兰重点保持与中国、印度、日本、韩国、俄罗斯之间的科技合作。

第三，芬兰同中国的科技合作也日趋加强。芬兰科学院与中国科学院、中国社会科学院、国家自然科学基金委员会都保持着良好的合作关系；芬兰国家技术创新资助局（TEKES）也同中国科学技术部、国家发改委保持着政府层面的交流与合作。此外，双方在部委和地方层面的交流和合作也很多。

（执笔人：张新民）

爱　尔　兰

2010 年，在金融危机的后续影响下，爱尔兰政府财政赤字虽比 2009 年有所减少，预计也将达到占 GDP 的 11.5%，致使爱尔兰政府制定了大幅削减政府开支的四年预算计划。对科技创新的投入也有所削弱，2010 年爱尔兰的政府科技投入较 2009 年下降了 7%。但是，爱尔兰政府坚持把科技创新作为经济增长的持续动力和实现“巧经济”（Smart Economy）的重要措施之一。

一、积极研究制定创新政策

2010 年，在总理府牵头下，经过近一年的调研，爱尔兰政府出台了创新工作组报告。该报告共 14 章，涉及爱尔兰创新的各个方面，对每个方面都提出了未来发展的措施建议，其宗旨是要建设有利于创新的环境，核心是支持创业和企业的发展，目标是到 2020 年研发（R&D）投入占 GDP 的比重达到 3%。

报告提出了建设创新环境的六大要素：创业者和企业；R&D 投入；教育系统，特别是高等教育；金融体制，特别是风险投资；税收和法律环境；公共政策和体制。报告同时提出了建设创新环境的六大原则：必须把创业者和企业放在一切工作的中心；企业的建立、引进、成长和转型是国家所有政策和措施关注的焦点；获取合适的资金是企业建立、成长和转型的关键；培养独立思考、创造性和创新的教育系统对建设“巧经济”至关重要；国家应积极鼓励重大带动项目的加速发展并优先考虑建设良好的基础设施；必须把国家研发系统聚焦在有战略潜力和经济优势的领域。

报告还提出了以下政策措施建议：①研究制定国家知识产权协议，以便企业预先能了解获取大学知识产权的条件，加速把知识产权转化为市场需要的产品和服务，藉此来把爱尔兰打造为国际创新服务中心；②通过鼓励发展商业天使资金、吸引一流的风险投资机构和建立国家种子资金等，来培育和完善爱尔兰的风险投资环境；③修改《个人破产法》以利于营造鼓励创造、宽容失败的创新氛围；④精心选择一些具有带动性的大项目来形成创新产品和服务，以促进本土企业和跨国企业的合作；⑤政府各有关机构要采取一切措施来打造和宣传爱尔兰作为国际创新基地的形象和品牌，以吸引外国投资者，并利用散居在国外的爱尔兰人和后裔为国家做贡献；⑥改进教育体制，提升数学教育质量，同时支持企业为大学毕业生提供实习岗位，并积极吸引国外人才到爱尔兰创业；⑦加强基础设施建设，大力发展高速宽带网和重点领域的实验室；⑧调整税收现有政策，加大鼓励企业创新投资的力度和进一步促进知识产权的转移和转化。

二、更加重视知识和技术的商业化

为促进大学与企业的结合，爱政府2010年宣布投资5 600万欧元对9个竞争力中心给予支持。这些中心都是企业牵头、大学参与，在一些政府关注和支持的重点领域开展科学研究，并迅速实现商业化的集合体。目前，9个中心共吸纳了180个包括INTEL、IBM等跨国企业和爱尔兰本土中小企业以及爱尔兰7所国立大学中的6所。领域涉及生物能源、信息技术、应用纳米技术、组合物质、微电子、高端制造、能源效率、金融服务和远程教育。在未来5年里，这些中心要实现至少80个专利的转让和商业化；有至少60名工程师和科学家参与工业项目的研究；有60~80名企业人员参与中心研究项目，以保持中心以市场为目标；通过中心的运作将大力提高企业的创新活动水平。

自2000年以来，爱尔兰政府把纳米技术作为科技创新支持的重点领域之一，通过大量的资金投入和政策扶持来支持大学开展研发，取得了重要进展。2001—2009年期间，共投资2.82亿欧元支持纳米技术的研发和基础设施建设，建立了以研究开发纳米材料为主的科学技术中心。无论从单位GDP科研投入比较来看，还是从单位R&D投入来看，爱尔兰都处于世界前列。但爱尔兰目前的纳米技术尚处于商业化价值链的前端，也就是处于早期研发阶段，商业化能力较弱。为促进纳米技术的商业化，爱尔兰政府不仅成立了纳米技术专项指导小组，而且制定了2010—2014年纳米技术商业化战略框架，明确了未来5年的发展目标、重点领域和任务以及需要采取的措施和资金投入。

2010年爱尔兰政府还投资5亿欧元成立了创新基金，旨在吸引世界范围的顶级风险投资机构进入爱尔兰，为爱尔兰的创业提供资金。

三、进一步明确科技创新的支持重点

（一）集中有效资源，重点支持信息通信技术、生命科学领域、新能源领域和环保清洁技术

爱尔兰2010年宣布将投资5.98亿欧元在未来5年内对20个优先发展领域的研发给予重点支持。

爱尔兰生命科学领域近两年已成为爱尔兰经济发展的新引擎。爱尔兰科学基金会在该领域的研发投入已达6亿欧元。目前该领域的出口额已达440亿欧元，占总出口的50%以上，总附加值达到了180亿欧元，占全部附加值的41%。特别是在2008年金融危机以来，爱尔兰在传统产品出口呈下降趋势的同时，生命科学领域的出口却一直保持高速增长，成为了爱尔兰经济复苏的主要驱动力。目前爱尔兰已成为世界上最大的医药净出口国，也是世界上4个最大的医药生产国之一。世界前10名的制药公司有9家在爱尔兰设有生产基地或分支机构，前10个畅销药中有7个在爱尔兰生产。爱尔兰的生物技术在一些领域如免疫学、肿瘤学、神经科学和胃肠学以及基因组学生物传感、传染病测试诊断技术都处于世界前列。

（二）加大对科研设施和研究机构的支持，以促进国际一流科研人才的引进和吸引跨国公司在爱尔兰投资开展科技创新活动

2010年，爱尔兰政府宣布投资3.59亿欧元实施“大学研究第五期计划（2010—2016）”。该计划主要支持大学科研基础设施建设，以提高大学的研究和创新能力，进一步发挥大学在推动创新创业方面的作用，为爱尔兰经济复苏提供动力。

爱尔兰还在2010年发布了《爱尔兰宽带网发展情况和政策报告》。该报告分析了爱尔兰目前发展宽带网的情况，例如使用宽带进入互联网的用户已占90%，比2007年增加了30%，使用移动宽带上网的用户已占30%，但爱尔兰利用光纤接入宽带网的水平远低于OECD国家的平均水平，宽带网的速度和价格在欧盟国家中也处于劣势。为此，爱尔兰国家企业贸易和科技创新咨询委员会发布了《爱尔兰宽带网发展情况和政策报告》，提出要加大对下一代互联网的投资，充分利用国家现有设施发展宽带网和提高光纤接入水平，藉此提高国家经济、科技发展基础设施水平。

（三）把人才培养和产学研结合作为政府科技创新支持的重点，促进大学技术成果商业化和人员向企业的流动，提高企业的竞争力

爱尔兰科学基金会虽作为爱尔兰基础研究和应用研究的主要机构，但其为了支持国家建设“巧经济”的战略实施，在2009年发布的《科学基金会2009—2013战略》中，把培养优秀的人力资源、形成高质量的产出、树立良好的国际声誉和促进知识的转移作为四大战略目标，为此，制定了具体的量化目标和支持措施。支持重点更加突出了培养人才和促进知识的商业化以及加强产学研合作。到目前为止，基金会已支持建立了10个科学工程技术中心。这些中心都是设在大学里，由大学牵头，企业参与并提供人力、物力和财力来共同研发和商业化。这些中心已与350家跨国企业和本土中小企业建立了合作关系，并且仅在2009年就为大学的研究人员与企业的研究合作提供了600个合作机会，吸引了大学中约3 225名研究人员在这些中心从事研究和以市场与产品为导向的技术开发工作。

（执笔人：黄　伟）

意　大　利

受政府紧缩财政预算的影响，2010 年意大利研发投入下降约 5%，但在空间领域的研发投入维持了以往 7 亿欧元/年的水平。在这一年中，意大利制定了“国家研究计划 2010—2012”、《可再生能源法》、“核能法案”、“意大利 2010—2020 空间战略规划”等发展国家科技及重要领域的计划和方案。另外，意大利继续保持在空间、医学等领域的优势，并取得了重大进展。

一、与科技有关的规划和计划

（一）国家研究计划 2010—2012

“国家研究计划 2010—2012”草案已公布，但正式文本仍待批准。该计划确定了以加强基础科学研究和增加研发投入为核心的两大发展主题，强调了鼓励高级科研人员流动的人力资源政策，初步制定了资源投入比例。计划还明确了国家 15 个优先发展领域、7 个对国家可持续发展至关重要的战略领域，以及 6 个与欧盟优先领域紧密结合的技术领域。国家研究计划关系国家科技发展总体战略，意义重大。

（二）《可再生能源法》

2010 年年中意大利发布的《可再生能源法》以立法形式确定长期发展战略，提供了清晰的全面发展愿景，改变了意大利缺乏长期发展战略的状态。

《可再生能源法》由意大利经济发展部，环境、国土与海洋部和农业部共同制定，确定了意大利可再生能源的发展目标，即到 2020 年意大利可再生能源占国家能源总消费的比例为 17%，达到 131. 2Mtoe（百万吨油当量）。

法案阐述了意大利的可再生能源发展战略和为实现该目标采取的系列措施以及在现有框架下为鼓励可再生能源发展所采取的激励政策。法案同时指出，将采取必要措施，清除国内可再生能源发展的障碍，如行政审批程序、电力传送、发电设备技术以及装机认证等问题，以促进可再生能源的快速发展，保障到2020年实现可再生能源占国家能源总消费比例17%的目标。

需要指出，如何与欧盟新能源政策保持一致，意大利将面临严峻的挑战，17%的可再生能源发展目标尚未达到欧盟20%的要求。

（三）核能法案

2009年，意大利参、众两院通过了一项决定重新启用核能的法案，从而为意大利恢复利用核能扫除了第一个法律障碍。2010年2月10日，意大利政府又通过了核电站建设标准法令，标志着意大利向重启核能发电又近了一步。

核电站建设标准法令明确指出，意大利将于2013年开始核电站的早期建设工作，并于2020年实现核能发电，最终达到核能发电占全国总发电量1/4的目标。法令还确定了新建核电站选址的标准，并要求核电站的决策、修建、运行、废弃过程必须得到大区政府、地方机构以及当地群众的全面参与。法令对于核电站的收益以及废料处理也作了规定。

（四）意大利2010—2020空间战略规划

“意大利2010—2020空间战略规划”（以下简称“规划”）提出了未来十年意大利空间科学的总体目标、指导方针、实现方法等。“规划”指出，意大利应在世界范围内建立全面的国际合作伙伴关系；优先考虑军民两用项目；将公私合作模式作为获取经济资源的有效手段；提升国民对空间科学的认知度和参与度。同时，“规划”还明确了未来十年意大利空间领域的预算投入，合计72亿欧元。其中53%作为欧空局成员国投入，国内项目及除欧空局外的国际合作占33.4%，运营费用占10%。

二、重点领域发展情况

（一）可再生能源

在金融危机中，可再生能源产业发展迅速，在很大程度上带动了意大利经济的复苏。意大利经济发展部部长斯卡约拉表示，有必要对可再生能源提供各种形式的支持，包括加大对科技研发的投入。

1. 太阳能所取得的成就对意大利的能源战略发展意义重大

2010 年 4 月，意大利著名科学家、诺贝尔物理奖获得者卡罗·卢比亚表示，未来能源的两个主要方向之一即为太阳能（另一为核能）。意大利积极发展光伏和聚热两种太阳能发电技术，并取得了重大成就。

意大利光伏太阳能发电能力不断提高。截至 2009 年底，意大利光伏太阳能发电总装机容量超过 1 300 千兆瓦，在欧洲各国中排名第二，仅次于德国。为进一步促进光伏产业，经济发展部 2010 年年初与国家电力集团配电公司签订协议，将在未来 3 年内投入 7 700 万欧元用于优化意大利小型光伏电站（装机总量 100kW 至 1MW）与中压配电网的衔接。

建成世界首个高温熔盐太阳能光热电站。2010 年 7 月，阿基米德太阳能光热电站在西西里岛落成。阿基米德电站是世界首个使用熔盐作为导热介质并与传统蒸汽发电设备相结合的太阳能光热电站，具有突出的蓄热能力，解决了普通太阳能光热电站由于太阳辐射强度变化造成工作不稳定的问题，保证电站可以在各种气象条件下全天候工作。

2. 智能电网为未来研发重点

意大利在重视提高可再生能源发电总量的基础上，还视可再生能源电站与国家电网的衔接为关键问题。以灵活性、经济性和适用性为特征的智能电网已成为当前乃至未来较长一段时期的发展重点。

2010 年年底，意大利能源集团联合世界能源理事会举办了第一届国际智能电网论坛。会议期间，代表们就智能电网的发展现状和面临的问题、信息通信技术和输配电技术的研发、配套设施的建设、智能电网建设的融资与管理、电量智能计量产品以及如何运用信息通信技术提高智能电网的发展等问题进行了深入探讨。

（二）空间

1. 对地观测领域保持领先优势

2010 年 11 月 5 日，COSMO-SkyMed 星座的第 4 颗，亦即最后一颗卫星在美国加利福尼亚州范登堡空军基地发射。这标志着意大利宇航研究取得了历史性成功。COSMO-SkyMed 是世界范围内第一个双用途（军用和民用）的雷达对地观测系统，由意大利空间局（ASI）和意大利国防部联合研制开发。随后在 11 月 17 日国际宇航科学院（IAA）举行的峰会上，由于 COSMO-SkyMed 对世界的贡献，意大利空间局受到了国际宇航科学院表彰。

"哨兵"卫星合同保证了意大利在欧洲最重要的环境项目中的重要地位。2010年初阿莱尼亚航天公司宣布开始建造对地观测卫星"哨兵-1B"和"哨兵-3B"。阿莱尼亚航天公司主席、总裁 Reynald Seznec 强调,"(哨兵)合同使得公司在欧洲最重要的环境项目中占据了重要地位,证明了公司在对地观测领域的技术先进性"。

2. 前瞻性研究稳健推进

意大利积极发展小型航天飞机,为空天飞机做技术储备。2010年4月11日,CIRA(意大利航空航天研究中心)测试了被称为"双子星座"的航天飞机。本次发射的首要目的是对"锥形"飞行器在近音速和超音速阶段的性能进行试验。以 CIRA 为代表开展的国家研发项目中,还包括无人驾驶空中(监控)系统、空天推进剂等。

(三)卫生

1. 以攻克肿瘤为代表的科技创新计划

意大利卫生部于2010年1月22日发布了"国家肿瘤学研发计划(2010—2012)"。国家肿瘤学研发计划将向公众提供更先进的肿瘤诊断和治疗技术服务,减少各地区发展差异,并促进经费资源优化配置。根据该计划,政府将在肿瘤疾病预防、诊断与治疗等各个阶段推广家庭辅助治疗和保守疗法等多种干预措施,并将加强中央与地方政府的合作,共同促进有关技术创新。

意大利还积极支持青年参与卫生科技研发项目,鼓励40岁以下的年轻科技人员开展创新研究,提高意大利医药卫生领域科研的国际竞争力。

2. 以肿瘤为代表的临床医学成就

意大利国家科研委员会生物胚胎和生物能研究所与巴里大学的科研人员日前发现一种可用于诊断癌症的标记蛋白,项目组已能够较为迅速地检测该标记蛋白,有望在此基础上开发出简便、快速、准确的癌症检测新方法。

另外,意大利科学家正在对一种能够阻止皮肤癌细胞向身体其他部位扩散的药物鸡尾酒进行试验。该鸡尾酒由一种血液中的癌前细胞疫苗和一种化学疗法常用药物混合而成。把这两种成分混合在一起是一个大胆的、突破性的想法。这种混合药物在激发人体抵抗新肿瘤方面具有非常大的潜力。如果试验证明该种鸡尾酒有疗效,它将可以为治疗其他癌症提供一种新的治疗方法。

三、国际合作

意大利始终将国际合作作为促进科技创新的重要手段，通过借鉴国际先进经验，取长补短，提升自身科技创新能力和国际竞争力。

（1）在合作对象的战略定位中，始终倡导欧盟的重要作用。以 2010 年为起点，重点跟踪并积极参与欧盟第七框架计划，是意大利未来 3 年依靠欧盟机制、利用欧盟资源的核心要点。在欧盟框架下开放本国科研计划，在重点科研领域部署上与欧盟研究计划接轨。

（2）继续推进各学科领域的国际合作。空间科技作为意大利国际关系的重要内容之一，充分体现了意大利国际合作的活跃性、务实性、开放性和有效性。既着眼于解决当前问题，又充分重视前瞻发展，在关键研发和重要发射任务上开展合作，以保持其竞争力，是意大利当前空间合作的重点和特点。

（3）鼓励企业积极参与国际合作，提升产业竞争力。意大利鼓励本国企业积极参与国际项目。以热核聚变项目为例，2010 年，安萨尔多核公司、曼加罗蒂公司和沃尔特托斯股份公司 3 家意大利企业签订了价值约 3 000 万欧元的合同，将共同承建国际热核聚变实验堆真空室。意大利企业承担此项工程，也体现出意大利在核聚变研究领域的雄厚实力。

（执笔人：张翼燕　尹　军）

奥 地 利

随着全球经济的缓慢复苏，奥地利的经济形势也有所改善，预计2010年奥地利国内生产总值同比增长2%。

一、研发经费有所增长

2010年奥地利研发投入经费据估计达78.1亿欧元，比2009年增长3.4%，使2009年研发经费增长水平下降的趋势有所缓解，占2010年国内生产总值的2.76%。联邦政府的研发经费投入成为保持奥地利科研经费增长水平的重要因素。但是，全球金融危机使奥地利研发经费增长幅度有所下降，私人企业投入增长停滞，仅增长0.1%，国外企业投入经费下降了0.6%。总体上，2007年至2010年的平均增长率仅为4.4%，而在1999年至2007年曾经是7.8%。

二、科技发展的重点领域及措施

（一）大力发展生命科学

生命科学和生物技术是奥地利重点发展的科研领域。2000年至2009年奥地利在该领域申请了39 962项欧洲专利，仅2007年一年就申请了5 511项。奥地利的生物技术企业有347家，从业人员28 000多名，其中直接从事研发工作的超过5 000人。奥地利首都维也纳是奥生物技术企业的主要聚集地，达130多家，以从事红色生物技术（即医学）为主，涉及肿瘤学、免疫学、炎症反应、传染病和神经生物学。

奥地利联邦政府大力资助生命科学研究。生命科学领域的基础研究在大学和大学附属医院进行。大学以外的科研工作在 Ludwig Boltzmann 协会研究所、Christian Doppler 协会实验室、维也纳生物园区（CVBC）等单位进行。奥地利科学院、Ludwig Boltzmann 协会研究所和 Christian Doppler 协会实验室是奥生命科学领域的重要研究单位。奥地利科学院的基础经费 100% 由联邦政府保证。Ludwig Boltzmann 协会研究所约 240 多人，其 40% 的经费来自联邦政府和维也纳市政府，60% 的经费来自与其合作的科研单位和委托项目经费。Christian Doppler 协会实验室从事以应用为导向的基础研究，在科研与企业之间发挥着桥梁作用，目前拥有 60 个实验室和 600 多名工作人员。每个实验室每年预算最多为 60 万欧元，50% 来自公共经费，50% 通过委托项目经费获得。维也纳生物园区（CVBC）的 MaxF. Perutz 实验室（MFPL）进行着维也纳大学和维也纳医科大学大部分分子生物学领域的科研工作，此外，分子生物学研究所（IMBA）和 Gregor Mendel 分子植物生物学研究所（GMI）也在该园区落户。园区还包括数家中小型生物技术公司。

奥地利科研促进基金会（FWF）和奥地利研究促进协会（FFG）分别支持生命科学领域的基础研究项目和面向经济市场的产品和服务的应用研究。受联邦科研部委托，FFG 还负责奥地利基因组研究计划（GEN-AU），从 2000 年至 2009 年其对生命科学的资助经费达近 2. 9 亿欧元。其中 60% 的经费，即 1. 737 亿欧元资助企业科研，6 100 万欧元资助科研机构，5 240 万欧元资助大学科研。奥地利基因组研究计划——GEN-AU 计划，时间跨度为 2001 年至 2012 年，分 3 个阶段实施，总经费投入约 8 000 多万欧元。目前为第三阶段，经费预算为 2 800 万欧元。前两个阶段已投入经费 5 820 万欧元，支持项目 58 个，女性科研人员占 40%，已有的成果包括发表学术论文 350 篇，申请专利 30 项。GEN-AU 计划通过产学研合作，促进科研成果转化；加强奥地利与国际高端人才的合作交流，为奥地利引进新的知识和技术经验；通过项目资助培养和锻炼青年科研人才；分析基因组研究对政治、经济和社会伦理的影响，促使社会公众提升对该领域的认识和接受程度；为有孩子的女性提供育儿补贴，以保证女性科研人员的工作岗位，特别是领导岗位。

另外，奥地利联邦政府特别银行——奥地利经济服务公司作为面向企业的融资组织，通过低息贷款、补贴、自有资本融资和咨询等方式为企业服务。奥地利经济服务公司从 1998 年至 2009 年为生命科学领域的企业提供了 4. 26 亿欧元项目经费，资助项目 803 个。

（二）推广新能源技术，促进能源结构转变

作为欧盟成员国，奥地利承诺到 2020 年可再生能源占其总能源消耗的比例

达到34%，温室气体排放至少降低16%（以2005年排放为标准），能源效率提高20%。为达到这一目标，奥地利积极实施其能源战略：

（1）在主要耗能领域继续大力提高能源效率。

——建筑：降低取暖和制冷能耗，提高建筑标准，使其达到“近零能源建筑”；

——企业和家庭能耗：通过优化能源管理体系实现余热利用并降低电能消耗；

——提高交通效率：发展新能源交通工具，如电动汽车；

——提高高耗能企业的一次能源效率。

（2）大力发展可再生能源对于保证奥地利本国能源供应和能源安全、提升竞争能力和保证高素质人才就业意义重大。

——发电行业：大力开发水电、风电、生物质能和光伏利用潜力；

——室内供暖：根据各地区特点综合利用远程供暖（余热、热电联合、生物质能）和独立供暖（太阳能、生物质能、地源热泵）；

——交通领域：使生物燃料和电动汽车在可再生能源中的比例达到10%。

（3）对国家能源供应的长期保障以及由此产生的成本和对环境的影响会在很大程度上对国民经济的增长起到至关重要的作用。为此，必须尽可能地降低能耗，合理利用本国自有资源，采取多样化的手段保证必须进口的能源。

——电能的输送与存储：必须使网络基础设施高度适应大流量分散供应的情况；

——充分利用奥地利在欧洲能源供应网络中中转站的地理位置优势。

为此，奥地利大力推广新能源技术，促进能源结构转变。

首先，发挥利用生物质能作为燃料方面的长期传统优势。2009年生物质能燃料的利用为奥地利减少了1 400万吨二氧化碳排放，生物质能燃料行业的年销售额达到11.42亿欧元。2009年奥地利生物质能燃料锅炉的销售额达10亿欧元，其中国内市场销售了8 446台燃木屑棒的燃烧锅炉，5 032台木片燃烧锅炉，8 530台木块燃烧锅炉；奥地利生物质能燃料锅炉厂商近70%的产品销往德国，占据德国市场的2/3。在开发生物质能燃料锅炉方面，奥地利目前致力于进一步降低排放和减少助燃材料的消耗。

其次，发展光伏产业。奥地利的光伏市场从2001年起得到逐步发展，2009年新增并网光伏设备装机峰值容量达到19 961kW。奥地利已形成了生产、销售、装配、系统调试和研发配套产品的光伏产业。2009年一套并网光伏设备的价格为4 400欧元/kW，比2008年5 100欧元/kW的价格下降了14%。在光伏研发方面，奥地利致力于薄膜技术、网络集成和建筑节能集成技术，其中建筑节能集成技术被视为奥地利光伏产业的未来发展方向。

第三，大力发展太阳能技术。在太阳能技术方面，2009 年装配了 364 887 平方米的太阳能集热设备，装机容量达 255.4MWth。其中 95.5% 为取暖用平面集热设备。按照 25 年的技术寿命计算，2009 年奥地利约有 430 万平方米的太阳能集热设备在运转，装机容量达 3 014MWth，减少二氧化碳排放 455 366 吨。2009 年奥地利生产太阳能集热设备中的 75.8% 用于出口，销售额达 5 亿欧元。目前奥地利在太阳能技术的研发重点是开发新型应用方式，开发高性能集热存贮的关键技术。

第四，发展取暖热泵技术。取暖热泵技术在 2009 年为奥地利减少二氧化碳排放 582 460 吨。目前，奥地利热泵技术的研发重点是使热泵技术与太阳能设备和光伏设备得到综合利用；为室内的制冷、空气调节和干燥需求提供新的能源服务；提高技术利用效率。

第五，支持电动汽车技术研究与创新。为了加强奥地利作为技术所在地和经济所在地的优势，通过提高可再生交通能源的利用减少对化石能源的进口依赖，实现环保交通的可持续发展。2009 年，奥地利联邦交通、创新与技术部实施电动交通技术灯塔计划，投入项目经费 8 000 万欧元，支持在电动交通领域开展示范项目，开发混合动力和电动汽车技术，支持建设产学研相结合的研究与开发能力中心。联邦交通、创新与技术部联合工业界 2008 年制定国家汽车研究、技术与创新战略，投入 4 000 万欧元支持开发适应未来市场需求的驱动系统替代产品，对传统驱动技术进行研究改进并生产；2009 年和 2010 年又为此共投入经费达 1.2 亿欧元，其中 2/3 经费集中支持开发驱动系统替代产品，1/3 用于改进传统驱动技术。支持的研究领域是：电池研究、驱动系统与复杂能量存储的调控、电动车集成技术、混合动力技术、燃料电池驱动技术、能量存储技术、能量供应基础设施、智能电网、锂电池回收等。作为欧盟成员国，奥地利设定的目标是，至 2020 年汽车二氧化碳排放从 160g/km 降低到 95g/km；纯电驱动汽车达到 63 000 辆，混合动力汽车占汽车总量的 30% ~45%，能效提高 20%，电动汽车总数达到 25 万辆。

三、积极参与欧盟科研框架计划

奥地利科研机构积极参加“欧盟第七科研框架计划（2007—2013）”。截止到 2009 年 11 月共提交了 43 200 份项目建议，有 6 806 份项目建议通过评审，其中 813 份项目建议有奥地利科研单位参与，占通过评审项目的 11.9%，由奥地利科研单位作为主导方的项目共有 137 项。欧盟第七科研框架计划的评审通过率为 15.7%。欧盟第七科研框架计划规定其经费预算至少有 15% 要资助中小企业。在通过评审的项目中，奥地利中小企业占16%，相比欧盟第六科研框架计划（2002—2006）时的14.3%有了进一步提高，其优势领域为能源、运输、卫生、信息通信技术等。

在开展与欧盟以外的第三方国家合作方面，欧盟第七科研框架计划也同样更加强调开展超越欧盟边界的国际合作。中国已成为奥地利在欧盟第七科研框架计划下开展合作的重点国家，排名仅次于俄罗斯和美国。

（执笔人：李　刚）

波　兰

波兰受全球金融危机影响较小，2010 年金融体系运行稳健，经济保持较快增长，财政赤字低于预期，进出口额增加显著，吸引外资数额略有下降，内需比较旺盛。波兰政府应对金融危机的措施比较得当，这使其成为欧盟成员国中经济增长最快的国家之一。

一、波兰科技体制改革

在波兰参、众两院表决通过后，波兰总统于 2010 年 5 月 20 日签署了有关波兰科技体制改革的一揽子法案，法案同年 10 月 1 日生效，标志着酝酿多年的波兰科技体制改革正式实施。波兰科技体制改革针对现存体制的弊端，重点放在科教部职能的转变，科技经费管理机制的转变以及建立新的科研质量评估机构。最后达到建立透明的科研经费支持体系；提高科研经费的使用效率，确保只有高水平的科研项目才能获得国家经费的支持；集中资金支持高水平的应用研发活动；显著增加用于科研项目公开招标的预算资金；建立新的研发活动质量综合评价体系 5 个主要目标。新的科技体制的主要特点有：以分开政策制定职能与政策执行职能为职责划分的主要原则。科技政策、经费预算、发展战略的制定以及研发活动质量的评价工作主要由科教部负责，成立国家研发中心和国家科学中心负责政策的执行、科研项目的管理、科研经费的使用。

波兰提出要显著提高科技预算中划拨给国家研发中心和国家科学中心的经费，目前规定不能少于预算中各种主要研究经费（如科研机构的法定活动经费、高校级别研究机构和科学院研究机构用于年轻科学家和博士生培养经费、国际科技合作经费、科普推广经费、科教部长提出的研发计划经费、科技机构评估委员会经费等）总和的 10% ，到 2020 年不能少于 50% 。同时规定，如果企业对在研发中心实施的项目增加投入，则研发中心也要同时增加项目经费，以此鼓励企业对项目的投入。

波兰计划成立科研机构评价委员会，旨在对科研机构的研发活动质量进行综合评价，至少每4年进行一次，评价结果分为4个等级，不同的等级获得不同的经费支持。该委员会是科教部长的建议和咨询机构，委员由科教部长在科技界和经济界推荐的候选人中选定，总计30名，候选人最低要有博士学位，其中20名来自评级在A级及以上的科研机构，10名为拥有创新成果的经济界人士。委员会还会认定一批在各自研究领域处于顶尖位置的研究机构，这些机构将会从科教部获得大量经费以便能够和欧洲顶尖的研究机构开展竞争。

为保证科技改革的顺利进行，波兰议会通过了若干法案，包括：《科学经费原则法案》、《国家研发中心法案》、《国家科学中心法案》、《研究机构法案》、《波兰科学院法案》和其他一些辅助性的法律法规。

二、促进创新的计划

依据创新经济行动计划和实际发展需求，波兰有关部门制订了更加详细的实施计划，从人才培养、环境建设、资金支持等多方面促进创新活动的开展。以下为一些有代表性的计划。

（一）欢迎计划

“欢迎计划”支持由国外的著名科学家在波兰研究机构组建研究团队开展的研发项目，由波兰科学基金会制定，在创新经济行动计划框架中实施。该计划的总体目标是鼓励国外的著名科学家在波兰组建研究团队，加强波兰研究机构和大学的国际合作。该计划面向至少拥有博士学位并计划在波兰工作或是在波兰已经建立自己的研究团队的国外研究人员，以及至少拥有博士学位在国外工作至少2年以上时间，有意回波兰工作或是已经回波兰工作的波兰研究人员。有国外科学家开展研究工作的波兰大学和研究机构可以申报该计划。国外科学家担任团队和项目的双重负责人，研发工作由团队的其他成员承担，其中通过公开选拔的年轻研究人员中硕士研究生、博士研究生、年轻的博士不能少于6名。项目的评审标准有3条：一是项目的科学价值，二是团队负责人的科研履历以及执行项目的经验，三是最近4年最重要的已出版的著作或是取得的专利。项目经费分为3部分：一是担任项目负责人的国外科学家的个人费用，每年200 000～350 000兹罗提（波兰官方货币）；二是项目研发人员的个人费用，大学生每月1 000兹罗提，博士生每月3 000兹罗提，年轻的博士每月5 000兹罗提；三是研发经费为1 000 000兹罗提。项目期限为3 ~5年。目前共计8个项目在实施，经费总额为4 850万兹罗提。

（二）创新投资贷款计划

“创新投资贷款计划”由波兰企业发展局实施，面向波兰的中小企业。贷款主要用于如下方面：研发成果的实施、国内和国外执照的获得、机器或厂房的购买及安装、实施创新所需的建筑物或厂房的建设、扩建或现代化改建。

贷款金额不能超过项目费用的75%，最多不能超过50万欧元。贷款人有权利在投资期间暂缓偿还本金和利息，但是暂缓还贷不能超过2年时间，贷款期限不能超过6年。

（三）技术贷款计划

“技术贷款计划”面向波兰的中小企业，由国家经济银行实施。技术贷款由与国家经济银行签有协议的商业银行发放，用于购买新技术或是实施新技术。企业自有投资不能少于净投资额的25%。中小企业通过技术贷款计划可以从国家经济银行获得一定数额的技术资金来减少企业贷款的数量。中小企业向商业银行提出技术贷款申请，商业银行审查通过后即向国家经济银行递交企业技术资金申请。有关的科技机构和国家经济银行对该企业的技术创新是否符合有关法律条件进行审核。审核一经通过，企业即可获得技术资金（最高不能超过400万兹罗提）。

（四）风险投资计划

“风险投资计划”由国家资本基金会负责实施，旨在对初创阶段的中小企业进行高风险的资本支持。该计划主要内容是：把风险资本基金以股权资本、准股票和债务的形式投资于波兰的中小企业，尤其是初创的创新型以及开展研发活动的中小企业；退还风险资本基金的部分管理成本费用，包括职员和专家的雇佣费用、监控费用、分析费用、市场调研费用等。

（五）鼓励研发和支持工业设计计划

“鼓励研发和支持工业设计计划”由波兰企业发展局实施，主要包括如下两方面内容：一是发展企业的创新活动，通过提供活动资讯和培训服务以及研发活动所需的固定资产和无形资产，使企业形成自己的研发中心；二是发展工业设计和实用新型设计并将其投入生产。主要措施包括针对新的产品设计方法进行培训，对涉及概念设计和工艺—技术产权保护的产品研发进行咨询，进行大量试验和将设计转化成系列产品所需的必要培训、固定资产和无形资产的购置等。

（六）国家创新网络

波兰国家创新网络是由多个顾问咨询中心组成，为中小企业在创新准备阶段提供服务的组织。该组织由波兰发展局倡议成立，为国家中小企业服务系统的一部分。

（执笔人：驻波兰使馆科技处）

保加利亚

2010 年是保加利亚科技发展中比较困难的一年。受全球金融危机特别是欧洲债务危机的影响，保加利亚的科技发展战略和政策暂时还是无米之炊。政府对科技的投入大幅减少，科技发展深受影响，科技界怨声载道，科研工作几近停滞。2010 年 10 月 22 日，保加利亚议会通过了新修订的《促进科学研究法》，力图通过立法和财政支持加快本国的科技发展速度。

一、科技投入大大减少

保加利亚 2010 年的国家预算显得很不寻常，在保加利亚部长会议《2010 年保加利亚共和国国家预算法草案报告》的扉页上赫然印着一行大字：“迎接危机的挑战，支持困难时期的人民”，让报告一开始就蒙上了悲壮的色彩。这无疑是在发出警示：2010 年的财政状况不容乐观。保加利亚政府后来各项预算的缩减充分证明了这一点。保加利亚政府 2010 年的科技投入也大大减少。2010 年保加利亚政府对科技的拨款仍被列入公务支出科目。国家预算资金为 2.213 亿列弗，约合 1.131 亿欧元，比 2009 年减少了约 39.0%，占国内生产总值的 0.3%，比 2009 年减少了 0.2%。显然，在金融危机影响下，保加利亚政府承诺科研经费保持每年占 GDP 总量 0.1% 的增长幅度、逐步实现科研经费总量达到占国内生产总值 1% 的目标在 2010 年不仅没有达到，而且缺口巨大。

与往年不同的是，2010 年的预算报告并没有明确科研经费的使用重点，不过预算报告还是给保加利亚最大的科研机构——保加利亚科学院规定了大致的研究方向。

2010 年保加利亚国家预算给保加利亚科学院的经费数额为 8 469.51 万列弗（约合 4 330 万欧元），与 2009 年保加利亚科学院实际支出数额持平，但比 2009

年的预算减少了11.6%。国家预算中规定，2010年拨给保加利亚科学院的预算资金主要用于水文气象观测和预报、地震学、地球物理学、国家空间科学研究、放射性废料收集和贮存、国家博物馆和图书馆建设、国家历史遗产和人类学研究、国际信息通道连接、国家植物园建设、计算机病毒学研究等领域。

不过，一年来的实践证明，这一被大大缩减的数字也未能足额到位，无疑给保加利亚的科技发展带来了很大的负面影响。

二、修订《促进科学研究法》

2010年10月22日，保加利亚国民议会通过了新修订的《促进科学研究法》。这部法律总则部分说，科学研究是国家的优先事项，本法规定了贯彻保加利亚国家促进科学研究政策的原则和机制，对国家的发展有战略意义。

从总体上看，这部法律对政府职责、科研经费的管理机构和使用范围等几个方面都作了明确的规定，可操作性很强。保加利亚教科部在这部法律公布时评价说:《促进科学研究法》是国家管理和实施科技政策的基本法律。修订这部法律的主要目的是通过更新科学研究的法律框架，确保国家的科技政策与欧洲2020年前的科技发展规划一致。新的法律将使国家能够制定新的在教育、科学和创新之间产生互动的科学政策，这些政策不仅与欧盟的政策相吻合，而且有利于解决具体的经济问题和应对全球性的挑战。

概括起来，这部法律有以下几个方面的内容值得关注。

（一）确定科学研究的内涵

该法总则部分指出：科学研究活动应符合国家的科学研究战略、有重要意义和得到国际公认。科学研究活动包括基础科学和应用科学研究及科学研究成果的推广，其基本原则是符合伦理道德、公开透明、具有可获得性和应用性。这部法律还进一步强调，从事科学研究活动应当能达到以下4个目的：①能够解决国家在经济、社会和人力资源方面的重要问题；②能够继承保加利亚的民族同一性、历史和文化；③能够发展工程科学和创新；④能够创造新的科学知识。

（二）明确国家对科学研究活动提供财政支持的原则和范围

该法总则表示：国家将对科学研究活动提供财政支持，财政支持的方式将确保公共资金的使用效率和透明度。另外，财政支持范围还包括鼓励参与国际科技合作、参加欧洲和跨欧洲的科研项目及参与建立全欧洲的科研体系。该法明确规定，科技组织从国家获得研究经费，其研究项目需满足以下条件：①能够提高国家和人民的生活质量；②能够提高经济效益；③有较大的社会意义；④国家或国际独立的专家机构对科学研究及成果进行评估和监测；⑤能够发展人力资源、提升高校中科研的作用；⑥能够扩大科研投资规模；⑦能够将公共资金引导至国家科学研究战略确定的、有重要战略意义的研究领域；⑧能够促进国际和跨学科合作。

（三）国家在促进科学研究工作中的职责

这部法律规定，在促进科学研究的工作中，国家有 15 项职责：①制定和实施国家的科研政策；②确保教育、科学和创新政策的一致；③促进科研和经济之间的互动；④创造增加科研经费的条件；⑤支持对科研人员的培训；⑥推动国家科技攻关计划和项目的融资和实施；⑦推动科学基础设施的建设；⑧奖励科学研究活动；⑨创造条件，吸引青年专业人员从事科技开发和科普工作；⑩保护科技发明和使用新的科技成果；⑪促进科技产品在经济领域的应用；⑫支持开放劳动力市场，在高校、研究机构和企业之间建立起相互沟通的渠道；⑬支持和鼓励在经费共享的原则下参与国际科研项目合作；⑭鼓励通过双边合作项目和其他形式的合作参与国际科技信息的交流；⑮为特有的科学基础设施运行制定特殊政策。

（四）国家科学政策的形成机制及政府的职责

该法规定：国家的科研政策由部长会议根据国民议会通过的国家科技发展战略确定，并通过教育和科学部实施。此外，部长会议的职责还有：确定支持和促进科技产品在各领域应用及推广的条件和程序，支持保加利亚科研团体参加国际组织和科研项目。

为检验国家科技政策的实施效果和为下一年的预算提供决策依据，该法规定：每年编制国家预算的前两个月，教育和科学部应向部长会议提交科研机构和高等学校科研现状及发展年度报告。年度报告被批准后的两个月内，由教育、青年和科学部公布报告的部分内容。

另外，该法还授权保加利亚教育和科学部为奖励保加利亚科学家可以设立科研贡献奖和成就奖。

（五）国家科技和创新委员会的组成和职责

鉴于国家科技和创新委员会也要参与保加利亚科技政策的制定，这部法律专门规定了该委员会的组成方法和职责。

该法规定：国家科技和创新委员会由教育科学部部长及其他来自国内各部门的20名委员组成。除教育科学部部长外，另外19名委员的组成为：经济能源部1名、财政部1名、高等学校校长7名、保加利亚科学院4名、农业部2名、科学研究基金会1名、企业组织代表2名、非政府科技组织代表1名。教育科学部部长担任国家科技和创新委员会主席，其任期为5年，连任不得超过两届。

该法规定，国家科技和创新委员会的职责是：负责协助教育科学部实施国家促进科学研究的政策。另外，国家科技和创新委员会可以邀请企业界和社会民间组织的代表以顾问身份参加其会议；国家科技和创新委员会的议事规则由教育科学部报部长会议批准后实施；教育科学部办公厅亦为国家科技和创新委员会办事机构。

从以上规定可知，保加利亚的国家科技和创新委员会是一个重要的咨询机构。

（六）科学研究基金会

要促进科学研究，除了政策支持外，更要有资金的支持。保加利亚教育科学部所属的科学研究基金会是政府提供科研经费的重要机构，因此，这部法律在科学研究基金会的组成、性质、工作方法、资助范围和程序等方面作了明确细致的规定。

需要强调的是，此次修改的法律条文，大大扩展了基金会可以支出的具体范围，在一定程度上反映出保加利亚政府试图通过加大资助力度、促进科研发展的决心。这一点在这部法律的结尾部分表现得更为明显，该法的最后一条规定：国家将通过税收、信贷、利率、关税和其他金融、经济激励和融资手段，包括制定专门的法律来促进科学研究。

（执笔人：驻保加利亚使馆科技组）

欧　　盟

2010 年是欧盟里斯本条约正式签署后的第一年，欧盟一体化建设取得新进展，欧盟理事会和欧洲议会在欧盟发展中的决策分量增加。2010 年也是欧盟实施里斯本战略的最后一年，欧盟对该战略所取得的进展与存在的不足进行了反思与评估，以便更好地规划欧盟未来发展。2010 年更是欧盟的创新政策年，欧盟多个规划未来十年发展的政策纷纷出炉，创新成为欧盟制定科技政策最关注的话题。

一、研发投入

（一）欧盟机构的研发投入有较大增加

2010 年欧盟承诺的研发投入为 1 414.5 亿欧元，占欧盟国民总收入（GNI）的 1.2%，比 2009 年增长 3.6%；实际研发开支为 1 229.3 亿欧元，占欧盟国民总收入的 1.04%。其中，用于提高竞争力的承诺拨款 148 亿欧元，实际支出 113 亿欧元。对第七研发框架计划的投入比 2009 年增加 11.7%，达 75 亿欧元。

（二）欧盟及其成员国研发投入稳定增长

欧盟统计局发布的欧洲科学技术与创新（2010 版）报告显示，近年来欧盟研发经费呈稳定增长态势。2007 年，欧盟全社会研发总支出为 2 287 亿欧元，约为美国同期投入的 85%，是日本的两倍。2007 年欧盟研发投入占 GDP 的比例为 1.85%，与前一年相比保持稳定，但明显低于日本（2006 年为 3.4%）、韩国（2006 年为 3%）和美国（2007 年为 2.67%）。

2002—2007 年，欧盟 27 国研发经费平均年增长 2.6%，27 个成员国中只有瑞典和芬兰研发投入分别以3.60%和3.47%达到了3%的目标。德国、法国、意大利和英国的科研投入占欧盟27个成员国科研投入的一半。

从研发支出结构看，企业研发支出占欧盟27国研发总支出的2/3(63.9%)。剩余部分则由政府和高等教育部门共同分担（35.1%)。

从研发投入结构看，欧盟全社会研发投入中，55.4%由企业直接投入。在成员国中，只有3个欧盟成员国达到了欧盟里斯本战略提出的企业投入要占全社会研发总投入2/3的目标，它们是：卢森堡（79.7%)、芬兰（68.2%）和德国(68.1%)。

（三）欧洲企业研发投入表现喜忧参半

2009年欧洲的研发投入呈下降趋势，降幅为2.6%，与上一年度8.1%的增长形成明显对比，而美国企业下降趋势更为严峻，降幅达5.1%。尽管如此，欧洲企业研发投入总额仍然落后于美国。日本企业研发投入与2008年相比基本持平。从进入“欧盟2010年度企业研发投入记分牌”的1 400家公司的地区分布看，美国504家，欧盟400家，日本259家；如果按照投资金额来看，美、欧、日所占比例分别为34.3%、30.6%和22%，三者的总比例达86.9%。

企业在替代能源领域的研发投入继续保持快速增长势头。在记分牌中，有15家企业（比2009年增加了9家）是完全专注于清洁能源技术研发的，2009年的研发投入达到了5亿欧元，同比增长28.7%。这15家公司中，有13家是欧盟企业，显示出欧盟在替代能源领域的强大优势。此外，许多传统能源企业（如石油公司和天然气公司）也在大量投资替代能源技术研发。

二、“欧盟2020战略”凸显科技与创新引领未来的作用

“欧盟2020战略”是继里斯本战略之后欧盟提出的又一个指导未来十年发展的战略，可概括为“三大优先任务、五个战略目标和七大配套旗舰计划”。

（一）确立三大优先任务

1. 智慧型增长：形成知识与创新经济

智慧型增长是加强知识和创新，将其作为未来增长的推动力。这需要欧盟提

高教育质量、加强研究效能、促进创新和知识转移转化，最大程度利用信息通信技术，并确保创新的火花能够转化为新的产品和服务，以创造增长和就业，应对欧洲和全球社会挑战。但是，如果要成功，还必须与创业精神、金融以及对客户需求和市场机遇的关注等结合起来。相应配套行动包括发起“创新联盟”、“流动的年轻人”和“欧洲数字化议程”三大旗舰计划。

2. 可持续增长：发展更具资源效率和竞争力的绿色经济

可持续增长意味着建立一个资源高效利用、可持续和具有竞争力的经济。这需要欧洲在诸如绿色技术的新工艺、新技术等方面发挥领导作用，加快利用信息通信技术的智能电网建设，发展泛欧网络，加强欧盟商业，特别是制造业和中小企业的竞争优势，并提高消费者对资源效率的重视。这会帮助欧盟在低碳和资源紧张的世界中胜出，并防止环境恶化、生物多样性损失和资源的非持续性利用，也将加强欧盟经济、社会和区域的聚合力。相应配套行动包括发起“欧洲资源有效利用”与“全球化时代的工业政策”两大旗舰计划。

3. 包容性增长：培育高就业经济，实现社会和地域协调发展

包容性增长意味着通过高就业、在技能上的投资、与贫困做斗争、现代化的劳动力市场、培训和社会保障体系，提升人们的能力，使其可预见和应对变化，建立一个具有凝聚力的社会。同时，把经济增长的好处扩散至整个欧盟甚至包括最边远的区域，这是根本的要求，从而加强区域的聚合。包容性增长意味着确保所有人在整个职业生涯都可以获得工作机会。欧洲需要充分利用其劳动力的潜能，应对人口老龄化和日益加剧的全球竞争的挑战；需要采取促进性别平等的政策提高劳动人口的就业率，促进经济增长和提高社会凝聚力。相应配套行动包括发起“新技能与就业议程”和“欧洲反贫困平台”两大旗舰计划。

（二）设定五大战略目标

欧盟委员会提出了欧盟面向2020年的就业、研究与创新、气候变化与能源、教育、反贫困五大可衡量目标，并将其转化为各国的国家目标，以指导这一发展进程。具体目标为：①就业，20～64岁适龄人口就业率从目前的69%上升到75%；②研发与创新，投入强度（即研发占GDP比重）从目前不足2%提高到3%；③气候变化与能源，实现既定的3个“20%”气候/能源目标，即温室气体较1990年减排20%以上，可再生能源占全部终端能耗20%，能源效率提高20%；④教育，2020年将初等教育失学率从目前的15%降低至10%，同时将30～34岁年龄段中受过高等教育的人口份额从目前的31%至少提高到40%。⑤反贫

困：低于成员国贫困线人口数量减少 25%，降低到 2 000 万人以内。

（三）发起七大旗舰计划

（1）“创新型联盟”，改善创新环境条件，为研究与创新开辟融资渠道，保障创新性思想能够转化为产品和服务，并拉动增长与就业。

（2）“流动的年轻人”，增强教育系统的效能，促进年轻人进入劳动力市场。

（3）“欧洲数字化议程”，加快高速互联网的建设以获取数字化单一市场为家庭和企业带来的利益。

（4）“欧洲资源有效利用”，帮助在经济增长的同时减少资源消耗，支持向低碳经济的转变，增加可再生能源资源的利用，实现交通领域的现代化，提高能源效率。

（5）“全球化时代的工业政策”，改善商业环境，特别是中小型企业的商业环境，支持发展强大、可持续、具有全球竞争力的工业基础。

（6）“新技能与就业议程”，实现劳动力市场的现代化，增加劳动力就业率，更好地保障劳动力供需，促进劳动力流动，促使人们通过不断提高技能来更好地发展。

（7）“欧洲消除贫困平台”，确保社会和区域凝聚力，使增长和就业的利益得到广泛的分享，使遭受贫困和社会排斥的人们能够活得有尊严并积极参与到社会中去。

三、建设“创新联盟”成为欧盟未来十年的战略目标

2010 年 10 月，欧盟正式公布了未来十年的研究与创新战略文件——“创新联盟”（Innovation Union）。该战略以十年内把欧盟建设成为“创新联盟”为目标，并提出部署相关配套措施，开展欧盟层面的科研与创新绩效监测工作，确保“创新联盟”各项目标的实现。

“创新联盟”旨在改善科研与创新条件，提供财政与资金支持，确保创新想法能够变成产品和服务，从而创造增长与就业。

（一）建设欧洲研究区，取得教育与前沿研究的世界领先地位

1. 2014 年年底前建成欧洲研究区

建设统一的欧洲研究区，旨在避免成员国研发计划之间的立项重叠与重复投

入，提高研发资金使用效益。欧盟明确提出将2014年年底作为建成运行良好的欧洲研究区的最后期限。欧洲研究区的建设，主要集中在人力资源、研发计划、研究基础设施、知识共享和国际科技合作5个领域。欧盟鼓励研发机构间自由地形成联盟，实现集群发展，在全球层面开展竞争与合作。

2. 研发经费集中在优先领域

欧盟研发计划通过资助欧洲层面的卓越研究，在提升欧盟研发能力方面发挥了很好作用。研发框架计划中合作计划优先领域的确定过程，让欧洲各利益相关者聚在一起讨论，带来了欧盟附加值，也为各成员国制定自身研发计划的优先领域奠定了基础。欧盟在与成员国和产业界联合使用研发经费方面也取得了积极进展。

就像航空和通信等技术使20世纪的经济发生转型一样，微电子、纳米电子、生物技术、新材料、先进制造技术等关键启动技术也能显著驱动当代社会经济的增长。这些技术会影响人类生活的各个方面，其管理制度应该尊重科学规律，保持信息透明，鼓励民众参与，让欧洲民众信赖科技突破，为科技研发赢得良好的投资环境。这需要更强的前瞻能力的支撑。虽然这些活动在各个层面的工作中都在实施，但在政策制定过程中需要加以统筹，有效整合。

2011年，欧盟委员会将成立“欧洲前瞻论坛”，确定未来研发计划的方向，调整资助机制，从根本上简化申请与资助制度。

3. 将欧洲创新与技术研究院作为欧盟创新治理的新模式

欧洲创新与技术研究院（EIT）的设立，通过在欧盟层面第一次引入行政与财务管理的新模式，为整合“知识三角”（教育、研究和创新）提供了重要的新动力。EIT是欧洲激励创新的先锋和榜样。EIT的知识与创新群体（KICs）覆盖整个创新链，旨在汇聚来自研究机构、企业与高校的最具创造力与创新性的世界一流伙伴一起工作，共同应对社会重大挑战。因此，EIT将推动创新驱动的研究，促进创业与发展，包括开展企业家教育，由KIC中的高校授予具有EIT品牌的多学科学位。欧盟设立EIT基金会，并将在2011年推出“EIT学位”。

（二）为研究成果产业化提供一流的配套服务

1. 增加创新型企业的融资渠道

欧洲必须加强投资，使好的创意在市场上得到开发。这主要是要发挥私营机构的作用。欧洲每年风险投资投入比美国少150亿欧元，要达到研发投入占GDP

3% 的目标，在商业研发领域每年需要投入超过 1 000 亿欧元。然而，银行不愿意借钱给缺少担保的知识型企业，而金融危机使这类企业更难获得资金。

在欧盟层面，目前的第七研发框架计划风险分担融资计划（RSFF）与竞争力和创新框架计划（CIP）等金融工具已经带动投资额超过欧盟预算投入的 20 倍，但仍不能满足需求。欧洲投资银行（EIB）集团在管理这些金融工具方面的专业化和市场定位是成功的主要因素。

为填补这些缺口，使欧洲成为具有吸引力的创新投资之地，需要灵活地发挥公私伙伴关系作用，并完善监管框架。所有现存的阻碍风险资本基金跨国操作的障碍都需要消除。必须简化创新型企业的股票上市程序以利于其获得资金。国家援助风险资本准则允许欧盟成员国提供资金填补市场缺口。填补市场缺口的资金量将被再评估，以确保在现有条件下有足够的资金。

2. 创建单一的创新市场

由消费者支持的单一市场的规模应该吸引创新投资和企业，激励最佳创新竞争，并且让企业家把创新成果商业化，促进他们的业务快速增长。欧盟《单一市场法案》的制定，旨在解决运行良好的内部市场所面临的障碍。

2011 年，欧盟各成员国将从生态创新和欧洲创新伙伴计划开始，对关键领域进行管理框架审查；欧盟委员会将提出一份标准化立法建议，涵盖信息通信技术领域；欧盟建议各成员国留出专门经费用于商用前采购和创新产品与服务的公共采购，这将为创新在欧盟地区产生一个每年至少 100 亿欧元的采购市场。

四、继续在能源与气候变化领域发挥领导作用

（一）发布未来十年能源战略

欧盟委员会于 2010 年 11 月发布了未来十年欧盟新的能源战略——《能源 2020：有竞争力、可持续和确保安全的发展战略》，提出未来十年需要在基础设施等领域投资 1 万亿欧元以满足欧盟能源需求。欧盟未来十年将从 5 个重点领域着手确保欧盟能源供应：①建设“节能欧洲”，特别是要在交通以及建筑领域进行节能革新，提高能源供应的效能；②推进欧盟内部的能源市场一体化进程；③制定和完善“消费者友好型”能源政策，提高能源的安全性和可靠性，降低能源成本；④确保欧盟国家在能源技术与创新中的全球领先地位；⑤强化欧盟能源市场的外部空间，把能源安全与外交相结合，与主要能源伙伴开展合作。

（二）启动低碳技术欧洲产业行动

2010 年 6 月 3 日，欧盟启动了低碳技术欧洲产业行动计划，发布了风能、太阳能、智能电网和碳捕获与封存（CCS）四大低碳技术欧洲产业行动计划第一个三年实施计划。

欧洲产业行动计划是欧盟实施其战略能源技术计划（SET-Plan）的重要行动，也是欧盟落实其 2009 年 10 月提出的未来十年向低碳技术领域新增 500 亿欧元投入计划的重要措施，旨在提升战略低碳产业的竞争力，推动欧盟向低碳经济转型，实现绿色、可持续增长。

（三）生物能源政策在调整中发展

2010 年 3 月 4 日，欧盟委员会关于生物质可持续利用的研发计划开始启动。研究人员与工业界将共同开发利用生物炼制技术将生物质转化为能源与产品的新途径。生物炼制研究也是实施“欧盟能源与气候一揽子计划”的具体行动，目的是到 2020 年每个成员国在运输方面使用可再生能源不得低于 10%，特别是生物燃料。生物炼制还是“生物能源欧洲产业行动”的重要组成成分，发展目标是到 2020 年生物质能占欧洲能源结构的 14%，同时确保生物燃料要节省 60% 的温室气体排放。在今后 4 年内，欧盟将为此注资 5 200 万欧元，共有高校、研究机构及产业界的 82 家合作伙伴将投资 2 800 万欧元，它们来自 20 个不同国家。未来 10 年欧盟对生物质能的投资将达到 90 亿欧元，这将能为欧盟创造 20 万个就业岗位。

2010 年 6 月，欧盟委员会提出实施更严格的生物燃料认证制度，对生物燃料的环境影响和减排标准做出明确规定，并对发展第二代生物燃料给予更多重视。

（四）启动“绿能输送”项目

2010 年 7 月 5 日，13 家欧洲工业集团签署“绿能输送”（Transgreen）项目实施谅解备忘录，以创建“绿能输送”（Transgreen）项目财团，开展建设跨越地中海的高压电网项目的可行性研究。“绿能输送”项目是在欧盟地中海太阳能计划的框架内提出的。地中海南岸和东岸国家拥有丰富的可再生能源，特别是北非沙漠的太阳能。该项目旨在将地中海南岸通过太阳能产生的电力输送到对岸的欧洲，投资总额为 80 亿欧元，到 2020 年输电能力达 5GW。

五、积极开展国际科技合作

加强国际科技合作是欧洲研究区建设的主要内容之一。欧盟充分利用研发框架计划对外全面开放的条件，全方位地积极推进与第三国的科技合作。

（一）争取欧盟及其成员国对外合作时“用同一个声音说话”

欧盟与其成员国在对外合作上步调不一致。由于欧盟经费有限，调控能力不足，尤其是一些大的成员国自身就有很强的科技实力，它们在对外合作时往往各取所需，并不与欧盟沟通，使欧盟很难有统一的对外科技合作政策。自2008年出台“国际科技合作的欧洲战略框架”以来，欧盟积极推动各成员国在与第三国开展科技合作中注意与欧盟协调立场，争取用“同一个声音说话”，谋取合作的最大利益。

（二）按第三国的不同类别确定合作形式与领域

欧盟在出台的国际科技合作战略文件中，把合作国家分为发达国家、新兴经济体、发展中国家3大类。

对发达国家，如美国、日本等，欧盟鼓励双方研究人员参与对方的科研项目，或自带经费开展合作研究。与发达国家合作仍是欧盟对外合作的最重要部分，尤其是与美国的合作。欧盟研究理事会强调与美国的创新合作伙伴关系，欧美科研项目都有对方研究人员参与，双方研究人员交流频繁，2010年分别在研究基础设施、生物技术、能源技术、信息交流网络平台建设等方面取得进展。

对新兴经济体，如俄罗斯、中国、印度和巴西等，欧盟逐渐减少援助，倡导以共同资助、平等互利合作为主。与新兴经济体合作，欧盟在共同资助研发项目方面取得积极成果，如2010年与俄罗斯、中国共同出资开展航空领域合作研究，与印度在生物技术与健康、研究基础设施和网络示范计划等方面进行合作等。

对发展中国家，如非洲、拉丁美洲，欧盟仍以技术援助的合作方式为主，如与拉美国家开展环境、食品与健康合作研究；欧盟将在2010—2012年的3年间，每年向发展中国家提供24亿欧元的援助资金，帮助其应对气候变化。

（执笔人：高洪善　陈敬全）

日　本

自2009年9月民主党执政以来，日本政府将科学、技术和人才作为支撑增长的平台，大力推进绿色创新和民生创新，以应对资源匮乏、老龄化社会和经济发展停滞等国内危机。日本政府正实施《新成长战略》，推进支援体制改革，提高技术研发效率；加大人才培养力度，同时营造良好的研究环境，吸引世界优秀科研人才；促进知识产权和信息通信技术的灵活利用，夯实创新的基础。

一、科技发展概况

（一）2010年日本政府的科技投入

2010年度日本政府科技预算为35 878亿日元，比2009年度增加0.7%，地方政府科技投入预算为4 028亿日元，比2009年增加4.35%。为了应对经济危机和发展地方经济，2010年11月4日，日本内阁府通过了补充预算案，其中科技相关补充预算额为1 723亿日元，应对经济危机和地方发展预备费为141亿日元。2006—2009年，政府研发投资总额累计达17.3万亿日元，尚未实现第三期科技基本计划期间政府研发投入25万亿日元的目标。

（二）日本全国科技投入最新数据

日本2009年度全国科学技术研究经费为172 463亿日元，比2008年减少8.3%，为9年来首次减少。研究经费占GDP的比例为3.62%。

从研究经费支出主体看，2009年度，企业为119 838亿日元，占全国研究经费的69.5%；大学为35 497亿日元，占20.6%；非营利机构为2 551亿日元，占1.5%；公共机构为14 575亿日元，占8.4%；与2008年相比，企业减少了12.1%，大学增加了3.04%，非营利机构减少了6.63%，公共机构增加了0.71%。

从经费来源看，2009年度，民间为136 825亿日元，占研究经费总额的79.3%；中央和地方政府为34 957亿日元，占研究经费总额的20.3%。外国为680亿日元，占0.4%。

从不同性质研究费看，2009年度，基础研究经费为23 877亿日元，占研究经费总额的15.0%；应用研究经费为38 373亿日元，占24.2%；开发研究经费为96 404亿日元，占60.8%。

从研究经费投入领域看，2009年度，生命科学为27 054亿日元，信息通信为26 761亿日元，环境领域为10 407亿日元，能源领域为9 656亿日元，宇宙开发为2 454亿日元，海洋开发为965亿日元，纳米技术为1 877亿日元。

（三）科技产出新数据

2008年日本科学论文发表量居世界第3位，科学论文相对被引率居世界第6位；专利申请量和注册量均稳居世界第1位，PCT专利申请量居世界第2位；2006—2010年日本有3位科学家获得诺贝尔物理学奖（南部阳一郎、小林诚、益川敏英），有3位科学家获得诺贝尔化学奖（下村修、根岸荣一、铃木章）。

二、重大科技战略和措施

（一）《新成长战略》瞄准节能环保等领域重振日本经济

2010年6月，日本政府发布了《新成长战略》。该战略提出，在绿色创新、科技与信息通信等7个战略领域实施21个国家战略项目，到2020年在环境、健康、亚洲和旅游4个领域创造123万亿日元的“新需求”和499万个就业岗位，以提高国民生活水平。在21个国家战略项目中，很多与科技和创新密切相关，例如能源和环境方面包括：建立固定价格电力收购制度，扩大收购对象，促进可再生能源的普及利用；发展智能电网，建立都市能源管理体系，促进低碳投融资，发展低碳经济；实现国内资源的循环再利用，推动稀有金属、稀土元素等替代材料的技术开发等。科技和信息通信方面的包括：建立产官学集群合作基地，构建顶尖人才循环体系；改善创新环境，实现博士毕业生全部就业；消除阻碍信息通信技术灵活利用的规章制度，到2015年日本所有家庭都能利用宽带服务。

（二）《第四期科技基本计划》框架浮出水面

根据1995年颁布的《科技基本法》，日本政府每五年出台一期科技基本计划。在《第三期科技基本计划》实施的最后两年里，在对第三期计划实施效果进行评估的基础上，日本综合科学技术会议基本政策专门调查会在2010年3月发布了“第四期科技基本计划（2011—2015年）框架方案”，确定今后科学技术政策的基本方针：一体化推进科技和创新政策；更加重视“人才及其组织的作用”；实现“立足社会需求落实政策”的理念。具体政策包括：①大力推进面向环境和能源的绿色创新与面向医疗健康护理的民生创新，以此作为国家战略的两大增长支柱。②构建支撑国家、培育新优势的科技平台，具体包括推进支撑国民生活的研发；推进支撑产业基础的研发；推进支撑国家基础的研发；推进共性基础技术的研发。③加强基础研究，重视科技人才培养，包括加强独创性的、多样化的基础研究和加强世界领先水平的基础研究。

（三）基础研究策略立足于长远发展

日本综合科学技术会议基本政策推进专门调查会于2010年1月发布题为《关于加强基础研究应采取的长期策略——基础研究支撑体系改革》的建言报告。该报告认为，日本应进行基础研究支撑体系改革，应围绕确保研究资金、培养研究人才和形成研究教育基地3个方面展开。报告具体建议：①增加以科研补助金为主的竞争性研究资金，确保国立大学和研究机构的运营费支付金，确保从事战略重点科技研究的研究人员经费。引进项目负责人自主管理该项目人、事、财的制度（PI制度）。②加大对青年研究人员的支持力度。针对青年研究人员建立新的职业终身制度，即如果遴选出来的青年研究人员通过一段时间研究取得成果，其接收机构可将其职位转为终身制。

（四）能源环保政策依然是重头戏

1. 出台新《能源基本计划》，志在成为“环境能源大国”

继2007年3月对《能源基本计划》第1次修订后，2010年6月，日本内阁会议通过了对《能源基本计划》的第2次修订。修订着重于3方面内容：一是日本资源能源的稳定供应进一步受到内外制约，须全面确保能源安全；二是国际国内严峻形势需要采取强有力的能源政策，应对全球变暖问题；三是发挥能源对经济增长的牵引作用，实现“环境能源大国”目标。

新《能源基本计划》提出2030年实现如下目标：①实现能源自给率（目前为18%）和化石燃料自主开发率（目前为26%）翻一番，将自主能源比例提高至70%左右（目前是38%）；②将零排放电源在电源构成中所占的比例从目前的34%提高至70%（2020年预计达到50%以上）；③生活用能源的二氧化碳排放量减半；④产业部门保持世界最高的能源利用效率；⑤在日本具有优势且今后市场规模会进一步扩大的国际能源相关产品和系统市场，保持日本企业整体的最高市场占有率。

2. 推出《核电推进行动计划》，迎接核能新时代

日本经济产业省于2010年6月发布了《核电推进行动计划》，以实现2020年新增9座核电站，设备使用率达到85%，2030年至少增加14座核电站，设备使用率达到90%的目标。

3. 实施"可再生能源电力全部收购制度"，建设低碳社会

为了扩大对可再生能源的利用，建设低碳社会和培育新的经济增长点，经济产业省拟将可再生能源电力收购对象从以往的太阳能发电逐步扩大到风力、中小水力（3万千瓦以下）、地热、生物质等可再生能源所发电力。可再生能源电力收购价格初步定在15~20日元/千瓦时，收购期限为15~20年（太阳能发电收购期限为10年）。

4. 成立"智能社区联盟"，官民并举发展智能电网

2010年4月，日本经济产业省组织东芝公司、东京电力、丰田汽车公司等286家企事业单位，在东京成立了名为"智能社区联盟"的联合体，建立以智能电网为基础格局的城市布局与社会系统，正式拉开日本官民并举开发智能电网的大幕。该联盟的主要任务是准确掌握国内外信息并向成员发布，制定国际通用标准和技术开发日程表，研究基于"智能电网"的"智能建筑"。

（五）《生物多样性国家战略2010》倡导人与自然和谐共生

《生物多样性国家战略》是日本政府为保护生物多样性及其可持续利用而出台的基本计划。《生物多样性国家战略2010》是对2007年第3版修改版内容进行完善和补充后制定出来的。主要内容分为两大部分：一是面向生物多样性保护及可持续利用的战略；二是关于生物多样性保护及可持续利用的行动计划。该战略确定的中长期目标是到2050年，在全国和地区层次广泛实现人与自然和谐共生，使日本生物种类更加丰富；短期目标是在2020年之前，科学地分析和掌握

生物多样性状况，进一步开展保护活动，探寻不减少生物多样性的方法。

三、科技外交依托科技国际战略提升国际竞争力

2010 年 2 月，日本综合科学技术会议发布了科技外交战略特别工作组报告，提出日本必须制定科技国际战略，以利用海外优秀研究资源，强化日本研发体系，促进本国科技成果的海外转移，实现本国利益和东亚共同体构想。

报告指出，针对欧美发达国家，日本应重点消除人员交流的不平衡，在世界最尖端领域加强合作；针对亚洲国家，日本应重点区分合作与竞争，面向未来加强联系；针对非洲发展中国家，日本应与国际社会一道来解决传染病、贫困、政治稳定等问题。

报告提出推进科技国际战略的具体措施：①建立与世界研发活力融为一体的研发体系，建立全球人才网络；出台配套制度措施，营造吸引优秀人才的研究和生活环境；在科技全球化进程中，强化“保护应保护的人财物”对策，保护本国知识产权；为有助于解决亚洲共同问题的世界级国际研究项目提供支援，其中包括提供研究项目实施所需的资金，消除研究资源自由流动的制度障碍，在国际上公开招聘研究人员，整合研究支援计划并向国际开放。②推进有助于解决亚洲共同问题的研发活动，包括实施示范性项目；加强基础研究；制定与大型科研设施建设相关的亚洲路线图。③从研发合作扩大到创新合作；在标准认证领域加强与亚洲国家的合作；加强制度建设和人才培养方面的合作。④开拓科技外交的新纪元，包括在科技合作方面形成官民并举局面；培养科技外交人才；加强产业界、科技界与外交部门的合作，以及与国际组织加强合作。⑤为实施国际战略加强政府体制建设，包括加强各部门间的合作。

（执笔人：王　玲）

韩　国

2010年，韩国在继续实施以新能源政策和绿色环保为基本内容的绿色新政的同时，结合全球金融危机的大环境做出了新的调整。韩国提出了新的科技发展方向和定位，制定重点领域发展规划，努力推行绿色新政和打造新产业，继续加大科技研发投入，科技事业呈现稳步上升的发展势头。

一、科技发展概况

（一）科技投入逐年增加

1. 研发经费投入与分布

根据2010年9月30日韩国教育科学部、科学技术企划评价院公布的“2010研究开发活动调查”统计结果，2009年韩国全社会总研发投入37.93万亿韩元（约合329亿美元，按“1美元∶1 154韩元”计算，下同），比2008年增长9.9%，研发投入占国内生产总值（GDP）的比重为3.57%，按占GDP比例计算，韩国研究开发投入居OECD国家第3位。

从研发投入渠道看，政府公共机构投资10.89万亿韩元，民间和外国投资27.04万亿韩元；按研发主体区分，企业为28.17万亿韩元（74.3%），公共研究机构、大学分别为5.56万亿韩元（14.7%）、4.20万亿韩元（11.1%）。其中基础研发投入比重占18.1%（2008年为16.1%），应用及开发比重各为20%和61.9%。

2. 企业研发投入

2009年中小企业研发费用为8.20万亿韩元，占企业全部研发费用的

29.1%，从2004年以后比重持续增加。制造业研发投入为24.33亿韩元，占企业全部研发费用的86.4%。服务业研发投入2.65万亿韩元，比2008年增长1.5%（占9.4%）。

3. 研发人员投入

2009年，科研人员总数达323 175人，比2008年增加7.7%。每千名经济活动人口中研究人员比重从上年的9.7上升到10.0人，居OECD国家的第7位。全部科研人员中企业研究人员210 303人（占65.1%），大学88 554人（27.4%），公共研究机构24 318人（7.5%）。博士学位研究人员76 480人（23.7%），其中50 566人（66.1%）在大学研究机构供职。科研人员中女性研究人员为51 073人，比2008年增加9.4%，占15.8%（2008年为15.6%）。

4. 政府研发投入的分布

2009年，韩国政府不断扩大R&D投资，研发费用比2008年增长17.7%。加大了对提高未来国家竞争力核心技术的基础研发，及与政府“低碳绿色成长”政策有关的环境技术领域的投入。2010年度韩国国家研究开发预算规模是13.7万亿韩元（约合110.6亿美元），比2009年增加1.4万亿元，增长约10.5%。政府R&D事业预算分配重点是支持创意研究领域，扩大基础性常规研究；充分发挥政府和民间作用提高投资效率；分担政府部分职能及强化项目间的联系；集中支援国家级重点项目和战略方向。为克服经济危机和挖掘国家发展潜力，将基础常规研究比重较上年增加3%～4%，并计划到2012年使基础常规性研究投入比重达到R&D预算的一半。

（二）科技政策继续推进

2010年，韩国继续执行“绿色发展国家战略”和“绿色经济五年计划”，即韩国政府五年内每年投入占GDP 2%的研发预算，在五年间累计投资约900亿美元发展绿色经济，争取使韩国在2020年年底跻身全球7个“绿色大国”之列。根据“绿色新政”计划，到2012年投入50万亿韩元（约合437亿美元），内容包括：治理四大水系；发展高铁和清洁能源汽车；加大替代能源和可再生能源的研发力度；建立绿色交通网等等。其中，绿色融合技术开发以及电动汽车、海水淡化用小型核反应堆、核废料再利用等绿色技术的产业化是重点内容。

韩国公布的长期科技发展规划——《韩国2025年构想》中提出的重点领域为：信息技术、材料科学、生命科学、机械电子学、能源与环境科学。2010年韩国科技投入特别向在“国家研发事业中长期发展战略”中确定的、可能有助于在世界上抢占和建立新市场的新技术项目倾斜，科研投入重点转向具有良好发展前景的技术领域。加大了对生命科学、航天、海洋、环境、能源领域的科研投资比重，减少了对机器制造和信息电子等领域的科研投入。在具体研究领域，新选定了可再生能源等17个领域的国家新发展动力项目以及环保技术等重点支持课题；按照韩国科学技术委员会制定的《2009年纳米技术发展施行计划》，向纳米领域投入2亿美元，计划2015年之前成为全球纳米技术三强。此外，还计划2018年之前投入近10亿美元，研发具有全球竞争力的十大核心材料，将韩国核心材料技术水准提高至发达国家的九成。

此外，韩国政府主张，应将由政府主导的现有科技体系改为私营部门主导的体系，同时将注重增加数量的投资战略转变为注重效率的投资分配计划。为确保科技创新体系的自力更生，政府提出应该制定和系统化地实施一些限制对国外先进技术模仿和复制的政策。

二、出台新产业技术重点发展计划

韩国知识经济部在2010年4月发表产业技术政策报告，选择了重点领域给予重点支持，推出22个新产业技术发展计划，以创造韩国经济新的增长动力，实现经济可持续发展。计划共涉及六大领域：①能源、环境产业（清洁煤，海洋生物燃料，太阳能电池，二氧化碳的回收和资源化，燃料电池发电系统，核电站）；②运输产业（绿色汽车，船舶、海洋系统）；③新IT业（半导体、显示器、下一代无线通信、LED照明等）；④产业融合（机器人、新材料与纳米融合、与IT融合的系统、广播与通信融合的媒体）；⑤生物产业；⑥知识服务业（软件、设计、健康、文化等）。

三、科技发展重要动向

2010年，结合全球金融危机大环境的变化，韩国科技管理体制和产业发展计划有所调整，采取了一些新的重大举措。

（一）科技管理体制调整

2008年李明博政府上台后，将原教育部和科技部进行整合，新成立了教育科技部。2010年9月，韩国国会通过“中央行政机关行政委员会”方案，确定国家科学技术委员会（简称“国科委”）行使政府职能，企划财政部的 R&D 预算编制和调整权利将大部分移至国科委，国科委将成为事实上具有行政批准权利的长官级（部长级）部门。

根据“R&D 投入先进化方案”，国科委职员达到 150 名，具有 R&D 编制预算和调整权利，拥有科技相关法律的提案权和政府出资研究机构的成果管理功能。韩国科技界推测，李明博政府以科技部与教育人力资源部合并的形态主导国家 R&D 投入的政策已走到尽头。如此进一步强化负责科技政策咨询审议机构性质的国科委职能，或将给韩国科技管理体制带来新变数。

（二）力争“低碳、绿色增长”话语主导权

2010 年 6 月 16 日由韩国主导的第一个国际机构——“国际绿色增长研究所（GGGI）”正式宣布成立，韩国前国务总理韩升洙出任国际绿色增长研究所理事会议长。国际绿色增长研究所是顺应气候变化的时代要求，将绿色增长政策化并以国际标准定义绿色增长的国际机构。

（三）海上风力发电园区建设提上日程

韩国 2010 年 11 月 2 日宣布，到 2019 年将在西南海岸开发 2 500 兆瓦规模的海上风力发电园区，总投入达 9. 2. 万亿韩元。园区建设分为 3 个阶段：第一阶段到 2013 年将建设 5 兆瓦级、由 20 个机组构成的实体园区，生产 100 兆瓦的电量。第二阶段到 2016 年，投资 3. 025 万亿韩元，建成 900 兆瓦的示范发电园区。最后阶段到 2019 年，计划民间投资 5. 63 万亿韩元，建成 1 500 兆瓦级的海上风力发电园区。根据政府方案，在济州岛与南海岸等地也将建设小规模的海上风力发电园区。

（四）制订“智能电网”路线图

韩国政府着力推动低碳绿色成长进程，明确“智能电网”发展目标，计划至 2030 年投资 27. 5 万亿韩元（约合 200 亿美元），内容包括：至 2011 年在示范城市建设 200 个电动汽车充电站，至 2030 年在公共机关、大型超市、停车场、加油站设立 27 000 个电动汽车充电站。上述目标完成后，可减少排放温室气体 2. 3 亿吨，拉动 74 万亿韩元的内需，每年创造 5 万个就业岗位。

（执笔人：单　波）

印　度

2010 年印度科技基础研究与重点科技领域取得新进展，创新能力建设稳步推进，私营领域科技活动日趋活跃。科技引领经济发展取得显著成效，成为印度 2010 年科技成就的最大特色和亮点。

一、科技投入与产出

（一）科技投入

据联合国教科文组织《2010 年科学报告》估计，印度近年来的政府研发投入一直维持在 GDP 的 0.88% 左右。但私营领域的 R&D 投入呈现快速增长的趋势，年均增长速度约占国内研发投入总量（GERD）的 10% 。

跨国公司逐渐发展成为印度研发市场上的一支重要力量。截至 2009 年年底，跨国公司在印度成立的研发中心约 750 家左右，绝大多数从事信息通信技术、汽车与制药技术的研发活动，R&D 投入达 203 亿美元，超过印度国内研发投入的总和。

政府 R&D 经费主要投入国防、核能、空间及农业与生物技术领域。政府研发经费重点保证国家安全、基础研究及关键技术的需要，而高新技术产业研发市场则让给私营企业与跨国公司。政府机构与私营企业相互补充、协作乃至竞争，整个科技研发市场充满活力。

（二）科技产出

根据印度商业与工业部专利、设计与商标控制办公室提供的最新数据，

2008—2009 年度，印度收到专利申请 36 812 件，较 2007—2008 年度的 35 218 件增加 4.5%；共批准专利 16 061 件，较 2007—2008 年度增加 4.8%。在批准的 16 061 件专利中，化学类 2 376 件，机械类 3 242 件，计算机与电子类 1 913 件，医药类 1 207 件，电力类 1 140 件，生物技术类 1 157 件，食品类 97 件，其他类 4 929 件。2008—2009 年度，印度共批准注册工业设计 4 772 件，商标 102 257 件。

2008—2009 年度，印度共发表论文 38 700 篇，占全球论文总量的 3.34%，世界排名第 7 位。优势学科主要有：临床试验，占世界论文总量的 1.75%；健康与医药，占世界论文总量的 1.82%；生物技术，占世界论文总量的 3.69%；环境科学，占世界论文总量的 3.23%；数学，占世界论文总量的 2.77%；物理，占世界论文总量的 5.30%。

二、创新环境建设稳步推进

2010 年印度政府在建设创新环境、提升研发能力方面迈出新步伐，政策措施与资金投入稳步推进。

（1）规划建立世界级创新园区。印度政府在孟买筹建一个以研究与技术开发为核心的世界级创新园区，计划吸引世界 100 多个国家的 25 000 名科学家到园区工作。园区所从事的研究领域主要有制药、生物技术、生物聚合物、微电子、嵌入式系统、水技术、清洁技术、电力、燃料电池、数字媒体和卫生健康。

（2）百万科技人员下乡。2010 年，印度农村发展部规划并组织实施了一项旨在以科技振兴农村经济的科技行动计划。该计划主要利用信息技术帮助农村发展。其做法是：在各基层村民自治委员会设立科技服务组，为每个委员会配备至少 4 名专业人员，负责提供科技支持、宣传和动员工作。这些科技人员的选聘由各邦政府负责，鼓励从当地人才中选拔，实行竞争机制和辞退制度。

（3）成立国家创新委员会。2010 年 8 月，印度总理辛格决定成立“国家创新委员会”。该委员会由总统公共信息基础设施和创新顾问领导，主要职能是发展印度模式，注重包容性增长，营造合适的生态系统，培育包容性创新，为政府制定激励创新政策。其成立后的首项任务是制定“2010—2020 年创新十年路线图”。

（4）加强科技资源与专利保护工作。印度专利、设计、商标总监库马里 2010 年 9 月表示，印度将对专利局进行改组并于年底前完成《专利手册》的编制工作。目前，印度专利局缺乏工作人员和好的检索引擎及能够帮助评价专利申请的数据库，世界知识产权组织现正在帮助印度设计一种检索引擎。此外，印度已将传统的印度药物与医疗系统予以数字化，以防止国际药厂申请其传统药物与治疗系统的专利。印度传统知识数字图书馆将包含所有印度的药物与医疗过程。该图书馆已与美国专利单位开展合作，美国专利机构获准可以进入处理收藏传统印度药物和医疗过程的数字图书馆。图书馆还将这些资料译为5种语言并公开，各国学者可以分享这些知识。

三、科技产业引领经济快速发展

根据联合国教科文组织《2010年科学报告》提供的资料，科技知识和技术在印度经济发展中发挥着越来越重要的作用。截止2009年底，印度知识密集产品占GDP产值近12%，预计2010年将实现14%。

印度经济结构中服务业已占2/3，以高技术为基础的信息与医药技术外包享誉全球。其中，IT服务业与软件外包产值占印度GDP的5.8%。

高技术产品出口也呈现较快发展的态势。其中，航天航空产品自2005年以来出口增长速度达74%，远远高于世界该领域平均出口增长的平均水平(15%)。

印度较有竞争力且充满活力的科技产业主要有：航天航空业、IT服务与软件外包业、生物技术与制药业及正在迅速发展的可再生能源产业。

1. 空间技术产业

空间技术产业一直是印度政府重点发展的战略领域。自1969年以来，印度每年投入到空间技术领域的研发经费占当年GDP产值的0.1%，占研发总费用的12%左右。印度空间技术产业主要涉及5个方面：卫星与发射器制造（包括为他国生产）、资源管理、地面技术设施与地理信息服务、卫星发射、卫星配件与相关产品出口等。

2009年空间技术产业收入125亿卢比（约合2.8亿美元），其中为外国建造与发射卫星占60%以上，地面技术与信息服务占10%左右，其余30%则为资源管理与相关产品销售收入。

目前，印度空间技术仍然以服务于本国国防与安全需要为主，其主要发展方向为探月工程、中远程弹道导弹和国家地理信息（GIS）系统。空间技术商业化的重点在于开拓国际卫星建造与发射市场。印度计划每年为外国发射8颗人造卫星，实现600亿美元收入。

2. IT服务与软件外包业

2009年，印度IT服务与软件外包产业实现产值595亿美元，如果加上硬件产品，总产值达717亿美元，年增长率为12%。世界金融危机爆发后，印度IT服务与软件外包业遭受重创，产业增长速度由过去的百分之三十几跌落至现在的百分之十几，反映出印度信息服务与软件外包业对国外市场有较高的依赖性。印度国家软件与服务协会（NASSCOM）预测，2010年印度信息服务与软件外包产业总产值可望实现700亿美元（不含硬件产品），增长速度恢复至15%左右。其中，IT服务与软件外包出口增长速度能保持在13%~15%，国内市场增长速度保持在15%~17%。

NASSCOM发布的2010年年度企业排行榜显示，信息服务与软件外包领域又有一批新公司迅速成长。

3. 生物技术与制药产业

生物技术产业是印度发挥科技力量推动产业快速发展的另一个亮点。2009年，印度生物技术产业实现产值1 420亿卢比（约合31.5亿美元），年增长速度为17%，其中增速最快的两个领域是生物农业与生物服务业，分别增长了37%和28%。

印度制药业与IT产业被称为印度高新技术产业发展的奇迹。从产值上看，制药业由1980年的3亿美元迅猛地增长到2008年的190亿美元，规模扩大了63倍，占世界的份额为10%，成为仅次于美国和日本的世界第三大制药国。从创新能力上看，印度拥有较强的研发实力，跨国医药公司在印度的分支机构2/3专门从事研发工作；印度企业在美国食品药品管理局（FDA）注册的药品中占有25%，是全世界除美国外在美国FDA注册药品最多的国家。此外，印度制药产业采取了非常灵活的经营策略，在人才培养、商业营销、合同研究等众多方面与国际一流企业形成了密切的合作伙伴关系，已经具备与西方发达国家一争高低的产业规模与技术实力。

4. 太阳能产业

太阳能产业是印度最新规划的高新技术产业。2009年光伏电池容量实现1 000兆瓦，但主要以出口为主，国内市场仅占1.3%。截至2010年8月，印度国内太阳能利用并联式电能12.28兆瓦，离网电能2.46兆瓦。自2009年开始，政府推出了一系列扶持太阳能发展的优惠措施，并投入大量启动资金。按照政府出台的“尼赫鲁太阳能计划”，计划到2022年实现装机容量2万兆瓦，并制定了3个阶段实施路线图计划：第一阶段（2010—2013年），重点发展太阳能集热利用，推广离网系统，适度增加并网电能系统。第二阶段（2013—2017年），建成规模化和有竞争力的太阳能发电系统，第三阶段（2017—2022年），建成太阳能技术研发与产业制造世界中心。为实现上述目标，政府推出了众多优惠政策，如进口国外先进太阳能技术设备免除关税；10 年内免收企业所得税；企业建立研发中心或开展研发业务政府将给予 100% 资金支持；强制性生产与消费；太阳能电价补贴等等。目前，企业界响应十分热烈。太阳能产业有望很快成为印度科技产业的新支柱。

（执笔人：秦洪明）

以 色 列

2010 年的以色列政坛相对平静。在经济方面，以色列正逐步摆脱世界金融危机的影响，从 2009 年第 2 季度起，经济进入迅速恢复期，2009 年全年 GDP 增长率为 0.8%，2010 年第 1 季度的 GDP 增长 3.2%，第 2 季度则增长 4.6%，第 3 季度增长 2.2%。以中央银行 9 月预测以色列 2010 年的 GDP 将比 2009 年增长 4.2%。2010 年 8 月以色列正式获批成为经济合作与发展组织（OECD）第 33 个成员国。2010 年，以色列政府出台了一批新的与科技有关的法律法规和政策，能源和环境问题日益受到重视。同时，以色列国际科技合作稳步发展，重点是推动高科技产业研发合作。

一、科技发展概况

（一）科技投入

以色列的民用研发支出占 GDP 的比重多年来保持在 4.5% 左右，远高于 OECD 成员国和其他发达国家。近年来以色列政府用于民用研发的支出保持了适度增长，2008 年年底，政府为刺激经济发展，增加 2 亿谢克尔（1 美元约兑换 3.6 谢克尔）产业研发经费。2009 年投入大幅增加，为 49.16 亿谢克尔，比 2008 年的 43.87 亿谢克尔增加 12%。此外，2010 年 3 月批准的吸引人才新计划，总投入 1.2 亿美元；8 月内阁批准的鼓励人才回流的奖励政策，共投入资金 15 亿谢克尔。

根据以色列中央统计局 2010 年 8 月公布的数据，2009 年以色列民用研发总支出为 328 亿谢克尔，占当年 GDP 的 4.3%，比 2008 年减少了 16%。从投入的角度看，产业界不仅承担了全国 75% 以上的民用研发活动，而且是民用研发经费的最重要提供者。以 2007 年为例（这是以色列中央统计局公布准确数字的最新年份），在全国民用研发经费中，产业界投入占75.5%，政府投入占17.7%（主要是以转移支付形式资助高校和产业界的研发活动），高校、非营利机构、国外（基金和捐赠）的投入分别占2.1%、1.4%和3.3%。

（二）科技产出

以色列的科技产出相当可观。据统计，2009年以色列科学家在全球科技期刊上发表的论文占世界总量的1%强，人均科技论文数排第3位（仅次于瑞士和瑞典），平均每篇论文的引用次数居世界第4位。

以色列专利局受理的专利申请数量从2008年起有放缓态势：2008年7 704项，比2007年少273项；2009年6 770项，比2008年少934项。其中专利申请人为国外公司和个人的共5 394项，占申请总量的79%。

二、与科技有关的新政策和法律法规

（一）制定相关政策，促进清洁能源发展

1. 制订太阳能电厂建设规范

以色列国家建造计划委员会通过Master10D计划，旨在制订太阳能电厂建设规范，简化建设的行政审批手续等。该计划优先支持建设屋顶太阳能装置，同时为了保护开放区域的自然环境，不允许在本国中部的开放区域安装太阳能装置。建设规划委员会称这一计划是政府为实现2020年提高10%的新能源供电计划而执行的。但该计划还有待内阁的进一步审批。

2. 汽车燃油替代计划

以色列内阁讨论通过了为期十年的国家资助计划——汽车燃油替代计划，政府每年投资2亿谢克尔，鼓励科研机构和相关领域的公司申请计划的资助，同时也鼓励参与国际合作的机构申请资助。

3. 核能发展计划

以色列国家基础设施部部长乌齐·兰多表示以色列正在考虑发展核能，以色列希望与阿拉伯邻国合作，共同建造核电站，并将遵循严格的安全标准。以色列已与法国进行接触，希望在核电领域与法国合作。此外，以色列原子能委员会和以色列电力公司近期宣布，双方即将开始规划建造一座核电站所需的基础设施，

并将着手培训核电站工作人员。

4. 制定温室气体减排国家规划

以色列内阁决定成立一个旨在制定温室气体减排国家规划的跨部门委员会，以研究落实以色列在哥本哈根气候变化会议上做出的关于在 2020 年之前减排 20% 的承诺。

（二）出台多项人才政策

以色列总理内塔尼亚胡在内阁会议上提出要采取有效措施，吸引在国外的以色列籍科学家回国工作。2010 年 3 月以色列政府批准一项新的人才引进计划，计划在 5 年内耗资 12 亿美元吸引各个领域的年轻科学家返回以色列。同年 8 月内阁批准一项由以色列高等教育委员会出台的鼓励人才回流的奖励政策，杰出科技人员回到以色列设立卓越中心，政府给予最高 200 万谢克尔的科研奖励资金，其中以色列科学基金会将拨款最高额为 20 万谢克尔的资助等。以色列各大学将陆续建立 30 个卓越中心，共需投入资金 15 亿谢克尔。

三、国际科技合作

（一）与欧盟的科技合作

以色列全面参加了欧盟的研究开发第七框架计划。根据双方于 2007 年签定的协议，在 2007—2013 年的 7 年以色列将为参加第七框架计划投入 5 亿欧元，占该计划全部投入的 1% 。

以色列参与欧洲尤里卡计划的项目数量占该计划项目总数的 10% 以上，并从 2010 年 7 月至 2011 年 6 月担任该计划的轮值主席国。2010 年 10 月，以色列任轮值主席国以来的第一次尤里卡会议在特拉维夫举行，总共有 56 个联合研发项目获得通过，总投资 5 100 万欧元，以色列参与了其中 30% 的项目。以色列今后将会利用这一机会加强与欧洲国家在传统产业以及生命科学、水技术、清洁能源、食品安全和环境等领域的研发合作。

2009 年，以色列与欧盟经过长期谈判后签定了新的农业合作协议，双方同意进一步放宽农产品市场准入限制，95% 以上的加工后农产品及约 80% 的鲜活农产品将享受互免关税待遇。

（二）与美国的科技合作

以色列和美国之间具有良好的合作基础，两国建立了很多双边基金，包括双边工业研发基金（BIRD）、双边农业研发基金（BARD）、双边科学基金、双边教育基金等，其中 BIRD 是以色列与外国所建立的双边基金中成立最早、规模最大、运行最成功的基金，每年约资助 20 个项目、1 100 万美元。2010 年，BIRD 将投入 4 200 万美元用于 5 个清洁能源项目的研究。

（三）与中国的科技合作

以色列十分重视发展与中国的科技合作关系。2010 年，以色列工贸部长和农业部长先后访华，以色列工贸部副首席科学家和以色列高技术企业以及研发机构代表共 30 人参加了在中国江苏举办的国际技术转移大会，两国研发合作突飞猛进。

2010 年 5 月 20 日，中国全国政协主席、科技部部长万钢与以色列工贸部部长本埃利泽在特拉维夫签署了“中以政府间促进产业研究与开发的技术创新合作协定”。

中国 - 以色列科学与战略研发基金 2009—2011 年资助第五期合作项目，主要的合作领域为水技术和可再生能源，双方共批准资助 8 个项目。2010 年 5 月 16 日，中以双边科技联委会第六次会议在耶路撒冷举行，确定第六期科技合作重点领域为计算机影像、淡水监测和太阳能，共 12 个合作项目。

中国江苏省政府与以色列政府产业研发合作协议顺利实施，继 2009 年确定第一批合作项目后，2010 年 6 月，双方第二次联委会在特拉维夫举行，会议批准了第二批共 12 个项目。以方支持总经费相当于人民币 1 400 万元，江苏省经费支持 950 万元。根据联委会决议，于 2010 年 7 月开始征集第三批产业研发项目。

（四）其他国际科技合作

以色列与韩国、新加坡、加拿大等国家主要通过双边产业研发基金开展合作。有关基金已运行多年且卓有成效，每年召开董事会审批新的产业研发合作项目。以色列与印度的合作主要是军工、通讯、软件等行业，印度已成为以色列军工产品和技术的最重要市场之一，以色列的软件公司大量投资印度。

以色列外交部国际合作中心为发展中国家举办各种人才和技术培训班，也提供部分奖学金。2010 年，培训班数量和人数有所增加，主要是短期培训项目，涉及农业、水资源、环境、卫生和安全等领域。

（执笔人：王向社）

新　加　坡

新加坡受美国次贷危机引发的世界金融危机的影响，2009 年的国内生产总值（GDP）为 2 650.579 亿新元，年增长率为 –1.3%。为应对金融危机，使经济快速复苏，新加坡政府出台了总额达 205 亿新元的一揽子快速恢复计划，在一揽子政策措施的刺激下，新加坡经济强劲恢复，成为世界上首批走出全球金融危机的阴影、实现复苏的少数几个国家之一。新加坡 2010 年上半年 GDP 增长率为 17.9%，全年 GDP 增长率预计为 13% ~15%。目前，新加坡正在建立并逐步完善适应知识经济和全球化进程、服务国家可持续发展战略、以任务导向和研究联盟为主要特点的国家创新体系，致力发展生物医药、环境与水务、清洁能源、互动数字媒体产业，培育新的经济增长点，打造新的支柱产业。

一、研发投入

新加坡从 1991 年开始编制并实施国家科技五年计划。第 1 个五年计划政府拨款 20 亿新元，到计划结束时的 1995 年，研发投入与国内生产总值比（GERD/GDP）为 1.16%；第 2 个五年计划政府拨款 40 亿新元，2000 年 GERD/GDP 为 1.9%；第 3 个五年计划拨款 75 亿新元，2005 年 GERD/GDP 为 2.5%；2010 年度结束的第 4 个五年计划拨款 135.5 亿新元，2008 年，研发投入为 71.3 亿新元，GERD/GDP 为 2.77%。预计 2009 年度，研发投入占国内生产总值的比值将接近计划的 3% 的目标。2011 年启动的第 5 个五年计划政府拨款 161 亿新元，到计划结束时的 2015 年，GERD/GDP 要达到 3.5% 的目标。新加坡政府对 R&D 的投入，真正实现了一年上一个台阶，五年登上一个新水平。

新加坡所取得的成就得到国际社会的普遍关注和认同。瑞士洛桑国际管理学院（IMD）发布的 2010 年世界竞争力排名，新加坡由 2009 年的第 3 位上升为榜首。

二、重要科技发展决策

（一）提出后经济危机时期科技发展策略指导意见

为应对后全球金融危机5~10年间新加坡面临的挑战，“国家经济战略委员会”科技分组于2010年初提交了指导国家未来十年经济发展方向和战略的科技分报告《促进知识资本增长》。报告认为新加坡有望成为全球主要的研发中心以及亚洲创新之都；并凭借与世界一流公立研发机构的伙伴和协作关系，成为私营部门研发和创新活动的中心。在总结知识创造、创新与创业价值链、研发成果商业化实践的基础上，就增强研究-创新-创业框架的作用、发挥知识资本在未来经济可持续增长中的作用，提出了指导意见：①增加R&D资金投入。到2015年把R&D总支出提高到占GDP的3.5%；鼓励新资源投资研发活动。②致力知识创造。对公立部门基础研究和任务导向R&D活动持续支持，借助公立机构的设施和人才，把新加坡建设成领军私营部门研发和创新活动之家。③注重创新资本。加强研发活动与公司、行业的合作，构建创新平台以促进并服务整合；为私营部门的新工艺、新概念的检测和试验所需的基础设施以及高端设备提供便利；通过对行业、中介、科研、学科和能力（国内外）进行目标定位或量体裁衣式的整合，吸引高附加值研发活动落户新加坡。④扩大人才资本。满足新加坡知识经济研究-创新-创业价值链对各类人才的需求。扩大新加坡博士数量，以满足经济需求；培养更多的与企业相关的研究型科学家和工程师（尤其是博士）；培养均衡数量的研究型、创新型和创业型人才；培育全民对研发的兴趣和热情。

（二）确定继续支持和推动三大战略研发领域

2010年9月，国家研究、创新与创业理事会在总理李显龙亲自主持下召开了第四次会议：肯定自2006年成立以来在生物医药、环境与水务（新能源）、互动数字媒体三大战略研发领域取得的进展，将继续支持推动三大领域的研发活动。接受国家经济战略委员会的建议并支持政府在2011—2015年间拨付161亿新元用于研究、创新和创业活动，到2015年把新加坡R&D总支出提高到占GDP的3.5%。赞同国立研究基金会拨款10亿新元组织实施“国家创新挑战计划”的建议，以应对可持续城市发展、高效城市交通系统、清洁能源等方面所面临的挑战，提高国家的能源弹性，实现在20年内研究开发出新能源，提出具有经济价值的能源解决方案的目标。

（三）确定第五个科学和技术五年计划161亿新元的投向

新加坡第五个科学和技术五年计划即将启动。政府批准拨款总额达161亿新元，较上一个五年计划的135.5亿新元，增长了20%。第五个科学和技术五年计划161亿新元的投向如下：70%用于重点支持有望取得经济成果的研发活动（第四个五年计划为65%）；将适当减少研究机构的保障研究基金，提高竞争性经费比例，鼓励跨领域、跨行业的合作研究以及研究机构、大学、医药、企业之间的合作；19%的经费支持知识资本的积累，即科学家出于兴趣的研究或基础研究；6%的经费支持成果转化，这笔近10亿新元的投资比前五年的投资额增加了近1倍；5%的经费用于人才培养。

为了鼓励、支持公立研究机构与企业的合作研究，使公立研究机构积极参与企业的创新活动，在第5个五年计划期间将划拨13.5亿新元设立“企业结盟基金”。支持以一家企业为主，联合多家研究机构，实施目标研究的企业结盟。

除此之外，在未来五年将拨款37亿新元推动生物医药研究，比上个五年计划2006至2010年间的拨款增长12%，并成立一站式服务中心，促进该领域同企业的合作开发研究。2010年，已启动了投资近1亿新元的启奥生物医药集群扩建项目，计划建筑面积达4万平方米。

（四）同意有条件开放人兽干细胞研究

2010年新加坡卫生部发布文告表示：接受生物道德咨询委员会的研究报告建议，在严格监管情况下允许进行胞质融合体和人兽嵌合体两种人兽混合体干细胞的研究，相关法案的制定工作也将启动。

（五）鼓励R&D投入的税收优惠

为了鼓励企业，尤其是中小型企业增加投入以提高生产率和创新能力，新加坡政府2010年出台了一系列的税收优惠计划。

1. 生产力及创新优惠计划

生产力及创新优惠计划旨在鼓励企业增加R&D投入。在该计划中，员工培训、研究与开发、知识产权注册费（专利和商标）、购买知识产权、设计以及自动化均被认定为R&D活动。在企业投入的R&D经费中，前30万新元可以享受250%的税收回扣，30万新元以上部分的回扣率如同以前的规定，即150%。

2. 天使投资鼓励计划

天使投资鼓励计划旨在鼓励具有一定投资和经商专业能力的个人为起步公司提供融资。在该计划中，在一年内投资具有资格的起步公司至少 10 万新元的天使投资者，在持有投资满 2 年时，这笔投资就可以享受 50% 税收扣减，每个评估年度享受税收扣减的投资额度最高为 50 万新元。

三、国际科技合作

新加坡科研局与日本富士通联合研制东南亚最快、运算速度达每秒千万亿次的超级计算机。建成后的超级计算机设在新加坡科技工业园区启汇园的计算机资源中心，富士通提供硬件，由新加坡高性能计算研究院开发相关应用软件。据此，新加坡将成为除美国、中国、日本及德国以外第五个拥有此类计算机的国家。

（执笔人：禹　庚）

南　　非

2010 年是南非经济缓慢复苏、艰难前行的一年。南非政府确定的年度十二项重点任务，全都离不开科技与创新。内阁批准的《产业行动计划 2011—2013》特别强调科技研发引领产业发展。南非科技部围绕国家创新体系这一条主线，突出落实《国家研发战略》和《创新十年规划》两大主体战略，重点支持五大优势科技领域，科技进步与创新水平跃上新台阶，科技支持经济社会发展作用进一步增强。

一、科学技术拨款和研发投入持续增长

2009—2010 年度和 2012—2013 年度，南非政府科技投入增幅放缓，年均增长 2.3%。2010—2011 年度南非科技部获得拨款总数为 46.16 亿兰特，同比增长 9%。科技部 2010 年 9 月 9 日发布的《国家研发与实验开发调查报告（2008—2009 财政年度）》显示，南非的研究开发支出为 210 亿兰特，较上一财年增加 24 亿兰特，但占 GDP 的比例仅为 0.92%，这是连续第二年研发占 GDP 的比例出现下降趋势，南非研发投入占 GDP 1% 的预定目标没有如期实现。自 2007—2008 财年以来，南非研发强度的下降，部分原因是其 GDP 增速超过了研发支出的增速。数据显示，2008—2009 年度研发投入增幅为 13.0%，同期 GDP 增幅为 14.2%，研发投入增幅较国民生产总值增幅低 1.2 个百分点。南非科技部表示将分析原因，并制定相应的对策。

根据《国家研发与实验开发调查报告（2008—2009 财政年度）》，可以看出南非研发呈现如下几个特点：一是研究人员比例偏低；二是女性研究人员在研究人员中比例为世界最高国家之一；三是研究人员种族比例呈现出多样化趋势；四是企业仍为南非研发活动中最为活跃的部门；五是按主要研究领域划分，工程科学所占比重最大；六是研发投入的 10.7% 来自国外，且这一比率呈上升趋势。

二、重大科技政策及科技举措

（一）战略规划体现科技新主张

从南非科技部部长潘多、副部长哈内科姆2010年4月议会预算表决讲话，以及他们今年在各种场合的讲话，结合科技部发布的《2010—2013财年战略规划》，可以看出，科技部在延续既定战略和政策，并加大了实施力度。主要科技主张如下：重点支持优势领域，强调重点支持具有地理优势的天文学、空间科学、生物经济、氢与能源、全球变化科学以及古人类学等关键领域，特别是SKA（平方公里阵列射电天文望远镜）竞标；深入推进国家创新体系建设，成立部长科技咨询委员会，首次正式提出建立省级创新体系；完善创新体制，挖掘科技与创新潜力，整合创新资源，建设高效的技术创新署；继续增加对科技和创新的投入；加大政府科技投入协调力度，应从国家宏观层面统筹安排政府科研投入，最大限度发挥科研资金作用，以保证国家研发强度达到1%，甚至1.5%的目标；特别重视科技人才培养，要进一步完善科技人才评价体系，实施研究首席计划、优秀中心计划以及各类奖学金计划，使用、引进与培养人才要齐头并进；强调合作创新，继续实施产业技术人才计划（TERIP），对高校、科学理事会的产业合作项目科技部予以1:1配套资金支持。

（二）逐步落实鼓励企业研发投入的税收激励政策

为激励私人企业研发投入，2006年11月，南非议会批准《所得税法修正案》（2006年第20号法案）。根据该税法修正案第11D条款规定，允许企业符合条件的实际研发费用在应纳税所得中实行150%抵扣，对于符合条件的研发设施（资产）在三年内按照50:30:20比例加速折旧。根据科技部最新发布的数据，截至2009年10月底，科技部收到企业递交的研发投入税收抵扣申请表301份，研发费用支出约为32亿兰特，与科技部向议会提交的首份税收政策落实报告（2006/11—2008/9）相比，呈现出大幅增加态势，表明企业对于税收激励政策知晓度明显提高。

（三）提出将政府采购作为促进产业发展的战略措施

南非内阁2月批准《产业政策行动计划2010/11—2012/13》，提出通过政府采购政策、宏观经济政策、发展贸易政策、竞争政策、产业融资5大政策措施促进产业发展。未来三年，南非政府将在基础设施上投入达7 870亿兰特，这将为本国制造企业发展提供千载难逢的机会。《行动计划》披露的政策主张有：确保大型、战略性“团队采购”形成一种机制；采购优惠评分体系要与《广义黑人经济振兴法案》以及本土采购相一致，只有符合上述法案和采购本土货物与服务的供应商，才能享受评标优惠分数；允许本国制造商“追平分数”，当本国制造商评分处于第二时，“必须”允许本国制造商有机会选择降低价格，以使其有更大机会中标；要将《国家产业参与计划》纳入《优惠采购政策框架法案》。

（四）批准气候变化政策草案

期待已久、备受社会各界关注的气候变化响应政策（草案），于2010年11月经南非内阁批准，并以《绿皮书》形式面向社会各界征求意见，《气候变化响应政策》预计将于2011年中以《白皮书》形式发布实施。该项政策战略强调在重点、行动与资源分配上，要平衡对待气候变化适应性与减排、强化科学与政策互动，加强知识管理和传播，为气候变化响应政策提供最全面的信息；在适应气候变化上，政府短期干预的重点是与人民健康直接相关的水、农业和卫生等；减排重点在于，温室气体排放应遵守高峰、平台和下降长期减排曲线，特别是在能源、交通和工业等温室气体排放的主要行业；减排干预的重点是优先考虑就业、减贫或者绿色增长；通过行政、经济和财政等刺激与抑制手段，促进人们行为向低碳社会过渡等十二项战略。

（五）公布《综合资源规划2010》草案

2010年10月8日，南非能源部公布了《综合资源规划2010》草案，该规划勾勒出未来20年南非电力供应与发展蓝图。根据该规划，到2030年南非电力供应组合为：煤炭发电占48%（目前约为90%）、核电占14%（目前约为6%）、可再生能源发电占16%、开式循环燃汽轮机发电占9%、抽水蓄能发电占6%、中等指标的燃气发电占5%、进口水利发电占2%。由此可见，未来20年南非电力组合将呈现多元化态势，清洁与可再生能源电力将大幅提高。《综合资源规划2010》将为南非未来20年内GDP以年均4.6%速度增长提供电力保障。2030年前，南非要新建52 248兆瓦的发电能力，同时通过管理和节能措施节约3 420兆瓦的电力消耗。

三、国际科技合作

2009—2010年度，南非用于国际科技合作的支出为1.32亿兰特，其中，用于多边与非洲5 685万兰特，国际资源5 041万兰特，双边合作2 470万兰特，获得国际科技投入达1.89亿兰特。南非正在成为国际科技合作的热点区域之一。迄今，南非已经与60多个国家、地区和国际组织签署了合作协议或者建立了合作关系，联合开展125个科技合作项目。南非与欧盟、非洲科技合作成为2010年的两大亮点。

（一）多边合作

2010年南非在多边科技合作这一舞台上十分活跃。南非当选为不结盟运动科技中心局副主席、非盟经济委员会下属的发展信息科技委员会副主席。南非通过非洲新型伙伴关系（NEPAD）和南部非洲发展共同体（SADC）等组织，积极在非洲和南部非洲科技领域发挥主导作用。

2010年南非成功参与了欧盟第七框架计划（FP7），合作项目达100余项，直接获得科研资助达15亿兰特。南非能源研究所首次参与了FP7能源研究计划。南非参与欧盟全球导航卫星系统平台（EGNOS）合作取得重大进展。双方联合开展的2010世界杯智能交通示范项目取得了显著的经济和社会效益。南非两家中小企业首次参与了FP7框架计划。为吸引更多企业参与FP7计划，在南非-欧盟峰会期间，南非科技部还组织了中小企业参与FP7计划研讨会。

南非在非盟（AU）、发展非洲新型伙伴关系（NEPAD）和南部非洲共同体（SADC）等区域组织中发挥积极作用。非盟科技部长会议2010年3月表示，支持南非牵头竞标世界级天文学巨型望远镜工程——SKA，以提升整个非洲的科技水平，带动人才培养。在落实非洲整体科技行动计划上，南非积极发挥引领作用。经过南非的努力，乌干达、莫桑比克、纳米比亚等国批准新设立与南非的科技合作资金。南非正与阿尔及利亚、肯尼亚、尼日利亚等国磋商实施非洲系列卫星计划。南非正在与南部非洲发展共同体成员一道实施科技计划，致力于解决像气候变化、人类大迁徙、能源安全、干旱、矿产增值和技术转移等战略问题。南非继续领衔非洲新型伙伴关系（NEPAD）的4个旗舰计划：非洲数学科学研究所、非洲激光中心、南部非洲生物科学网络、水计划。

此外，南非还积极开展与多边组织和多国合作，借助IBSA对话机制（南非、印度与巴西三国组成的合作框架组织），三方联合开展了纳米技术、生物技术、南极与海洋研究。三方联合开办了纳米学校，涉及科目包括热能、高级材料、药物以及水净化等，200 余名研究人员和学者参加了学习。2010 年 4 月，南非同巴西、印度签署了卫星领域合作协议，三方将合作发射两颗卫星：一颗对地观测卫星（四年内），一颗气象卫星（两年内）。巴西负责卫星制造，印度负责卫星发射，南非负责卫星地面控制和跟踪、数据下载、传输等，这标志着三方在航天领域的合作拉开了序幕。南非积极引领全球对地观测系统组织（GEOSS）建设，参加制定十年行动计划，并被选为该组织副主席。

（二）双边合作

南非与 50 个国家签订了双边科技合作协议或者谅解备忘录，包括 2010 年度与突尼斯签署了合作协议。南非分别与比利时、挪威、德国、巴西、阿根廷等国举行了科技联委会。瑞典、波兰、日本、印度、巴西、法国等国批准设立了与南非的科技合作研发资金。2010 年度执行的双边科技合作项目覆盖生物技术、氢经济、气候变化、新材料、信息通信技术、农业研究、卫生、纳米技术、南极研究、社会与人文科学、地球物理、海洋学、高性能计算机、激光技术及应用等众多领域。南非加强了与以下各国合作：①南非同芬兰围绕创新体系伙伴、通信技术知识伙伴计划开展科技合作，建立了基于社区开放性创新概念的实时实验室（LivingLabs）。②南非技术创新署同法国技术创新署签订了合作协议，开展了卫星工程与人才培养合作，南非科技部投入 1 800 万兰特，共同建立南非卫星技术研究所。③南非同德国合作开展钛金属机械制造合作，以促进钛金属产业链发展。④南非同挪威开展碳捕集与存储技术合作。⑤南非同俄罗斯签订了卫星合作协议。⑥南非同美国合作联合开发从植物中提取狂犬病抗体。美国国家发展署批准了 3 个区域能力发展计划，投资 120 万兰特，这 3 个计划包括 SADC 本土知识体系研讨会、SADC 风险与脆弱性图册、马拉维土豆项目等。⑦日本国际协力机构与茨瓦尼理工大学开展生产力培训，提高理工科毕业生就业水平，该计划得到日本丰田、尼桑、日立等企业资助。⑧南非与印度开展艾滋病疫苗研制。⑨澳大利亚政府海外援助计划帮助南非培训未来科学中心经理，助推南非国家科学中心计划的实施。⑩南非与中国科技合作取得新进展，先后召开了年度工作组会议及第四届中南科技合作联委会，确定将生物技术、矿冶技术、全球变化科学、传统知识体系、古人类学等作为未来支持的五大重点领域，双方还商定将原来每年资助的 10 个项目增加到 15 个。

（执笔人：谢成锁）

埃　　及

埃及在阿拉伯世界有着独特的地缘优势和文化积淀，相比于其他非洲国家，埃及在科技发展方面展现出了与其综合国力相匹配的实力和地位。然而，由于科研经费增长停滞不前、科研环境改善缓慢、管理体系官僚僵化等原因，埃及在科技发展，特别是原始性科研创新方面取得的成果甚微。

一、科研体系和科技投入概况

埃及高教科研部2010年最新数据显示，目前埃及教育和科研体系中，共有362个科研院所、1 700万高校学生和10万科研人员，其中科研人员73%来自大学，13%来自科研院所，14%来自工业界。埃及高教科研部直属的14个研究院所在埃及科技发展中居重要地位，研究机构实力也最为雄厚，科研活动几乎覆盖了埃及所有基础和应用研究领域。

在科研投入方面，研发经费长期以来维持在占GDP总量的0.2%左右。由于科研经费增长的速度远远小于GDP增长，埃及高教科研部表示，2010年科研投入占GDP的比重将少于0.2%。

二、科技发展新战略

本着服务于国家发展大计、以科技带动经济发展的原则，2010年埃及高教科研部调整了本国科技发展总体目标：即努力把埃及建立成“知识经济体”，使科技成为埃及经济增长的新引擎，最终依靠科技进步，使埃及GDP年均增长由目前的5%～6%变为8%～9%。为此，埃及将继续加速实施其近年来制定的科技发展核心战略——4P 战略，并稳步推进促进科技发展的六大措施。

（一）加速实施 4P 战略

4P（Paper-Patent-Prototype-Product）指论文、专利、原型（创新）、产品（高附加值）。埃及政府认为，首先必须广泛开展基础性研究工作（即 Paper），通过执行高质量的科研项目，提高科技人员水平；在此基础上，挑选出优秀的研究成果走出实验室，积极申请专利（即 Patent），为以后的科技成果转化铺平道路；继续大力推动科技面向产业化创新，联合工业界，瞄准市场需求，开发工业化生产模型（即 Prototype）；直至最终实现科技产业化，提高产品附加值，把技术转化为产品（即 Product），带动国家经济、社会发展。

（二）稳步推进六大举措

在具体行动上，尽管未能给出具体时间表，埃及高教科研部 2010 年仍提出了使本国科研经费增加至每年 35 亿埃镑的宏伟目标，并且针对本国科技发展现状及存在的问题提出了六大新举措：①重建国家科技管理体系；②设立国家人力资源开发计划，包括扩大青年科学家规模、鼓励国际人才交流、为人才流动提供资助、提高科研人员地位和待遇等；③设立国家科技发展优先领域；④加大科研项目资助力度，包括设立科技发展基金、签署国际科技合作协议、利用风险投资等；⑤设立国家非正式教育计划，包括设立科学和数学教育计划、建立科学和历史博物馆、设立海洋学研究所、多媒体教育计划和科普等；⑥设立国家创新计划，包括鼓励跨行业研究行动、加强与工业界联系、鼓励中小企业创新活动、设立科技园区、借助欧盟创新基金等。

此外，加强与相关部门间的合作，共同资助大型科学项目，也是埃及高教科研部改革的重点之一。目前，该部已与贸易工业部、卫生部、水利部、石油部、能源部、环境部等部委开展合作。

三、科技发展优先领域

（一）新能源和可再生能源

主要指风能、太阳能和纳米薄膜光电技术和核能。近年来，埃及政府大力开发低碳技术，开发清洁能源，把发展绿色经济作为提升国家竞争力的核心战略。

2010年年底，位于首都开罗南部的首座太阳能发电厂联网发电，该电站设计发电能力达到140兆瓦，目前世界上能够达到这一发电能力的太阳能发电厂仅有4家；在风能方面，埃及目前已在苏伊士湾沿岸的扎法纳地区和胡尔格达地区建设了大型的风力发电场，发电能力达到430兆瓦。另外，埃及能源部已经制定了在苏伊士湾沿海地区建设一个1 000兆瓦大风力发电场的长期计划；在核能方面，埃及计划投资15亿美元用10年时间在地中海北部沿海亚历山大市西部叫Al-Dabaa的地方建设1座1 000兆瓦的核电站。目前第一座核电站的招标程序已经启动。

（二）防治沙漠化和水资源管理

主要包括创新型水资源管理、利用可再生能源、防止沙漠化。对于沙漠面积占全国总面积96%的埃及来讲，防治沙漠化与水资源管理和水利建设是国家向前发展的基本保障。目前埃及正在大力普及节水灌溉技术，改善农田排水系统，加大水库建设和维护，强化国家战略水资源安全。埃及还计划完成两个大型调水工程，即将尼罗河水跨苏伊士运河向东引至西奈半岛的“和平渠”，以及将纳赛尔湖水向西引至埃及西部新河谷地区，这两项工程的启用将为埃及新增1 300多万亩耕地。

（三）食品和农业

主要包括提高经济作物产量和发展渔业。在农业科技方面，高产良种育种技术、节水抗旱种植技术、节水灌溉技术和先进农副产品加工技术等一直是埃及关注和改善的重点。但因研发力量薄弱，经费有限，农业技术推广体系退化，总体进展不大。

（四）生命科学

主要包括防治丙肝、生物技术和制药产业化。埃及是世界上丙肝发病率最高的国家之一。全国大约有占总人口14% ~18%的人携带丙肝病毒。目前，埃及科学家正在通过参与国际科技合作项目、与欧美高水平专家开展合作研究，以期找到对抗丙肝的方法。此外，生物制药和药品生产也是埃及科研部重点关注的领域。

（五）空间技术和遥感

主要指对地观测和气候变化。埃及是北非遥感和地理信息系统应用比较广泛的国家，具有比较丰富的基础地理数据资源，开发了一批支持区域经济规划和资源管理的地理信息系统，近年来遥感技术在埃及自然资源规划、地下水调查、环境保护、沙漠治理和大型土地开发中发挥了重要作用。由于目前中国 20 米分辨率的资源卫星数据在中东地区的各类应用项目中具有显著的优势，为此，埃及希望加强与中国在这一领域的合作，应用中国的卫星遥感数据。

（六）信息通信技术

埃及在应对国际金融危机、经济恢复的过程中，信息通信产业的快速发展起到了关键作用，提升了埃及 GDP 增长水平。埃及政府希望本国信息通信产业发展不仅要为国家经济发展提供现代技术的有力支撑，更要成为中东北非地区信息技术发展的中心。作为发展信息产业的重要举措，埃及政府目前正在迈阿迪新城东部建设名为“开罗通信园”的高新技术园。

四、埃及在推动非洲科技发展方面的举措

根据埃及内阁信息决策支持中心 2010 年 11 月发布的报告，埃及与非洲各国开展的技术合作主要体现在派遣专家、培训人才以及事务性援助 3 个方面。埃及政府专门设立了对非技术合作基金，向非洲相关国家在科技方面提供人道主义性质的事务性援助，体现其在非洲和尼罗河流域国家中的科技大国地位。

（1）派遣专家：埃及共派遣 85 名专家到其他非洲国家服务，领域涵盖医疗、教育、工程、制药等。

（2）培训人才：埃及面向非洲国家组织了外交、法律、农业、灌溉、医疗等方面的培训班，给 30 名非洲学生提供奖学金。

（3）人道主义援助：埃及为乌干达、肯尼亚、苏丹、刚果、坦桑尼亚、卢旺达、布隆迪、埃塞俄比亚等国家提供电脑、农作物种子、医疗设备等物品。为苏丹、厄特、埃塞俄比亚和坦桑尼亚提供了移动医疗车。

（执笔人：驻埃及使馆科技处）

澳大利亚

2010年，澳大利亚虽政坛多变，但得益于工党政府积极的财政政策，国家实施了一系列科技政策与战略，继续促进了企业创新和高教科研系统改革，取得了一系列重大科技成果，并稳步推进了国际科技合作。

一、重大科技政策与战略

（一）推进国家创新体系建设

2010年，澳大利亚政府积极落实国家创新政策白皮书《驱动创意：一项21世纪的创新议程）》（以下简称《创新议程》）所确定的目标和任务，不断完善国家创新体系的建设。

1. 推动公共部门的创新和服务能力

澳大利亚政府公共服务部门在国家创新体系中发挥着重要作用，所创造的GDP占GDP总量的34%。2010年，政府注重不断提升公共服务部门的能力建设，在5月发布了《加速变革：促进澳大利亚公共服务部门的创新》报告，为加强政府各部门间的合作，提高服务效率及质量提出了一系列方法和措施，并取得良好效果。

2. 加强创新体系建设的监测与评价

澳大利亚政府在2010年3月发布了第一份创新体系年度报告——《澳大利亚创新体系2010年度报告》，阐述了澳大利亚创新体系的特点与趋势，报告认为创新推动了澳大利亚生产力水平的提高并促进了经济增长；企业研发投入增加，使得澳大利亚的研发经费总额（GERD）在过去几十年持续增长；生态创新是未来提升完善创新体系的重要推手；与此同时，企业、高校与科研机构在国家创新体系中的协作状况仍有待改善。

3. 出台“公众参与科学”国家战略

2010 年 2 月，澳大利亚发布第一部关于科普议题的国家报告——《激励澳大利亚：一项公众参与科学的国家战略》。这是在对国家的公众参与科学和科学教育的现状进行分析的基础上提出的报告。它从澳大利亚所面临的挑战、认识澳大利亚的成就、澳大利亚人的全民参与、构建澳大利亚的能力和动员全国的力量等方面提出公众参与科学的任务和发展目标。报告认为，科普工作对于公众认识科学的意义十分重要，要让基本的科学知识进入澳大利亚的教室、办公室和家庭。

（二）继续支持企业创新

1. 全面实施新的研发税收信用政策

澳大利亚政府从 2010 年 7 月起实施新的研发经费税收信用政策。新政策操作更加简化，对企业研发投入的减税力度更大。在新的政策下，年产值在 2 000 万澳元以下的中小企业获得的研发经费退税率增加了一倍；产值超过 2 000 万澳元的大企业获得的研发退税增加了 2/3。政府通过这一政策每年返还企业约 160 亿澳元，极大地激励了企业增加研发投入。

2. 成立产业创新理事会

根据《创新议程》，澳大利亚成立了涵盖汽车、建筑环保、未来制造业、信息技术、纸浆与造纸业、空间技术、钢铁及纺织、服装、制鞋工业领域的 8 个产业创新理事会（Industry Innovation Councils），任务是向创新、工业及科研部部长提出创新优先任务战略咨询意见，推动创新文化建设，推进跨部门的联系和协作，鼓励企业创新和产业优化转型。

3. 启动《澳大利亚商业化计划》

在实施多年的《新兴技术产业化计划》的基础上，澳大利亚政府在 2010 年 1 月启动实施了一项新计划——《澳大利亚商业化计划》，并成立了专门的管理机构。政府计划在 4 年内投入 1. 96 亿澳元，鼓励支持企业的科技成果产业化。

二、重点科技计划的进展

2010 年，澳大利亚政府重大科技计划继续加大对科研基础设施的投入，支持重大科学研究项目，鼓励企业与科研机构的合作，提高企业创新能力。

（一）继续推进高等教育系统改革战略

2010 年，澳大利亚政府加大了对高校研究经费的投入，重点解决高校间接研究经费不足的问题，并激励高校间建立合作关系，增加博士奖学金资助数量及鼓励学生攻读研究领域的学位，提高高校研究经费使用的透明度。到 2010 年底，教育投资基金计划已投入 21 亿澳元资助 4 批项目，41 所公立高校参与了研究绩效评估，并逐步建立透明的科技经费管理体系，联邦创新、工业与科研部还通过启动“合作研究网络计划”，激励非研究型、小规模和地区性的大学发挥科研能力。

（二）清洁企业计划取得新进展

“清洁企业计划”共由 3 个计划组成。其中绿色楼宇计划在 2010 年支持了 109 个项目，实现年减排 9. 4 万吨温室气体；应对气候变化设备改造计划共支持了 57 个项目，成功帮助中小型制造企业通过节能降耗、废水循环利用、提高能源利用率等减少对环境的影响；应对气候变化成熟技术计划则重点支持了开发减排技术及其他应对气候变化的技术，为社会提供了 1 000 个就业岗位。

（三）超级科学计划稳步推进

为促进未来工业技术（主要包括纳米技术和生物技术）、海洋及气候变化科学以及空间科学与天文科学的发展，澳大利亚政府实施了超级科学计划。2010 年度该计划支持了 19 个研发基础设施项目，启动了包括陆地生态系统研究网络、澳大利亚生物安全智能网络、澳大利亚空间科学计划和平方公里阵列射电天文望远镜（SKA）等在内的研究项目，有力推进了上述 3 个重点领域的科研进展。

三、主要领域的科技成就

（一）生命科学领域

2010 年，澳大利亚在动物器官移植到人体的医学研究领域取得新突破，猪肺有望在五年内移植到人体，从而有效解决当前人体器官短缺的问题。在体外受精技术方面，墨尔本大学的科学家们发现了一种可精确测定胚胎健康状况的新方法，医生可据此挑选出最健康的胚胎植入子宫，大大提高了体外受精成功受孕的概率。此外，在干细胞特变体、细胞死亡机理、给药技术、老年痴呆症和艾滋病治疗等研究领域，均取得了重要进展。

（二）能源信息领域

澳大利亚的 CSIRO 水土研究所与 Ziltek 废弃物专业技术公司合作开发出一种革命性的石油探测新技术——手持式红外光谱仪，该技术在石油勘探、石油污染评估与监测领域有广阔应用前景。卧龙岗大学研究出全新的氢燃料电池催化剂，为高效、低成本生产氢燃料带来了可能。新南威尔士大学与美国同行合作，研制出世界上最小的精确内置晶体管——由 7 个原子在单晶硅表面构成的一个“量子点”，在计算能力方面取得了重大突破。

（三）工业技术领域

CSIRO 的金属与陶瓷材料加工研究所开发出两种新技术：动态门控系统和高级触变冶金金属熔体导流系统。这两种技术的诞生，使得传统拉模铸造工艺生产的产品变得更加牢固和环保。

四、加强多方面国际科技合作

2010 年，澳大利亚继续落实双边、多边国际科技合作协议，稳步推进与美国、欧盟等发达国家和地区，以及与印度、中国等新兴国家的科技合作。

（一）强化与美国的科技合作伙伴关系

美国目前依然是澳大利亚第一大科技合作伙伴。全球金融危机发生后，为保持与美国长期合作的优势，2010 年 4 月，澳大利亚在华盛顿派驻了科技公参，以进一步推动与美国的科技合作。此外，双方还于 11 月发表了关于 GPS 的民间应用和民用空间活动的双边合作联合声明，强化了双方支持民用空间系统共同利益的长期伙伴关系。

（二）拓展与欧洲的科技合作

2010 年度，澳大利亚政府采取多种举措，继续拓展与欧洲的科技合作。2 月，澳政府与到访的德国政府代表团签署了科技合作协议。两国第一次通过中央政府共同投入资金，支持在关键科技领域（如清洁能源技术、环境科学、信息与通信技术、地球科学等）方面的合作研究。此外，澳政府还支持了与法国、英国以及欧洲其他国家的科技合作项目。

（三）与亚洲主要国家开展科技合作

2010 年，澳大利亚与中国科技合作发展势头良好，目前中国已成为澳大利亚第三大科技合作伙伴。8 月，两国科技部门联合在上海世博会澳大利亚馆举行了中澳科技周活动。而且，两国在清洁能源、生物技术、纳米技术等重点领域开展了共同研究、交流互访等合作。同时，澳大利亚与印度的科技合作关系进一步深化。双方政府同意扩大澳－印战略研究基金，建立战略研究联盟。2010 年，在该基金的支持下，澳印两国资助了 17 个澳－印科技合作项目。另外，澳大利亚还支持了一批澳－日科技合作项目，与日本国家极地研究所及在长崎、神户的大学开展了 3 个海洋科学合作项目。

（执笔人：高　凯　冯　瑄）

第四部分

附　录

本部分介绍了 3 个方面的内容：一是最新的科技统计数据，其中包括研发投入、研发人员、专利、论文等；二是国内外相关媒体评选出的2010年世界重大科技进展；三是2010年诺贝尔科学奖的简要介绍。

科技统计表

表 1 –1　2009—2010 年世界主要国家或地区的全球竞争力排名

国家或地区	2010 年排名	2009 年排名
新加坡	1	3
中国香港	2	2
美国	3	1
瑞士	4	4
澳大利亚	5	7
瑞典	6	6
加拿大	7	8
中国台湾	8	23
挪威	9	11
马来西亚	10	18
卢森堡	11	12
荷兰	12	10
丹麦	13	5
奥地利	14	16
卡塔尔	15	14
德国	16	13
以色列	17	24
中国	18	20
芬兰	19	9
新西兰	20	15
爱尔兰	21	19
英国	22	21
韩国	23	27
法国	24	28
比利时	25	22
泰国	26	26
日本	27	17

续表

国家或地区	2010 年排名	2009 年排名
智利	28	25
捷克共和国	29	29
冰岛	30	
印度	31	30
波兰	32	44
哈萨克斯坦	33	36
爱沙尼亚	34	35
印度尼西亚	35	42
西班牙	36	39
葡萄牙	37	34
巴西	38	40
菲律宾	39	43
意大利	40	50
秘鲁	41	37
匈牙利	42	45
立陶宛	43	31
南非	44	48
哥伦比亚	45	51
希腊	46	52
墨西哥	47	46
土耳其	48	47
斯洛伐克共和国	49	33
约旦	50	41
俄罗斯	51	49
斯洛文尼亚	52	32
保加利亚	53	38
罗马尼亚	54	54
阿根廷	55	55
克罗地亚	56	53
乌克兰	57	56
委内瑞拉	58	57

数据来源：瑞士洛桑国际管理发展研究所。

注：表中对“中国”一栏数据的统计不包括港、澳、台地区。

表 1－2　2009—2011 年世界主要国家或地区的全球竞争力排名

国家或地区	2010—2011 年排名	2009—2010 年排名
瑞士	1	1
瑞典	2	4
新加坡	3	3
美国	4	2
德国	5	7
日本	6	8
芬兰	7	6
荷兰	8	10
丹麦	9	5
加拿大	10	9
中国香港	11	11
英国	12	13
中国台湾	13	12
挪威	14	14
法国	15	16
澳大利亚	16	15
卡塔尔	17	22
奥地利	18	17
比利时	19	18
卢森堡	20	21
沙特阿拉伯	21	28
韩国	22	19
新西兰	23	20
以色列	24	27
阿拉伯联合酋长国	25	23
马来西亚	26	24
中国	27	29
文莱	28	32
爱尔兰	29	25
智利	30	30
冰岛	31	26
突尼斯	32	40

续表

国家或地区	2010—2011 年排名	2009—2010 年排名
爱沙尼亚	33	35
阿曼	34	41
科威特	35	39
捷克共和国	36	31
巴林群岛	37	38
泰国	38	36
波兰	39	46
塞浦路斯	40	34
波多黎各	41	42
西班牙	42	33
巴巴多斯岛	43	44
印度尼西亚	44	54
斯洛文尼亚	45	37
葡萄牙	46	43
立陶宛	47	53
意大利	48	48
黑山共和国	49	62
马耳他	50	52
印度	51	49
匈牙利	52	58
巴拿马	53	59
南非	54	45
毛里求斯	55	57
哥斯达黎加	56	55
阿塞拜疆	57	51

数据来源：世界经济论坛“The Global Competitiveness Report 2010－2011”。
注：表中对“中国”一栏数据的统计不包括港、澳、台地区。

表 2　2009 年世界主要国家或地区的 GDP

排名	国家或地区	GDP（亿美元）
1	美国	142 563
2	日本	50 755
3	中国	49 100
4	德国	33 442
5	法国	26 653

续表

排名	国家或地区	GDP（亿美元）
6	英国	21 766
7	意大利	21 129
8	巴西	15 719
9	西班牙	14 603
10	加拿大	13 385
11	俄罗斯	12 300
12	印度	11 964
13	澳大利亚	9 829
14	墨西哥	8 755
15	韩国	8 305
16	荷兰	7 922
17	土耳其	6 166
18	印度尼西亚	5 403
19	瑞士	4 931
20	比利时	4 688
21	波兰	4 301
22	瑞典	3 996
23	奥地利	3 847
24	挪威	3 829
25	中国台湾	3 790
26	希腊	3 299
27	丹麦	3 099
28	阿根廷	3 000
29	南非	2 814
30	泰国	2 635
31	委内瑞拉	2 557
32	芬兰	2 375
33	哥伦比亚	2 308
34	葡萄牙	2 277
35	爱尔兰	2 271
36	中国香港	2 107
37	以色列	1 948
38	马来西亚	1 916

续表

排名	国家或地区	GDP（亿美元）
39	捷克共和国	1 913
40	新加坡	1 771
41	智利	1 637
42	罗马尼亚	1 611
43	菲律宾	1 610
44	匈牙利	1 290
45	秘鲁	1 267
46	乌克兰	1 174
47	新西兰	1 150
48	哈萨克斯坦	1 077
49	卡塔尔	983
50	斯洛伐克共和国	880
51	克罗地亚	631
52	卢森堡	521
53	斯洛文尼亚	485
54	保加利亚	473
55	立陶宛	372
56	约旦	230
57	爱沙尼亚	191
58	冰岛	121

数据来源：瑞士洛桑国际管理发展研究所。

注：表中对“中国”一栏数据的统计不包括港、澳、台地区。

表3　2008年世界主要国家或地区研发支出总额

排名	国家或地区	研发支出总额（百万美元）
1	美国	398 086
2	日本	150 785
3	德国	84 165
4	中国	66 464
5	法国	57 638
6	英国	49 787
7	韩国	33 686
8	加拿大	27 621
9	意大利	27 176
10	西班牙	21 494

续表

排名	国家或地区	研发支出总额（百万美元）
11	瑞典	17 995
12	巴西	17 869
13	俄罗斯	17 347
14	澳大利亚	16 201
15	荷兰	13 314
16	中国台湾	11 144
17	奥地利	10 990
18	瑞士	10 539
19	以色列	9 831
20	比利时	9 681
21	芬兰	9 424
22	丹麦	9 268
23	印度	9 136
24	挪威	7 289
25	新加坡	5 038
26	土耳其	4 686
27	墨西哥	3 835
28	爱尔兰	3 801
29	葡萄牙	3 675
30	波兰	3 198
31	捷克共和国	3 170
32	南非	2 440
33	希腊	1 795
34	马来西亚	1 586
35	中国香港	1 579
36	新西兰	1 572
37	乌克兰	1 524
38	匈牙利	1 338
39	阿根廷	1 325
40	罗马尼亚	1 183
41	智利	989
42	卢森堡	933
43	斯洛文尼亚	902

续表

排名	国家或地区	研发支出总额（百万美元）
44	克罗地亚	623
45	泰国	593
46	冰岛	445
47	立陶宛	378
48	哥伦比亚	371
49	斯洛伐克共和国	345
50	委内瑞拉	327
51	爱沙尼亚	304
52	哈萨克斯坦	289
53	卡塔尔	220
54	保加利亚	191
55	菲律宾	167
56	印度尼西亚	141
57	秘鲁	104
58	约旦	95

数据来源：瑞士洛桑国际管理发展研究所。

注：表中对“中国”一栏数据的统计不包括港、澳、台地区。

表4　2008年世界主要国家或地区研发支出总额占GDP的比例

排名	国家或地区	研发支出总额占GDP的比例（%）
1	以色列	4.86
2	瑞典	3.75
3	芬兰	3.50
4	日本	3.44
5	韩国	3.21
6	瑞士	2.90
7	中国台湾	2.77
8	美国	2.76
9	丹麦	2.72
10	新加坡	2.68
11	奥地利	2.67
12	冰岛	2.65
13	德国	2.53

续表

排名	国家或地区	研发支出总额占 GDP 的比例（%）
14	澳大利亚	2.07
15	法国	2.02
16	比利时	1.92
17	英国	1.88
18	加拿大	1.84
19	荷兰	1.71
20	斯洛文尼亚	1.66
21	卢森堡	1.62
22	挪威	1.62
23	中国	1.54
24	葡萄牙	1.51
25	捷克共和国	1.47
26	爱尔兰	1.43
27	西班牙	1.35
28	爱沙尼亚	1.29
29	新西兰	1.22
30	意大利	1.19
31	巴西	1.09
32	俄罗斯	1.04
33	匈牙利	0.97
34	南非	0.95
35	克罗地亚	0.90
36	乌克兰	0.85
37	印度	0.83
38	立陶宛	0.80
39	约旦	0.75
40	中国香港	0.73
41	土耳其	0.72
42	马来西亚	0.72
43	智利	0.68
44	波兰	0.61
45	罗马尼亚	0.58
46	希腊	0.58

续表

排名	国家或地区	研发支出总额占 GDP 的比例（%）
47	阿根廷	0. 51
48	保加利亚	0. 48
49	斯洛伐克共和国	0. 46
50	墨西哥	0. 37
51	卡塔尔	0. 27
52	委内瑞拉	0. 23
53	泰国	0. 22
54	哈萨克斯坦	0. 22
55	哥伦比亚	0. 15
56	秘鲁	0. 15
57	菲律宾	0. 10
58	印度尼西亚	0. 05

数据来源：瑞士洛桑国际管理发展研究所。

注：表中对“中国”一栏数据的统计不包括港、澳、台地区。

表5　2008 年世界主要国家或地区人均研发支出

排名	国家或地区	人均研发支出（美元）
1	瑞典	1 942. 4
2	卢森堡	1 927. 2
3	芬兰	1 773. 7
4	丹麦	1 692. 4
5	挪威	1 538. 6
6	瑞士	1 426. 2
7	冰岛	1 413. 1
8	以色列	1 333. 6
9	奥地利	1 318. 2
10	美国	1 307. 9
11	日本	1 180. 1
12	新加坡	1 041. 1
13	德国	1 023. 7
14	法国	928. 1
15	比利时	907. 6
16	爱尔兰	859. 6

续表

排名	国家或地区	人均研发支出（美元）
17	加拿大	830.4
18	英国	813.1
19	荷兰	811.6
20	澳大利亚	776.1
21	韩国	695.2
22	中国台湾	483.7
23	西班牙	465.7
24	意大利	458.0
25	斯洛文尼亚	443.9
26	新西兰	368.9
27	葡萄牙	346.6
28	捷克共和国	303.9
29	爱沙尼亚	227.0
30	中国香港	226.2
31	卡塔尔	180.4
32	希腊	160.7
33	克罗地亚	140.5
34	匈牙利	132.9
35	俄罗斯	122.2
36	立陶宛	112.8
37	巴西	94.2
38	波兰	83.8
39	土耳其	68.0
40	斯洛伐克共和国	63.9
41	智利	60.3
42	马来西亚	57.2
43	罗马尼亚	55.0
44	南非	51.5
45	中国	50.0
46	墨西哥	35.9
47	阿根廷	33.6
48	乌克兰	32.8
49	保加利亚	25.0

续表

排名	国家或地区	人均研发支出（美元）
50	哈萨克斯坦	18.3
51	约旦	17.3
52	委内瑞拉	12.3
53	泰国	8.9
54	哥伦比亚	8.3
55	印度	8.0
56	秘鲁	3.8
57	菲律宾	1.8
58	印度尼西亚	0.6

数据来源：瑞士洛桑国际管理发展研究所。
注：表中对“中国”一栏数据的统计不包括港、澳、台地区。

表6　2008年世界主要国家或地区企业研发支出

排名	国家或地区	企业研发支出（百万美元）
1	美国	289 105
2	日本	117 447
3	德国	66 817
4	中国	48 692
5	法国	36 313
6	英国	31 978
7	韩国	25 683
8	加拿大	14 969
9	意大利	13 821
10	瑞典	13 325
11	西班牙	11 804
12	俄罗斯	10 914
13	澳大利亚	9 450
14	巴西	8 228
15	荷兰	7 995
16	以色列	7 948
17	中国台湾	7 876
18	瑞士	7 772
19	芬兰	6 815

续表

排名	国家或地区	企业研发支出（百万美元）
20	比利时	6 667
21	奥地利	6 634
22	丹麦	6 499
23	挪威	3 924
24	新加坡	3 619
25	爱尔兰	2 466
26	捷克共和国	1 962
27	土耳其	1 934
28	葡萄牙	1 839
29	墨西哥	1 817
30	南非	1 300
31	波兰	989
32	马来西亚	952
33	印度	946
34	乌克兰	781
35	卢森堡	678
36	中国香港	676
37	匈牙利	674
38	新西兰	671
39	斯洛文尼亚	567
40	希腊	484
41	阿根廷	402
42	罗马尼亚	372
43	克罗地亚	276
44	冰岛	243
45	泰国	211
46	智利	198
47	哈萨克斯坦	147
48	哥伦比亚	143
49	斯洛伐克共和国	136
50	爱沙尼亚	131
51	菲律宾	97
52	立陶宛	90

续表

排名	国家或地区	企业研发支出（百万美元）
53	保加利亚	60
54	秘鲁	30
55	卡塔尔	8
56	印度尼西亚	5
—	约旦	—
—	委内瑞拉	—

数据来源：瑞士洛桑国际管理发展研究所。
注：表中对“中国”一栏数据的统计不包括港、澳、台地区。

表7　2008年世界主要国家或地区企业研发支出占GDP的比例

排名	国家或地区	企业研发支出占GDP的比例（%）
1	以色列	3.93
2	瑞典	2.78
3	日本	2.68
4	芬兰	2.53
5	韩国	2.45
6	瑞士	2.14
7	美国	2.00
8	中国台湾	1.96
9	新加坡	1.92
10	丹麦	1.91
11	德国	1.83
12	奥地利	1.79
13	冰岛	1.45
14	卢森堡	1.36
15	比利时	1.32
16	法国	1.27
17	澳大利亚	1.21
18	英国	1.21
19	中国	1.12
20	斯洛文尼亚	1.04
21	荷兰	1.03
22	加拿大	1.00

续表

排名	国家或地区	企业研发支出占 GDP 的比例（%）
23	爱尔兰	0.93
24	捷克共和国	0.91
25	挪威	0.87
26	葡萄牙	0.76
27	西班牙	0.74
28	俄罗斯	0.66
29	意大利	0.60
30	爱沙尼亚	0.56
31	新西兰	0.52
32	巴西	0.50
33	匈牙利	0.49
34	南非	0.47
35	乌克兰	0.43
36	马来西亚	0.43
37	克罗地亚	0.40
38	中国香港	0.31
39	土耳其	0.30
40	罗马尼亚	0.22
41	立陶宛	0.19
42	波兰	0.19
43	斯洛伐克共和国	0.18
44	墨西哥	0.18
45	希腊	0.16
46	阿根廷	0.15
47	保加利亚	0.15
48	印度	0.14
49	智利	0.14
50	哈萨克斯坦	0.11
51	泰国	0.08
52	哥伦比亚	0.06
53	菲律宾	0.06
54	秘鲁	0.04
55	卡塔尔	0.01

续表

排名	国家或地区	企业研发支出占 GDP 的比例（%）
56	印度尼西亚	0.00
—	约旦	—
—	委内瑞拉	—

数据来源：瑞士洛桑国际管理发展研究所。

注：表中对“中国”一栏数据的统计不包括港、澳、台地区。

表8　2008 年世界主要国家或地区研发人员数量

排名	国家或地区	研发人员（全时工作当量）（千人）
1	中国	1 965.4
2	日本	937.9
3	俄罗斯	869.8
4	德国	506.5
5	巴西	397.7
6	法国	372.3
7	英国	358.3
8	韩国	269.4
9	意大利	236.3
10	加拿大	224.1
11	西班牙	201.1
12	中国台湾	184.6
13	乌克兰	149.7
14	澳大利亚	126.1
15	荷兰	88.7
16	瑞典	77.5
17	波兰	74.6
18	墨西哥	70.3
19	土耳其	63.4
20	比利时	58.7
21	奥地利	57.5
22	芬兰	56.7
23	阿根廷	53.2
24	瑞士	52.3
25	捷克共和国	50.8

续表

排名	国家或地区	研发人员（全时工作当量）（千人）
26	葡萄牙	49. 1
27	丹麦	48. 1
28	泰国	42. 6
29	挪威	35. 7
30	希腊	35. 6
31	新加坡	33. 2
32	南非	31. 4
33	罗马尼亚	30. 4
34	匈牙利	26. 0
35	新西兰	24. 7
36	中国香港	22. 0
37	智利	21. 7
38	哈萨克斯坦	18. 9
39	爱尔兰	18. 2
40	保加利亚	17. 2
41	斯洛伐克共和国	15. 6
42	菲律宾	14. 4
43	马来西亚	12. 7
44	立陶宛	12. 7
45	斯洛文尼亚	11. 6
46	哥伦比亚	9. 9
46	克罗地亚	9. 9
48	爱沙尼亚	5. 1
49	卢森堡	4. 7
50	冰岛	3. 1
51	委内瑞拉	2. 4
52	卡塔尔	1. 6
—	印度	—
—	印度尼西亚	—
—	以色列	—
—	约旦	—
—	秘鲁	—
—	美国	—

数据来源：瑞士洛桑国际管理发展研究所。

注：表中对“中国”一栏数据的统计不包括港、澳、台地区。

表 9　2008 年世界主要国家或地区企业研发人员数量

排名	国家或地区	企业研发人员（全时工作当量）（千人）
1	中国	1 395.9
2	日本	620.0
3	俄罗斯	477.3
4	德国	322.0
5	法国	213.4
6	韩国	184.6
7	英国	167.7
8	加拿大	147.6
9	中国台湾	128.0
10	意大利	101.0
11	西班牙	95.2
12	巴西	80.7
13	乌克兰	66.6
14	瑞典	58.8
15	以色列	50.1
16	荷兰	48.6
17	澳大利亚	46.0
18	奥地利	40.1
19	墨西哥	34.4
20	比利时	33.9
21	芬兰	33.1
22	瑞士	33.1
23	丹麦	32.0
24	捷克共和国	26.1
25	土耳其	24.3
26	新加坡	19.7
27	挪威	18.7
28	葡萄牙	15.3
29	波兰	12.8
30	南非	12.6

续表

排名	国家或地区	企业研发人员（全时工作当量）（千人）
31	希腊	11.7
32	罗马尼亚	11.5
33	爱尔兰	11.0
34	匈牙利	10.3
35	中国香港	10.3
36	阿根廷	8.2
37	新西兰	8.1
38	泰国	7.1
39	斯洛文尼亚	6.2
40	菲律宾	5.1
41	马来西亚	5.1
42	哈萨克斯坦	3.9
43	卢森堡	3.7
44	保加利亚	2.9
45	斯洛伐克共和国	2.7
46	克罗地亚	2.5
47	立陶宛	2.2
48	爱沙尼亚	1.8
49	冰岛	1.5
—	智利	—
—	哥伦比亚	—
—	印度	—
—	印度尼西亚	—
—	约旦	—
—	秘鲁	—
—	卡塔尔	—
—	美国	—
—	委内瑞拉	—

数据来源：瑞士洛桑国际管理发展研究所。

注：表中对“中国”一栏数据的统计不包括港、澳、台地区。

表10　1950—2009年世界各国（地区）诺贝尔奖获奖人次

排名	国家或地区	获得诺贝尔奖人次
1	美国	257
2	英国	54
3	德国	30
4	法国	17
5	瑞士	12
6	日本	9
6	俄罗斯	9
6	瑞典	9
9	澳大利亚	7
9	荷兰	7
11	加拿大	6
11	挪威	6
13	以色列	5
13	意大利	5
15	丹麦	4
16	奥地利	3
16	比利时	3
18	中国	2
18	中国台湾	2
20	阿根廷	1
20	捷克共和国	1
20	中国香港	1
20	印度	1
20	爱尔兰	1
20	立陶宛	1
20	南非	1

数据来源：瑞士洛桑国际管理发展研究所。

注：表中对“中国”一栏数据的统计不包括港、澳、台地区。本表中的诺贝尔奖指诺贝尔物理学奖、化学奖、生理学或医学奖、经济学奖。

表 11　2008 年世界主要国家或地区专利申请量

排名	国家或地区	专利申请量（件）
1	美国	456 321
2	日本	391 002
3	中国	289 838
4	韩国	170 632
5	中国台湾	83 613
6	德国	62 417
7	加拿大	42 089
8	俄罗斯	41 849
9	印度	28 940
10	澳大利亚	26 840
11	巴西	24 074
12	英国	23 379
13	法国	16 705
14	墨西哥	16 581
15	中国香港	13 662
16	意大利	10 125
17	新加坡	9 692
18	以色列	7 742
19	泰国	6 741
20	挪威	6 654
21	南非	5 781
22	新西兰	5 724
23	乌克兰	5 697
24	马来西亚	5 303
25	阿根廷	5 266
26	印度尼西亚	4 606
27	希腊	4 478
28	西班牙	3 884
29	菲律宾	3 311
30	智利	3 215

续表

排名	国家或地区	专利申请量（件）
31	瑞典	2 925
32	波兰	2 778
33	荷兰	2 732
34	奥地利	2 627
35	土耳其	2 397
36	瑞士	2 033
37	哥伦比亚	1 981
38	芬兰	1 946
39	丹麦	1 829
40	秘鲁	1 535
41	罗马尼亚	1 031
42	爱尔兰	1 007
43	捷克共和国	854
44	匈牙利	772
45	比利时	708
46	约旦	566
47	葡萄牙	405
48	克罗地亚	401
49	斯洛文尼亚	307
50	保加利亚	271
51	斯洛伐克共和国	242
52	哈萨克斯坦	173
53	立陶宛	105
54	冰岛	81
55	爱沙尼亚	72
56	卢森堡	71
—	卡塔尔	—
—	委内瑞拉	—

数据来源：瑞士洛桑国际管理发展研究所。

注：这里专利申请量按提出申请所在国（地区）统计；表中对“中国”一栏数据的统计不包括港、澳、台地区。

表 12　2008 年世界主要国家或地区的专利授予统计

排名	国家或地区	专利授予量（件）
1	日本	141 203
2	美国	82 284
3	韩国	80 688
4	中国	34 537
5	中国台湾	33 402
6	俄罗斯	19 943
7	德国	13 691
8	法国	9 894
9	意大利	5 257
10	乌克兰	2 452
11	英国	2 369
12	西班牙	2 086
13	荷兰	1 781
14	加拿大	1 761
15	哈萨克斯坦	1 459
16	印度	1 385
17	波兰	1 383
18	瑞典	1 252
19	澳大利亚	978
20	奥地利	961
21	芬兰	700
22	罗马尼亚	551
23	瑞士	487
24	新加坡	469
25	新西兰	446
26	挪威	429
27	比利时	408
28	希腊	365
29	以色列	358
30	爱尔兰	270

续表

排名	国家或地区	专利授予量（件）
31	捷克共和国	243
32	土耳其	234
33	巴西	234
34	马来西亚	230
35	斯洛文尼亚	210
36	墨西哥	178
37	丹麦	133
38	葡萄牙	125
39	匈牙利	120
40	泰国	99
41	斯洛伐克共和国	83
42	保加利亚	76
43	立陶宛	54
44	中国香港	52
45	克罗地亚	42
46	智利	31
47	哥伦比亚	20
48	菲律宾	16
49	卢森堡	16
50	约旦	14
51	爱沙尼亚	14
52	冰岛	8
52	秘鲁	8
—	阿根廷	—
—	印度尼西亚	—
—	卡塔尔	—
—	南非	—
—	委内瑞拉	—

数据来源：瑞士洛桑国际管理发展研究所。

注：这里的专利指各国（地区）批准授予的国民专利数量（2006—2008 年的平均值）；表中对“中国”一栏数据的统计不包括港、澳、台地区。

表 13　2009 年世界主要国家或地区论文统计

国家或地区	2009 年收录的科技论文数(篇)			2009 年收录的科技论文总数(篇)	占收录科技论文总数比例(%)	排名
	SCIE 2009	EI 2009	ISTP 2009			
世界科技论文总数	1 442 281	409 378	427 632	2 279 291		
美国	397 511	69 183	104 750	571 444	25. 07	1
中国	127 532	97 877	54 749	280 158	12. 29	2
英国	114 231	21 853	25 508	161 592	7. 09	3
德国	107 130	25 210	18 947	151 287	6. 64	4
日本	91 745	29 207	26 633	147 585	6. 48	5
法国	75 187	20 864	18 587	114 638	5. 03	6
意大利	64 011	14 061	13 925	91 997	4. 04	7
加拿大	61 621	15 295	11 922	88 838	3. 90	8
西班牙	49 546	13 444	11 911	74 901	3. 29	9
印度	44 674	15 716	8 342	68 732	3. 02	10
韩国	42 880	15 961	7 175	66 016	2. 90	11
澳大利亚	42 095	9 156	7 839	59 090	2. 59	12
俄罗斯	31 549	11 014	6 713	49 276	2. 16	13
巴西	34 942	6 145	7 181	48 268	2. 12	14
荷兰	34 736	6 752	5 385	46 873	2. 06	15
中国台湾	25 394	12 643	5 685	43 722	1. 92	16
瑞士	26 761	5 663	5 661	38 085	1. 67	17
土耳其	24 199	5 782	4 217	34 198	1. 50	18
瑞典	21 633	4 967	4 612	31 212	1. 37	19
波兰	21 711	5 674	3 048	30 433	1. 34	20
比利时	19 490	4 326	3 632	27 448	1. 20	21
伊朗	16 486	6 261	3 847	26 594	1. 17	22
奥地利	13 992	2 918	3 868	20 778	0. 91	23
以色列	12 823	3 075	4 299	20 197	0. 89	24
希腊	13 323	3 562	2 995	19 880	0. 87	25
丹麦	12 984	2 543	2 529	18 056	0. 79	26
葡萄牙	10 038	3 127	4 444	17 609	0. 77	27
芬兰	10 528	2 807	3 292	16 627	0. 73	28
墨西哥	10 093	3 368	2 584	16 045	0. 70	29
捷克	10 191	2 708	1 321	14 220	0. 62	30

数据来源：中国科学技术信息研究所。

注：表中对“中国”一栏数据的统计不包括港、澳、台地区；统计数据含非第一作者单位为所在国（地区）的论文。

表 14 2009 年美国联邦政府研发支出统计 （单位：百万美元）

按研究性质分（按现价计算）					
年份	合计	基础研究	应用研究	实验开发	研发设备实施
2009（初步数据）	116 569	28 536	26 265	59 653	2 115

按执行部门分（按现价计算）								
年份	合计	卫生及公共服务部	国防部	能源部	国家科学基金会	农业部	国家航空航天局	其他机构
2009	54 801	29 524	6 128	6 466	4 742	1 880	1 931	4 130

按科技领域分（按现价计算）									
年份	合计	环境科学	生命科学	数学和计算机科学	物理科学	心理学	社会科学	其他科学	工程学
2009（初步数据）	54 801	3 352	29 299	3 333	5 593	1 853	1 123	1 341	8 907

数据来源：美国国家科学基金会。
注：由于四舍五入，总额部分可能与各部分的加和有所不同。余同。

表 15-1 2001—2009 年加拿大联邦政府科技与研发支出统计 （单位：百万加元）

年度	科技支出总额	其中研发支出
2001/2002	8 169	4 989
2002/2003	8 014	4 927
2003/2004	8 988	5 462
2004/2005	9 183	5 455
2005/2006	9 260	5 769
2006/2007	9 308	5 770
2007/2008	10 176	6 603
2008/2009*	10 573	6 655
2009/2010*	11 285	7 183
2010/2011*	11 675	7 419

数据来源：加拿大国家统计局。
注：*表示该年度对应的支出额为估计值。

表 15-2 2006—2009 年加拿大联邦政府研发人员统计 （单位：人）

年度	研发人员总数	自然科学与工程领域	社会科学与人文领域
2006/2007	36 027	24 288	11 739
2007/2008	36 037	25 113	10 924
2008/2009*	37 333	25 977	11 356
2009/2010*	38 513	27 100	11 413
2010/2011*	39 182	27 141	12 041

数据来源：加拿大国家统计局。
注：*表示该年度对应的人员统计为估计值。

表16－1 2009年欧盟27国研发支出统计

国家或地区	研发支出（百万欧元）	研发支出占GDP的比例（%）			
		2001	2007	2008	2009
欧盟27国	236 553s	1.86s	1.85s	1.92s	2.01s
比利时	6 653p	2.07	1.9	1.92p	1.96p
保加利亚	185p	0.46	0.45	0.47	0.53p
捷克	2 094	1.2	1.54	1.47	1.53
丹麦	6 715e	2.39	2.55b	2.87	3.02e
德国	67 655e	2.46	2.53	2.68	2.82e
爱沙尼亚	197p	0.7	1.1	1.29	1.42p
爱尔兰	2 819p	1.1	1.29	1.45	1.77p
希腊	—	0.58	0.58e	—	—
西班牙	14 582	0.91	1.27	1.35	1.38
法国	42 080p	2.2	2.07	2.11	2.21p
意大利	19 276p	1.09	1.18	1.23	1.27p
塞浦路斯	78p	0.25	0.44	0.43	0.46p
拉脱维亚	85	0.41	0.59	0.61	0.46
立陶宛	222	0.67	0.81	0.8	0.84
卢森堡	639p	—	1.58e	1.56	1.68p
匈牙利	1 067	0.92	0.97	1	1.15
马耳他	32	—	0.58p	0.57	0.55
荷兰	10 542p	1.8	1.81	1.76	1.84p
奥地利	7 546ep	2.07e	2.52	2.67ep	2.75ep
波兰	1 828	0.62	0.57	0.6	0.59
葡萄牙	2 791p	0.77	1.17	1.5	1.66p
罗马尼亚	556	0.39	0.52	0.58	0.48
斯洛文尼亚	657	1.5	1.45	1.65b	1.86
斯洛伐克	303	0.63	0.46	0.47	0.48
芬兰	6 786	3.32	3.47	3.72	3.96
瑞典	10 540p	4.13i	3.53	3.68e	3.6p
英国	29 270p	1.79	1.78	1.77	1.87p
克罗地亚	381	—	0.81	0.9	0.84
土耳其	—	0.54	0.72	0.73	—
冰岛	—	2.95	2.68	2.65	—
挪威	4 908p	1.59	1.65	1.64	1.8p
瑞士	—	—	—	3	—
俄罗斯	11 007	1.18	1.12	1.03	1.18

数据来源：欧盟统计局。

数据日期截止至：2010年12月10日。

注：匈牙利2001：不包括国防支出。s表示欧盟统计局估值；e表示估值；p表示临时数据；—表示数据无法获得。

表16－2 2008年欧盟27国研发人员统计

国家或地区	研发人员合计（人）	研发人员占总就业人数的比例（%）
欧盟27国	2 455 192s	1.03s
比利时	58 733p	1.23p
保加利亚	17 219p	0.48p
捷克	50 808	0.97
丹麦	48 096e	1.63e
德国	517 000e	1.23e
爱沙尼亚	5 086p	0.73p
爱尔兰	19 348	0.87
希腊	—	—
西班牙	215 676	0.94
法国	—	—
意大利	236 261 p	0.94p
塞浦路斯	1 315p	0.33p
拉脱维亚	6 533	0.54
立陶宛	12 632	0.78
卢森堡	4 744p	2.23p
匈牙利	27 403	0.65
马耳他	905p	0.53p
荷兰	88 723p	1p
奥地利	57 494e	1.35e
波兰	74 596p	0.44p
葡萄牙	49 114p	0.87p
罗马尼亚	30 390	0.31
斯洛文尼亚	11 594	1.11
斯洛伐克	15 576	0.58
芬兰	56 698	2.1
瑞典	77 549e	1.58e
英国	358 284p	1.15p
克罗地亚	10 583	0.55
土耳其	—	—
冰岛	3 117	1.71
挪威	35 676p	1.38p
瑞士	—	—
俄罗斯	869 772	—

数据来源：欧盟统计局

注：数据按全时工作当量计算。s表示欧盟统计局估值；e表示估值；p表示临时数据；—表示数据无法获得。

表 17－1　2006—2008 年德国研发支出统计　（单位：百万欧元）

年份	公立和私人非营利性机构	高等院校	产业界	合计
2006	8 156	9 475	41 148	58 779
2007	8 540	9 908	43 034	61 482
2008	9 346	11 112	46 073	66 532

数据来源：德国联邦统计局。

表 17－2　2006—2008 年德国公共和私营非营利机构研发支出统计　（单位：百万欧元）

年份/机构类型	2006	2007	2008
联邦研究机构	689	681	694
州和地方研究机构（不含莱布尼茨研究所）	213	218	230
亥姆霍兹研究中心	2 578	2 740	2 993
马克斯普朗克研究所	1 303	1 290	1 561
弗劳恩霍夫协会	1 206	1 319	1 401
莱布尼茨研究所（“蓝色名单”）	936	966	1 018
科学研究院	64	71	91
其他政府资助的非营利性机构	847	931	989
公立图书馆、档案室、专业信息中心	43	39	39
政府资助的图书馆、档案室、专业信息中心	31	32	37
科学博物馆	246	253	295
合计	8 156	8 540	9 346

数据来源：德国联邦统计局。

表 17－3　2006—2008 年德国研发人员统计　（单位：人）

年份	公立和私人非营利性机构	高等院校	产业界	合计
2006	78 357	97 433	312 145	487 935
2007	80 644	103 953	321 853	506 450
2008	83 066	108 000	332 909	523 975

数据来源：德国联邦统计局。
注：按全时工作当量计。

表 18－1　2000 年、2005 年、2008 年和 2009 年法国研发支出统计

年份/类别	2000	2005	2008	2009
公共部门（亿欧元） 占研发支出总额的比例（%）	167 45. 5	181 45. 9	193 45. 8	203 46. 9
企业（亿欧元） 占研发支出总额的比例（%）	200 54. 5	213 54. 1	228 54. 2	229 53. 1
合计（亿欧元）	367	394	421	432
占 GDP 的比例（%）	2. 22	2. 15	2. 16	2. 26

数据来源：法国高等教育和科研部（2008、2009 年均为截止到 2010 年 5 月数据估值）。

表 18-2 2004—2007 年法国科技活动人员（不含国防部门）情况 （单位：人）

年份/类别	2004	2005	2006	2007
企业研究人员	108 752	106 837	113 521	124 577
公共机构研究人员	93 626	95 670	97 070	97 275
企业全部 R&D 人员	200 512	194 991	207 875	215 891
公共机构全部 R&D 人员	151 491	154 690	157 938	159 344
研究人员总数	202 337	202 507	210 591	221 851
R&D 人员总数	352 003	349 682	365 813	375 285

数据来源：法国高等教育和科研部。

表 19 2008 年英国研发支出统计

2008 年研发支出总额	256 亿英镑		占 GDP 比例		1.79%	
按资金来源（单位：百万英镑）						
政府部门	研究理事会	高等教育资助理事会	企业	高等教育部门	海外	私有非营利部门
2 896	2 739	2 227	11 647	318	4 550	1 264
按执行部门分						
企业	高等教育部门	政府	研究理事会	私营非营利机构		
62%	26%	5%	4%	2%		

数据来源：英国国家统计局。

表 20 2009 年瑞典研发支出统计

2009 年研发支出总额	1 114.3 亿瑞典克朗	占 GDP 比例	3.54%
按执行部门分（亿瑞典克朗）			
公共部门	高等院校与国有研究所	企业	
65.93	268.43	780	

数据来源：瑞典国家统计局。

表 21 2010 年意大利中央部门研发经费预算 （单位：万欧元）

部委	主管领域	经费（万欧元）
教育、大学与科研部	基础科学及教育领域研究与创新	187 733.5
经济发展部	能源、矿业与工业领域研究与创新	19 744.1
环境部	环境保护领域研究与创新	8 602.0
卫生部	卫生领域研究与创新	50 290.4
交通部	交通领域研究与创新	680.8
文化部	文物保护研究与创新	338.8

数据来源：意大利国家统计局。

表 22　2009 年和 2010 年丹麦公共研发经费统计　　（单位：百万丹麦克朗）

年份/研发执行部门	2009	2010
高校	8 413. 90	8 231. 10
研究基金	2 561. 13	2 604. 70
国际合作	798. 07	732. 10
其他计划	1 250. 19	2 023. 40
科研院所	568. 45	548. 00
其他	1 668. 27	1 438. 40
合计	15 260. 02	15 577. 70

数据来源：丹麦统计局。
注：本表按 2010 年价格指数计算。

表 23 - 1　2007—2009 年挪威研发支出统计

执行部门	2007		2008		2009	
	金额（亿挪威克朗）	所占份额（%）	金额（亿挪威克朗）	所占份额（%）	金额（亿挪威克朗）	所占份额（%）
产业界	17. 4	46. 5	19. 0	46. 0	19. 1	44. 5
科研院所	8. 3	22. 2	9. 3	22. 5	10. 3	24. 0
高校	11. 7	31. 3	13. 0	31. 5	13. 5	31. 5
合计	37. 4	100. 0	41. 2	100. 0	42. 8	100. 0
占 GDP 的比例	1. 7%		1. 6%		1. 8%	

数据来源：北欧研究所和挪威统计局。

表 23 - 2　2007—2009 年挪威研发人员统计

执行部门	2007		2008		2009	
	人数（人）	所占份额（%）	人数（人）	所占份额（%）	人数（人）	所占份额（%）
产业界	15 299	44. 9	16 478	45. 8	16 056	44. 2
科研院所	7 796	22. 9	8 165	22. 7	8 750	24. 1
高校	11 011	32. 3	11 341	31. 5	11 480	31. 6
合计	34 106	100. 0	35 984	100. 0	36 286	100. 0

数据来源：北欧研究所和挪威统计局。

表 24　2009 年西班牙研发情况统计

2009 年研发支出总额	145. 82 亿欧元	占 GDP 比例	1. 38%

数据来源：西班牙国家统计局。

表 25 2008 年瑞士研发经费统计

2008 年研发投入总额	16.3 亿瑞士法郎	占 GDP 比例	3.01%
按经费来源分（百万瑞士法郎）			
政府部门	私营经济部门	其他部门	国外
3 725	11 115	490	970

按科研性质分（百万瑞士法郎）		
基础研究	应用研究	实验发展
4 365	5 200	6 735

数据来源：瑞士联邦统计局。

表 26 2009 年芬兰研发情况统计

执行部门	资金来源										研发人员数量(人)
	企业		公共部门		高等教育部门		国外		合计		
	金额(百万欧元)	所占份额(%)	金额(百万欧元)	所占份额(%)	金额(百万欧元)	所占份额(%)	金额(百万欧元)	所占份额(%)	金额(百万欧元)	所占份额(%)	
企业	4 362	90	215	4	—	—	270	6	4 847	100	41 262
公共部门	85	13	509	77	—	—	63	10	657	100	9 323
高等教育部门	82	6	482	38	604	47	115	9	1 283	100	28 890
合计	4 529	67	1 206	18	604	9	448	7	6 786	100	79 475

数据来源：芬兰统计局。

注：公共部门包括非营利机构。

表 27-1 2008 年波兰研发支出统计

2008 年研发支出总额	77.06 亿兹罗提			
按资金来源分				
国家预算	企业	科学院所属机构	国际组织和国外机构	其他
56.1%	26.6%	6.1%	5.4%	5.8%

按科研性质分		
应用研究	实验研究	基础研究
13.39 亿兹罗提	23.55 亿兹罗提	22.86 亿兹罗提

按学科分				
自然科学	技术科学	医学科学	农业科学	社会科学
17.49 亿兹罗提	40.22 亿兹罗提	7.24 亿兹罗提	5.47 亿兹罗提	6.64 亿兹罗提

表 27－2　2008 年波兰研发人员统计

2008 年科研人员总数	61 830 人			
2008 年科研机构总数	1 157 个			
按执行机构分				
国家各部门	企业	高等院校	波兰科学院	其他
10 180 人	6 239 人	39 947 人	4 471 人	993 人
按学科分				
自然科学	技术科学	医学科学	农业科学	社会科学
16 464 人	33 776 人	4 506 人	4 692 人	15 158 人

数据来源：波兰中央统计局。

表 28　2008 年俄罗斯研发支出统计

总研发支出	173.47 亿美元	占 GDP 的比例	1.04%
		人均研发支出	122.2 美元
企业研发支出	109.14 亿美元	占 GDP 的比例	0.66%

数据来源：瑞士洛桑国际管理发展研究所。

表 29　2009 年乌克兰研发支出统计

2009 年研发支出总额	86.537 亿格里	占 GDP 比例	0.95%
按科研性质分（单位：亿格里）			
基础研究	应用研究	成果研究	科技服务
19.166	14.12	42.16	1.11

数据来源：乌克兰国家统计委员会。

表 30－1　2009 年白俄罗斯研发支出统计

研发支出总额	10 496 亿卢布	国内研发支出	8 829 亿卢布

表 30－2　2009 年白俄罗斯研发人员统计

机构	科研单位数量/个	研发人员/人
全国	446	20 571

数据来源：白俄罗斯国家科技委员会统计。

表 31　2008 年斯洛文尼亚研发支出统计　（单位：1 000 欧元）

2008 年研发支出总额	616 949		
按部门分			
企业	政府部门	高等教育部门	私人非盈利机构
398 274	135 224	82 834	618

数据来源：斯洛文尼亚统计办公室。

表 32－1 2009 年日本研发支出统计

总额：约 172 463 亿日元	比上年减少：8.3%	占名义 GDP 比例：3.62%		
按执行部门分				
企业	非营利团体	公共研究机构	大学	
119 838.44 亿日元	2 551.38 亿日元	14 575.38 亿日元	35 497.80 亿日元	
约占 69.5%	约占 1.5%	约占 8.5%	约占 20.5%	
按学科分				
自然科学	人文社会科学			
39 497.78 亿日元	13 126.78 亿日元			
按资金来源分				
国家、地方公共团体	民间投资	外国投资		
34 957.21 亿日元	136 825.04 亿日元	680.74 亿日元		
占 20.3%	占 79.8%	占 0.4%		
按研究性质分（不包括人文和社会科学的研发经费）				
类别	基础研究	应用研究	开发研究	总额
总额及总比例	23 877.49 亿日元 占 15.0%	38 373.31 亿日元 占 23.4%	96 404.32 亿日元 占 60.8%	158 655.12 亿日元
大学	12 253.51 亿日元 占 54.1%	8 307.52 亿日元 占 36.7%	2 097.29 亿日元 占 9.3%	22 658.23 亿日元
公共研究机构	3 126.29 亿日元 占 22.2%	4 579.99 亿日元 占 32.5%	6 389.90 亿日元 占 45.3%	14 096.19 亿日元
企业	8 005.71 亿日元 占 6.7%	24 526.16 亿日元 占 20.5%	86 986.56 亿日元 占 72.8%	119 518.42 亿日元
非营利团体	491.98 亿日元 占 20.7%	959.63 亿日元 占 40.3%	930.67 亿日元 占 39.1%	2 382.28 亿日元

数据来源：日本总务省。

表 32－2 2009 日本研发人员统计

研究主体及组织	各类研发组织数(个)	研究相关从业人员数（人）				
		总数	研究人员	研究辅助人员	技术人员	研究事务及其他相关人员
总数	18 572	1 063 181	840 293	74 805	62 656	85 426
企业	14 003	616 965	490 494	52 272	42 437	31 761
非营利团体	464	13 457	8 097	1 463	1 335	2 562
公共研究机构	530	63 045	32 715	8 438	6 015	15 877
大学	3 575	369 714	308 987	12 632	12 869	35 226

数据来源：日本总务省。

表 33－1　2004—2009 年度澳大利亚企业研发支出统计

	2004—2005 年度	2005—2006 年度	2006—2007 年度	2007—2008 年度	2008—2009 年度
企业研发支出（现价，百万澳元	8 676	10 434	12 639[R]	14 907[R]	16 858
按研究性质分（2008—2009 年度）					
基础研究		应用研究		实验开发研究	
809 百万澳元		4 817 百万澳元		9 281 百万澳元	

数据来源：澳大利亚统计局。
注：R 表示修正。

表 33－2　2004—2009 年度澳大利亚企业研发人员统计　（单位：人）

类别＼年度	2004—2005 年度	2005—2006 年度	2006—2007 年度	2007—2008 年度	2008—2009 年度
企业研发人员	40 458	43 686	46 462[R]	50 863[R]	53 556

数据来源：澳大利亚统计局。
注：R 表示修正。

表 34　2009 年以色列中央政府的民用研发支出统计

研发支出总额	32 832 百万谢克尔，比上年减 7%	研发支出占 GDP 比例	4.3%	
按执行部门分（百万谢克尔）				
企业	政府部门	高等教育部门	私营非盈利机构	总额
26 068	1 595	4 173	996	32 832

政府投入的民用研究金费支出情况							
2009 年度	经费支出情况（按研发目的分）						
	提升研究	提升工业技术	农林渔业开发	社会服务	基础设施开发	其他	合计
金额（百万谢克尔）	2 212.2	1 966.4	344.12	196.64	49.16	147.48	4 916
所占比例（%）	45	40	7	4	1	3	100

数据来源：以色列中央统计局。

表 35 中国 2009 年研发支出统计

研发支出总额	5 802.1 亿元	占 GDP 的比例	1.70%
国家财政科技支出	1 461 亿元	占国家财政支出总额的比例	3.30%
按东、中、西部地区分			
东部地区	中部地区	西部地区	
4 052.2 亿元	1 024.9 亿元	724.9 亿元	
按国民经济行业分			
制造业	科学研究、技术服务和地质勘查	教育	
3 571.3 亿元	1 138.7 亿元	451.5 亿元	
按研究性质分			
基础研究	应用研究	试验发展	
270.3 亿元	730.8 亿元	4 801.0 亿元	

数据来源：中国国家统计局。

表 36－1 2009 年新加坡研发支出统计 （单位：亿新加坡元）

研发支出总额			60.3（占 GDP 的 2.3%）		
私营部门研发支出			公共部门研发支出		
基础研究	应用研究	实验开发研究	基础研究	应用研究	实验开发研究
3.983	11.1	22	8.274	8.507	6.402

数据来源：新加坡科技研究局 2009 年国家研发调查。

表 36－2 2009 年新加坡研发人员统计 （单位：人）

2009 年	私营部门	公共部门	合计
研发人员	15 068	11 540	26 608

数据来源：新加坡科技研究局 2009 年国家研发调查。

表 37 2009 年韩国研发支出统计

研发支出总额	328.7 亿美元	
按执行部门分		
企业	高等院校	公共研究机构
244.1 亿美元（约占 74.3%）	36.4 亿美元（约占 11.1%）	48.2 亿美元（约占 14.7%）
按研究性质分		
基础研究	应用研究	开发研究
59.5 亿美元（约占 18.1%）	65.7 亿美元（约占 20%）	203.5 亿美元（约占 61.9%）

来源：2010 韩国研发活动调查。

表 38　2008/2009 年度南非研发支出统计

<table>
<tr><td colspan="2">研发支出总额</td><td colspan="2">210.41 亿兰特，
比上年度增加 24 亿兰特</td><td colspan="2">占 GDP 的比例</td><td>0.92%</td></tr>
<tr><td colspan="7">按执行部门分</td></tr>
<tr><td colspan="2">企业</td><td colspan="2">公共部门</td><td colspan="2">非盈利机构</td><td>合计</td></tr>
<tr><td colspan="2">121.83 亿兰特
（占 57.9%）</td><td colspan="2">86.27 亿兰特
（占 41%）</td><td colspan="2">2.31 亿兰特
（占 1.1%）</td><td>210.41 亿兰特
（100%）</td></tr>
<tr><td colspan="7">按学科分</td></tr>
<tr><td>工程科学</td><td>自然科学</td><td>医学和卫生科学</td><td>信息通信技术</td><td>社会科学和人文科学</td><td>应用科学与技术</td><td>农业科学</td></tr>
<tr><td>24.4%</td><td>20.6%</td><td>14.6%</td><td>13.1%</td><td>12.5%</td><td>9.1%</td><td>5.5%</td></tr>
</table>

数据来源：南非国家研发调查。

美国《科学》杂志评选出2010年世界十大科学进展

美国《科学》杂志于2010年12月16日公布了该刊评选的2010年世界十大科学进展，一种在量子范围内运作的机械装置荣登榜首。

1. 首台量子机械

在这一装置发明前，所有人造物体的移动都遵循经典力学法则。而2010年3月，美国加利福尼亚大学圣芭芭拉分校的物理学家安德鲁·克莱兰德、约翰·马丁尼斯等人利用一个0.0002毫米见方、由金属片包裹的石英晶片设计了一种精巧装置，其运动方式只能用量子力学来描述。

科研人员期望有朝一日能在量子水平上完全控制一种物体的振动，上述成果帮助研究者在这一方向上迈出了关键一步。这种控制人造装置运动的新技术将允许科学家操控那些极小的运动，这与他们现在对电流和光粒子的控制很相似。这种能力可能会导致光量子态控制器、超敏感力探测器等新装置的出现以及最终对量子力学界限的研究。

2. 合成生物学

一个美国研究小组于2010年5月20日报告说，他们合成了一个人工基因组，并用它使一个内部被掏空的单细胞细菌“起死回生”。这是首个完全由人造基因指令控制的细胞，它是人造生命研究历程中的关键一步。研究人员预计，定制的合成基因组将来可用于生物燃料、医药制品或化学制品的生产工艺。

3. 尼安德特人基因组

研究人员对约4万年前生活在克罗地亚的3个女性尼安德特人的骨骼做了基因组测序。这种对DNA降解片段进行测序的新方法使专家得以首次对现代人基因组和尼安德特人的基因组进行直接比较。

4. 艾滋病病毒预防

科学界2010年在艾滋病病毒预防领域取得重要进展——一种含有抗艾滋病病毒药物泰诺福韦的阴道凝胶可使女性感染该病毒的风险降低39%，另一种药物可使男同性恋者和通过变性手术告别“男儿身”者感染艾滋病病毒的风险降低43.8%。

5. 外显子测序与疾病基因

通过只对某一基因组中的外显子基因序列进行测序，研究人员发现至少导致12种疾病的基因突变。

6. 分子动力学模拟

研究人员用超级计算机跟踪观察一个正在折叠的蛋白质中的原子运动，这种跟踪观察的持续时间能比过去任何一种方法延长至少100倍。

7. 量子模拟器

量子模拟器能帮助研究人员较快速地解答凝聚态物理学中的某些理论问题，并可能有助于最终揭开物质超导性等领域的谜团。

8. 下一代基因组学

更快更廉价的测序技术使人们能够对远古和现代的DNA进行大规模研究。

9. 核糖核酸的重新编程

重新编程细胞，就是把细胞的发育时钟“往回拨”，使它们的“表现”如同胚胎中的非特异性“干细胞”，是研究疾病和发育的一种重要途径。2010年，研究人员找到了一种用合成核糖核酸来完成这一研究的新技术。与以往的方法相比，采用这种新技术的“回拨”速度要快两倍，效率要高100倍，在治疗应用方面也更为安全。

10. 大鼠的回归

小鼠是科学研究中最主要的实验动物，但研究人员其实更希望使用大鼠。大鼠实验操作起来相对更容易，大鼠在解剖学上与人类更相似，但现有的准确关闭特定基因的研究技术对小鼠适用，却对大鼠无效。为解决这一矛盾，科研人员在2010年开展了一系列研究，其结果有助于关闭大鼠的某些特定基因，从而有望让大鼠大批进入实验室。

美国《科学》杂志预测 2011 年科研热点

美国《科学》杂志 2010 年 12 月 16 日对 2011 年的科研热点进行了预测，其中大型强子对撞机（LHC）成为科学界关注的焦点。

1. 大型强子对撞机（LHC）

2011 年，LHC 第一个真正有趣的结果即将出炉，相差悬殊的是，这些结果与用 LHC 的两个大型探测器 ATLAS 和 CMS 搜索希格斯玻色子或超对称粒子的工作将会毫无关系。更确切地说，期望一个叫做 LHCb 的较小探测器产生结果，这个探测器将详细研究人们熟悉的 B 介子，目的在于探测被称为 CP 破坏的物质与反物质之间轻微的不对称性。普通 B 介子中的 CP 破坏似乎符合物理学家的标准理论。但是，位于伊利诺伊州巴达维亚的费米国家加速器实验室的研究人员报告发现了一些迹象，在一个叫做 Bs 介子的亚种里有可能含有额外的 CP 破坏——这是即将发现一种新粒子的可能预兆。LHCb 以极快的速度收集数据，应当能迅速测试这些说法。

2. 适应基因

生态学家和进化生物学家正在忙着利用速度更快、成本更低的测序技术来了解哪些基因有助于从细菌到蝴蝶的生物体在自然世界茁壮成长。在这之前，这种基因组扫描难以在早先实验室未研究过的生物体内进行。但是，新技术，例如一项名叫 RAD 的标签测序技术，应当会在新的一年里引起更多有助于适应的基因的发现。

3. 激光聚变

加利福尼亚州劳伦斯利弗莫尔国家实验室的国家点火装置（National Ignition Facility，简称 NIF）将在 2011 年最后运行一次，以期实现长期追求的能源研究的目标：点燃的聚变燃烧。NIF 的 192 个激光束射击将把能量泵入一个胡椒大小的含氘和氚的目标。随后内爆压缩并加热原子核，直到原子核开始融合释放出能量。如果这样的自热会导致带来能量增益的持续的聚变燃烧，NIF 将最终证明用聚变发电至少是有可能的。

4. 锤打病毒

大多数抗体相当特异，只会使看起来相似的病毒出轨。但广泛中和抗体

（bNAbs）是免疫系统里的通才，能使很多病毒变种失去活动能力。最近利用这些通才确定能有效抗击艾滋病病毒的 bNAbs 和制定一个动物流感疫苗接种战略取得了新进展，使人们距离利用这些分子的目标更近。2011 年，研究人员希望培养出病毒片段，这些病毒片段是疫苗的主要成分，会触发人体的免疫系统制造 bNAbs。

5. 电动车

丰田的普锐斯（Prius）和其他气电混合动力车已经在市场上销售多年。但在 2011 年，从墙上插座给电池充电的插入式混合动力电动车会成为主流已成定局。这些电动车使得对带消费者去他们想去的地方的电池技术的需求产生了市场变化。现在，电池动力车比替代的汽油动力车的成本更高。消费者会为了减少碳排放量而放弃长距离的可行驶里程和快速加油的便利吗？这个断言似乎并不肯定。

6. 疟疾疫苗注射

科学家们等不及对一个疟疾疫苗第三阶段的第一次试验结果。7 个非洲国家多达 16 000 名儿童参与了这个研究；其中近 900 名 5 至 17 个月大的儿童的试验结果将于 2011 年年底公布。这种名叫 RTS，S 的疫苗在第二阶段的研究中保护了大约 50% 试验对象。那个结果并不引人注目，但是考虑到该领域的令人沮丧的历史，如果第三阶段的研究同样出色，预计研究人员还是会兴高采烈并且会尽快申请监管部门的批准。

美国《时代》周刊盘点2010年世界十大科学发现

2010年12月8日，由美国《时代》周刊评选出的2010年十大科学发现揭晓，入选的项目包括北美洲的一种多角恐龙、机器人探查墨西哥金字塔及月球蕴含水量超出之前天文学家的预计，甚至猫咪在喝水时为何不会沾湿下巴和胡须的秘密也榜上有名。

1. 北美洲曾有过长着15个角的恐龙

华丽角龙（学名Kosmoceratops）生活在7 600万年前，体重5 500磅（约2 500千克），栖息于现在的美国犹他州，巨大的头部上长有15个角。其实这种恐龙早在2007年犹他州大学的一次科学考察时就被发现了，但直到2010年9月科学家才正式描述这种恐龙并命名。化石分析结果让科学家感到吃惊，他们没有想到北美洲地区在6 500万年前居然生活着这种奇特的恐龙。白垩纪西部内陆海道一带是它们的家，这条海道是一片面积巨大的水域，将大陆一分为二。

2. 介子行为不对称

在美国费米国家实验室的加速器内对撞时，中性B介子的行为表现出不对称性。如果对称，人类便不会存在于这个世界。传统粒子物理学观点认为，大爆炸过程中产生了相同数量的物质和反物质，但这并不可能，因为物质和反物质会相互“歼灭”对方。唯一可能是，天平稍稍向有利于物质的方向倾斜从而导致形成了宇宙。2010年费米实验室的撞击实验中，科学家发现产生的介子数量比反介子数量多1%左右。虽然并不算多，但在极为遥远的过去，这一丁点的优势足以促使宇宙形成。

3. 月球含水量或超出天文学家估计

水是决定人类如何在月球上活动的一个关键因素，根据发现，月球是一个有水世界，而且含水程度超过天文学家此前的预计。

美国宇航局的月球陨坑观测与传感卫星（LCROSS）任务发现了这一情况。火箭助推器撞击月球南极附近，经过对撞击激起物进行分析，LCROSS卫星得出了这一结论。月球水量比天文学家的预计高出50%左右，湿润程度约是撒哈拉沙漠的两倍。虽然水量无法与地球相提并论，但也足以满足未来月球探险的需要。

4. 机器人“敲开”墨西哥金字塔大门

墨西哥的特奥蒂瓦坎（Teotihuacan）金字塔一直就是北美洲的考古学宝库之一。这些金字塔以及其他古代城市遗迹也一直就是不解之谜。2010 年，一个装有摄像机的考古机器人执行特奥蒂瓦坎金字塔的地下探测任务，并最终发现了一条 12 英尺（约 3.65 米）宽的走廊，上方的拱顶完好地保存。走廊建于约 2 000 年前，建好之后便被封死。如果这条走廊能够指引考古学家进入例如一名大祭司的墓穴，便可以了解这座中美洲大都市建造者的生活。

5. 特殊基因令人衰老

布拉德·皮特和安吉丽娜·朱莉为何看上去比与他们年龄相仿者年轻呢？一个原因可能是簇拥在 TERC 基因的 DNA 序列不同。TERC 基因可以生成一种端粒酶，这种酶能帮助调节端粒的长度。所有染色体在两端都有端粒，它的作用类似于鞋带两头防止磨损的保护物。

在英国科学家发表于《遗传学》杂志上的一篇论文中，他们发现携带 TERC 基因的人端粒更短一些，这种情况与那些没有携带 TERC 基因、比他们年龄大 3 至 4 岁的人相似。在发表于《自然》杂志上另一篇报告中，美国哈佛大学医学院的研究人员可以激活早衰老鼠的端粒酶基因，扭转衰老过程；结果，老鼠的器官再生出来，本已缩小的大脑又有所增加，生育能力也得到恢复。

理论上操纵端粒酶基因可以减缓衰老过程，或至少延缓人类与衰老有关疾病的发展速度。不过仍有理由谨慎：快速分裂、寿命超长的细胞亦称癌细胞，这意味着这项研究最终可能产生一个意想不到的后果。

6. 天文学家发现了大量新的行星

天文学家寻找潜伏在太阳系以外的行星，发现了大量新的行星。例如 HIP 13044b，这是个绕一颗恒星运转的世界，这颗恒星甚至曾经不在银河系中。在距离地球 127 光年远的 HD 10180 恒星，最多有 7 颗新发现的行星绕其旋转。

最令人兴奋的消息莫过于 Gliese 581g 的发现，这是迄今发现的第一颗其恒星处于所谓“宜居带”的系外行星。“宜居带”是指里面的条件既不太冷也不太热，可能适于生命存在。

7. 隐身斗篷

英国伦敦帝国学院物理学家马丁·麦卡尔（Martin McCall）教授在《光学》（Optics）杂志上描述了“超颖物质”及其他通过分子工程技术可以扰乱电磁能力正常流动的物质形式的理论可能性。

穿过这种物质的光线在出现时并不均匀，由此在时间和空间内产生裂口。麦卡尔举了一个生动的例子来说明这一理论：一个窃贼进入房间，将保险柜里面的东西洗劫一空然后逃之夭夭，但监控录像什么也没有拍下。不过这项理论有点瑕疵，鉴于光旅行的速度，即便要隐形数分钟，都需要斗篷要长达1亿米。

8. 新类人物种

科学家在南非玛拉帕（Malapa）山洞中发现了两具大约有200万年历史的古人类化石，一具属于男童，另一具属于成年女性。在2010年4月刊登于《科学》杂志的一篇论文中，科学家表示这些化石将填补人类进化历史一项重要空白，原因是在人类历史的那个特殊阶段留存至今的骨骼化石几乎没有。

古生物学家已对新的类人物种——南方古猿源泉种（Australopithecus sediba）的重要性达成一致，鉴于南方古猿源泉种骨骼化石兼具古代和相对现代的双重特征，这至少表明它是直立人的直系祖先，直立人反过来又是智人的祖先，而智人则是一个现代人的种群。

9. 117号元素有望改写元素周期表

这种暂时被命名为117号元素的东西，是一种极重的锫和钙同位素的混合物，它是在俄罗斯杜布纳的一个粒子加速器里生成的。这种新元素转瞬即逝，它要想在元素周期表上获得一席之地，首先必须在其他地方独立生成它。

人造元素越重，稳定性越差，但是当它们达到一个极限时，这些元素的稳定性会变得越来越好。117号元素位于那条弧线的更高处，这说明物理学家所谓的“稳定岛（islands of stability）”可能真的存在，元素周期表可能还会增加新成员。

10. 猫咪喝水为何不会弄湿下巴和胡须

美国麻省理工学院、普林斯顿大学和弗吉尼亚理工学院获得的最新证据揭开了猫咪在喝牛奶时为何不会弄湿下巴和胡须之谜。通过大量高速视频，研究人员发现猫咪喝水时会向下卷曲舌头，轻轻接触液体表面舔水，一秒钟内可以舔四次。猫舌头高速向下运动，然后迅速向上提拉，在引力、惯性和流体动力的作用下，每次可以喝到大约0.1毫升液体，这个过程不会有水溢出。

中国《科技日报》评选出2010年国内、国际十大科技新闻

由科技日报社组织，部分院士、多家中央新闻单位以及该报读者参与评选的2010年国内、国际十大科技新闻评选结果于2010年12月29日揭晓。

一、国内十大科技新闻

1. 我国迄今最大的国家重大科学工程“上海光源”通过验收

我国迄今最大的国家重大科学工程“上海光源”于2010年1月19日通过国家验收。光源的能量位居世界第四，是世界上性能最好的中能光源之一。每年供光机时超过5 000小时的“上海光源”每天可容纳几百名科研人员在各自的实验站上使用同步辐射光进行多学科前沿研究和高新技术开发应用。

2. 科技让世博更精彩

前沿的技术创新成果全面助力上海世博会，展现出中国科技界自主创新的实力与风采。世博科技行动实现了上海世博会园区的低碳排放、生态和谐、资源综合利用、管理运营的便捷高效安全，此外，还让中国馆、主题馆、网上世博会等展览展示更加精彩。

3. 我国科学家首次实现远距离自由空间量子态隐形传输

用“稍触即溃”的量子态传输信息，可以实现信息的绝对安全传输。我国科学家成功实现16公里的量子态隐形传输，比此前的世界纪录提高20多倍。该实验结果首次证实了在自由空间进行远距离量子态隐形传输的可行性，向全球化量子通信网络的最终实现迈出了重要一步。

4. 体细胞“变身”多能干细胞机制被揭示

我国科学家经过多年研究，成功揭示了体细胞逆转为多能干细胞的启动机制，发现了4个关键基因在逆转过程中的作用机制。研究揭示了间充质—表皮细胞转换过程在诱导多能干细胞形成中的关键地位。

5. 我国自主研制出世界首台脊柱微创手术机器人

我国科学家成功研制出的专门用于脊柱微创手术的机器人系统，具有完全自

主知识产权，可以通过机械的精准定位替代医生在放射线下进行手术操作，既提高了手术的精准性，又能降低手术风险，同时还能降低对医生的放射损害。

6. 我国第一座快中子反应堆首次临界

发展和推广快堆，被认为将从根本上解决世界能源的可持续发展和绿色发展问题。2010 年 7 月 21 日，我国第一座快中子反应堆“中国实验快堆”首次临界，意味着我国第 4 代先进核能系统技术实现了重大突破，成为世界上第 8 个拥有快堆技术的国家。

7. “蛟龙”顶起中国纪录，我国成为世界上第 5 个掌握 3 500 米以上载人深潜技术国家

我国第一台自行设计、自主集成研制的“蛟龙号”载人潜水器 3 000 米级海试取得成功，最大下潜深度达到 3 759 米，超过全球海洋平均深度 3 682 米。这标志着我国成为继美、法、俄、日之后第 5 个掌握 3 500 米以上大深度载人深潜技术的国家。

8. 嫦娥二号升空

2010 年 10 月 1 日 18 时 59 分 57 秒，嫦娥二号卫星顺利升空。在奔月过程中，嫦娥二号飞行测控将首次验证我国新建的 X 频段深空测控体制，使我国深空测控通信能力将扩展到“地球—火星”间的距离。

9. “天河一号”高效能计算机问鼎全球

2010 年 11 月 17 日，国际超级计算 TOP 500 组织正式发布第 36 届世界超级计算机 500 强排行榜。国防科学技术大学研制的“天河一号”以峰值速度 4 700 万亿次和持续速度 2 566 万亿次每秒浮点运算速度刷新国际超级计算机运算性能最高纪录，一举夺魁。

10. 我国高铁跑出 486. 1 公里时速，再次刷新世界纪录

2010 年 12 月 3 日，由中国南车青岛四方机车车辆公司研制的“和谐号” CRH380A 新一代高速动车组在全长 1 318 千米的京沪高铁跑出创世界铁路运营时速最高纪录的 486. 1 千米，标志着我国高铁技术已处于世界领先水平。

二、国际十大科技新闻

1. 量子效应可见于宏观物体

据英国《自然》杂志网络版 2010 年 3 月 17 日报道，美国加州大学圣芭芭拉

分校科学家利用遵守量子力学法则的超导电路，首次成功地将一个用半导体材料制作的裸眼可见的微小“量子鼓”置于量子状态，即让它处于动和不动的叠加状态。这表明，量子效应不但适用于原子，还可用于宏观物体，该研究结果对物理学的发展和量子计算机的研发具有非常重要的意义。

2. 美俄科学家合成第117号元素

俄罗斯杜布纳联合核研究所与美国同行于2010年4月7日宣布，他们成功合成了一种拥有117个质子的新元素，它可能就是科学家一直寻找的第117号元素（ununseptium）。新元素的出现有助于证实超重“稳定岛”的存在，从而支持理论界长期以来的假设：新合成的元素会越来越重，亦会变得更加稳定。

3. 深空探测飞船扬起“太阳帆”

日本当地时间2010年5月21日，世界首艘依靠太阳光能驱动而非传统意义上使用燃料助推的深空太阳帆动力飞船“伊卡洛斯”号（Ikaros）发射升空，并于6月11日成功张开了其14米见方的帆。由于之前类似的尝试均告失败，此番成功扬帆，无疑将是人类太空探索的一场革命。

4. 人造细胞在实验室诞生

美国生物学家克雷格·文特尔领导的研究小组2010年5月21日宣称，他们制造出首个完全被人造基因组控制的人造细胞。人造生命的梦想似乎在接近现实，但专家指出这仅仅只是模拟生命。如果合成生物学研究能够加以有效规范和监管，未来可以帮助制造出新型生物燃料，并能加快针对特定季节传播的流感病毒疫苗的研发进度。

5. 首架纯生物燃料驱动飞机试飞

2010年6月8日，世界首架纯生物燃料驱动飞机“新一代钻石DA42”完成首飞。其100%采用海藻生物燃料作为动力，这首次证明了生物燃料技术完全可以独立为飞机的飞行提供能量。

6. 人类皮肤细胞直接转化成血液细胞

加拿大麦克马斯特大学研究人员在2010年11月7日的《自然》杂志网络版上发表论文称，他们绕过诱导多功能干细胞（iPS细胞）这一中间环节，首次直接将人体皮肤细胞转化成血液细胞。新方法对于理解细胞分化及再生医学研究均有重要意义。

7. 大型强子对撞机（LHC）重现迷你版“宇宙大爆炸”

继2010年9月份欧洲大型强子对撞机的CMS（紧凑缪子线圈）探测器再现大爆炸后瞬间状态之后，科学家又于11月8日在另一台探测器ALICE（大型离子对撞机）中让铅离子以接近光速的速度对撞，创造出了迷你版的“宇宙大爆炸”，产生了“零流动力”的夸克与胶子。此次成果将用于解释137亿年前宇宙诞生之初的物质形成过程，解答粒子物理学领域的许多关键问题。

8. “天河一号”登全球超级计算机榜首

全球超级计算机500强排行榜于2010年11月14日在美国公布，中国“天河一号”超级计算机以每秒2 570万亿次的实测运算速度成为世界运算最快的超级计算机。这是来自欧美日之外国家的超级计算机首次登上榜首位置。

9. 反氢原子存在时间达到0.17秒

欧洲核子研究中心的科学家在2010年11月17日出版的《自然》杂志上撰文指出，借助特殊的磁场，他们首次成功地使被捕获的反氢原子存在了“较长时间”——约0.17秒，从而将反物质的存活时间从之前的百万分之一秒量级提高到十分之一秒量级，为使用科学仪器深入观测和分析反物质提供了宝贵的时间。该项研究成果意味着科学家离最终揭开宇宙中反物质的奥秘更近了一步。

10. 集光电纳米器件于一体的新芯片问世

IBM公司于2010年12月2日在日本东京发布了集电子和光子纳米器件于一体的新芯片，可使计算机芯片之间通过光脉冲而不是电子信号进行通讯。科学家有望据此研制出比传统芯片更小、更快、能耗更低的芯片，为研发媲美人脑的亿亿次超级计算机开辟了道路。

2010年诺贝尔科学奖

一、诺贝尔化学奖

瑞典皇家科学院2010年10月6日宣布，美国科学家理查德·赫克（Richard F. Heck）和日本科学家根岸荣一（Ei-ichi Negishi）与铃木章（Akira Suzuki）共同获得2010年的诺贝尔化学奖。

这3名科学家创造的“钯催化的交叉偶联方法”能够使稳定的碳原子更容易联结在一起，合成复杂的碳基分子，同时有效避免过多不必要的副产品的产生。诺贝尔奖委员会在颁奖词中认为“这是当今最精湛的化学技术之一”，它为化学界提供了一个更为精确和有效的工具，极大地提高了化学家们创造先进化学物质的可能性。这一成果将广泛应用于制药、电子工业和先进材料等领域，可以使人类造出复杂的有机分子。

二、诺贝尔生理学或医学奖

瑞典卡罗林斯卡医学院2010年10月4日宣布，将2010年诺贝尔生理学或医学奖授予英国生理学家罗伯特·爱德华兹（Robert Edwards），以表彰他在体外受精技术领域做出的开创性贡献。

爱德华兹1925年生于英国曼彻斯特，1958年开始在英国国家医学研究中心工作，并开始了他对人体受孕过程的研究。接下来的数年中，爱德华兹和他的同事们进一步完善了该项技术，并在全世界范围内推广。目前，全球已有大约400万人通过体外授精技术出生，其中许多人通过自然方式生育了下一代。

目前全世界大约有10%的夫妇正被不育症的阴霾笼罩，单纯药物治疗对众多不育症的疗效非常有限，患者们承受了莫大的痛苦和创伤。然而，这一切都随着体外授精技术的产生而得到解决。

三、诺贝尔物理学奖

瑞典皇家科学院2010年10月5日宣布，将2010年诺贝尔物理学奖授予英国曼彻斯特大学科学家安德烈·海姆（Andre Geim）和康斯坦丁·诺沃肖洛夫（Konstantin Novoselov），以表彰他们在石墨烯材料方面的卓越研究。

海姆和诺沃肖洛夫于2004年制成石墨烯材料。这是目前世界上最薄的材料，仅有一个原子厚。自那时起，石墨烯迅速成为物理学和材料学的热门话题。目前，集成电路晶体管普遍采用硅材料制造，当硅材料尺寸小于10纳米时，用它制造出的晶体管稳定性变差，而石墨烯可以被刻成尺寸不到1个分子大小的单电子晶体管。此外，石墨烯高度稳定，即使被切成1纳米宽的元件，导电性也很好。因此，石墨烯被普遍认为会最终替代硅，从而引发电子工业革命。

图书在版编目(CIP)数据

国际科学技术发展报告.2011／中华人民共和国科学技术部编.-北京：科学技术文献出版社，2011.2

ISBN 978-7-5023-6869-2

Ⅰ.①国… Ⅱ.①中… Ⅲ.①科学技术-发展-研究报告-世界-2011 Ⅳ.①N11

中国版本图书馆CIP数据核字(2011)第014872号

出 版 者 科学技术文献出版社
地 址 北京市复兴路15号(中央电视台西侧)/100038
图书编务部电话 (010)58882938,58882087(传真)
图书发行部电话 (010)58882866(传真)
邮购部电话 (010)58882873
网 址 http://www.stdph.com
E-mail:stdph@istic.ac.cn
策划编辑 周国臻
责任编辑 周国臻 樊雅莉
责任出版 王杰馨
发 行 者 科学技术文献出版社发行 全国各地新华书店经销
印 刷 者 北京博泰印务有限责任公司
版(印)次 2011年2月第1版第1次印刷
开 本 710×1000 16开
字 数 407千
印 张 22 插页8
印 数 1~5000册
定 价 68.00元